Von der Produktidee zum Markterfolg

Lizenz zum Wissen.

Sichern Sie sich umfassendes Wirtschaftswissen mit Sofortzugriff auf tausende Fachbücher und Fachzeitschriften aus den Bereichen: Management, Finance & Controlling, Business IT, Marketing, Public Relations, Vertrieb und Banking.

Exklusiv für Leser von Springer-Fachbüchern: Testen Sie Springer für Professionals 30 Tage unverbindlich. Nutzen Sie dazu im Bestellverlauf Ihren persönlichen Aktionscode **C0005407** auf *www.springerprofessional.de/buchkunden/*

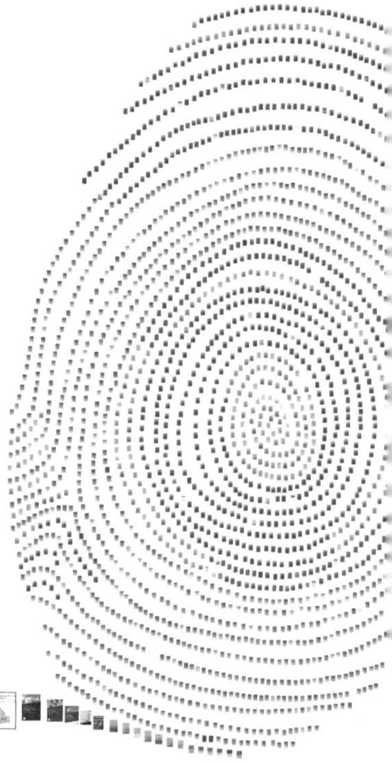

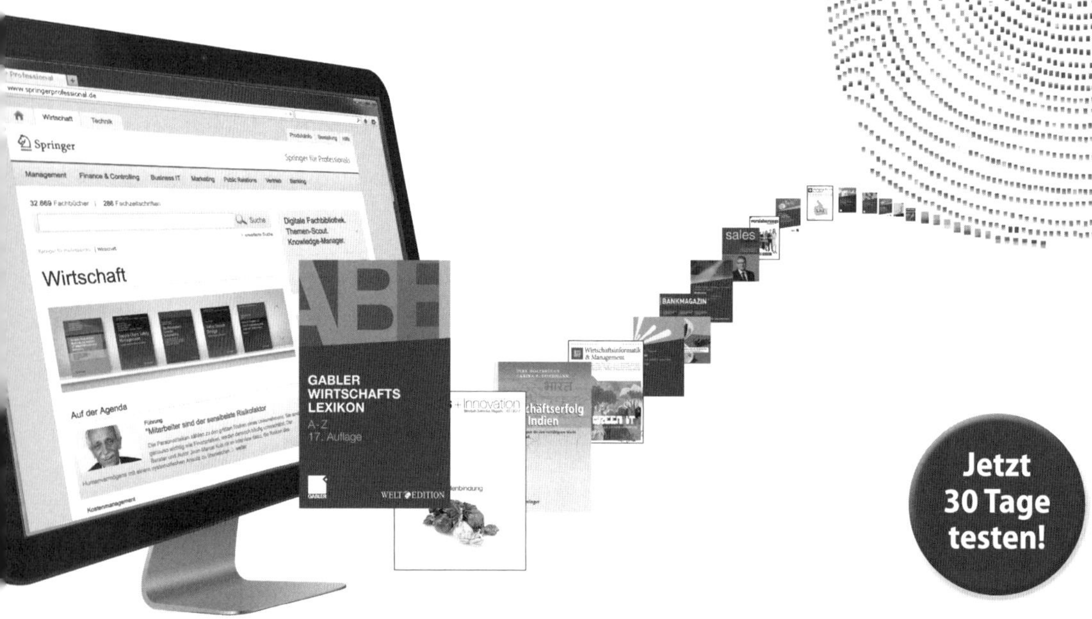

Springer für Professionals.
Digitale Fachbibliothek. Themen-Scout. Knowledge-Manager.

- Zugriff auf tausende von Fachbüchern und Fachzeitschriften
- Selektion, Komprimierung und Verknüpfung relevanter Themen durch Fachredaktionen
- Tools zur persönlichen Wissensorganisation und Vernetzung

www.entschieden-intelligenter.de

Springer für Professionals

Springer

Rainer H. G. Großklaus

Von der Produktidee zum Markterfolg

Innovationen planen, einführen und erfolgreich managen

2. Auflage

Springer Gabler

Rainer H. G. Großklaus
Bülzig, Deutschland

ISBN 978-3-8349-4593-8 ISBN 978-3-8349-4594-5 (eBook)
DOI 10.1007/978-3-8349-4594-5

Die Deutsche Nationalbibliothek verzeichnet diese Publikation in der Deutschen Nationalbibliografie; detaillierte bibliografische Daten sind im Internet über http://dnb.d-nb.de abrufbar.

Springer Gabler
Die 1. Auflage erschien 2008 unter dem Titel „Neue Produkte einführen“.

Lektorat: Manuela Eckstein, Imke Sander

Gedruckt auf säurefreiem und chlorfrei gebleichtem Papier.

Springer Gabler ist eine Marke von Springer DE. Springer DE ist Teil der Fachverlagsgruppe Springer Science+Business Media
www.springer-gabler.de

Vorwort

Wo ist „vorne" – und was gibt es zu tun, wenn wir dort sind?

In welcher Branche Sie auch erfolgreich tätig sind, neue Produkte dienen immer dem einen Zweck: Ihr Unternehmen durch ein differenziertes Angebot erfolgreich zu machen und den Abstand zum nächsten Wettbewerber vergrößern. Neue Produkte müssen ihre Entstehungskosten refinanzieren und anschließend weit darüber hinaus profitabel sein. Wer dies am besten beherrscht führt im unerbittlichen Rennen um Marktanteile und Profitabilität. Das Ziel ist also klar – und die Richtung auch!

An der Spitze ist noch ein Platz frei. Vorne zu sein ist gut. Je schneller desto besser.

Doch wie soll das funktionieren? Ein funktionierender Marketingplan, ein passender Marketing-Mix und die Produktentwicklung benötigen Zeit bei Konzeption, Abstimmung und Umsetzung.

Die Führungsposition ist reserviert für Unternehmen, die die ausgefeilte Methode der Differenzierung beherrschen. Das zentrale und entscheidende Element der Differenzierung ist die Einführung neuer Produkte. Entscheidend, da zu diesem Zeitpunkt erhebliche Ressourcen eingesetzt wurden und amortisiert werden müssen. Handlungsspielräume verengen sich, Alternativen entfallen. Operative Exzellenz ist jetzt ihr Erfolgsfaktor.

Rainer H.G. Großklaus bietet Ihnen mit diesem Buch diesen Erfolgsfaktor in faszinierend griffiger Form und ohne Umwege. Praxiserprobt und methodenstark analysiert der Autor für Sie in diesem Werk die Schlüsselfunktionen der erfolgreichen Produkteinführung und lässt Sie Zusammenhänge und Hintergründe begreifen. Statt Lösungen erhalten Sie so Methoden und Konzepte und dadurch den Kurs und die notwendige Geschwindigkeit im Rennen um die Spitzenposition. Dieses Buch gehört auf Ihren Schreibtisch, wenn Sie Differenzierung und erfolgreiche Produkteinführung zu Ihrem Geschäftsmodell erklärt haben.

Hier ist Ihr vollständiger Werkzeugkasten den Sie für Ihre Produkteinführung ohne Tempolimit benötigen. Steigen Sie ein, schnallen Sie sich an und nutzen Sie erfolgreiches Praxiswissen aus dem TOP-Management in Kombination mit umfangreicher Schulungs- und Trainingserfahrung. Definieren Sie „vorne" zu Ihrem Stammplatz und bauen Sie die

Führung aus, indem Sie Methoden, Konzepte und Funktionsweisen durch verständliche Darstellung und Erklärung zu Ihrem Handwerkszeug machen. Mit Rainer H.G. Großklaus auf dem Beifahrersitz gelingt Ihnen dieses Manöver souverän und mit großer Freude am Erfolg.

Allzeit gute Fahrt wünscht Ihnen

Joachim Geiger
Leiter Marketing, Trilux Neues Licht

Danksagung

Für das Entstehen dieses Buches waren zum einen Beratungskunden die Impulsgeber. Daher danke ich meinen Kunden, die es ermöglicht haben, dass dieses praxisorientierte Buch mit all dem Wissen und den Erfahrungen entstanden ist. Ihrem Vertrauen in meine Arbeit ist es zu verdanken, dass Sie, lieber Marketingfreund, in dieser Form an den Erfahrungen teilhaben können. In besonderem Maße danke ich zudem meiner Frau Adelheid. Sie ist selbst Geschäftsfrau und stark beschäftigt. Trotzdem hat sie viele Tage und Stunden geopfert, um sich gemeinsam mit mir mit diesem Thema auseinanderzusetzen. Sie hat mir auch den Rücken zur Korrektur freigehalten und zur Verständlichkeit des Textes und der Abbildungen wesentlich beigetragen. Barbara Möller und Manuela Eckstein vom Springer Gabler Verlag danke ich für ihre Unterstützung bei der Fertigstellung dieses Buches.

Bülzig, im September 2013 — Rainer H. G. Großklaus

Inhaltsverzeichnis

Vorwort

Produkte neu einzuführen ist ein ebenso spannendes wie schwieriges Vorhaben. Dieses Buch möchte Ihnen dabei helfen, Hürden leichter zu nehmen, Fehler zu minimieren und den Erfolg sicherer zu planen. Als Produktmanager war ich selbst viele Jahre in verantwortlicher Position mit der Neuprodukteinführung heute noch bekannter Produkte beschäftigt, deshalb kenne ich Probleme aber auch Chancen erfolgreicher Produkteinführungen aus der eigenen Praxis. Ich habe bewusst darauf verzichtet, eine wissenschaftliche Abhandlung zu diesem Thema zu schreiben. Deren gibt es zur Genüge. Mein Ziel ist es vielmehr, notwendige Arbeitsschritte zu diesem Thema verständlich und praktisch umsetzbar zu beschreiben.

Davon können alle diejenigen profitieren, die in Unternehmen mit der Einführung neuer Produkte befasst sind: die Geschäftsführer, Marketingleiter und Produktmanager wie auch Mitarbeiter in Agenturen und Unternehmensberatungen. Produkteinführungen sind – wie mancher vielleicht meint – nicht nur etwas für Großunternehmen, gerade auch kleine und mittelständische Unternehmen aus allen Branchen werden mit diesem Buch in die Lage versetzt, Innovation und Markteinführung in einem hohen Maße selbstständig, sicher und Erfolg versprechend zu absolvieren.

Betrachten Sie dieses Buch als eine Arbeitsanleitung. Sie haben immer die Möglichkeit, Erkenntnisse hinzuzufügen oder aber hier vorgestellte Empfehlungen wegzulassen. Dieses Buch bietet Ihnen eine reiche Fülle an ganz konkreten Tipps für die Einführung neuer Produkte. Checklisten helfen Ihnen, die Inhalte in Ihre eigene Praxis umzusetzen.

Trotz der großen Sorgfalt, die in die Erarbeitung dieses Buches gesteckt wurde, werden dennoch Fragen, Anmerkungen oder Kritik auftauchen, denn die Erkenntnisse zum Thema Produkteinführung entwickeln sich ständig weiter. Sollten Sie mit einem Problem nicht vorankommen, bin ich für Sie jederzeit ansprechbar unter der E-Mail: info@grossklaus-marketing.de.

Bülzig, im August 2013 Rainer H. G. Großklaus

Einführung

Die meisten Märkte stagnieren. Marktanteilsverschiebungen funktionieren trotz höchster Anstrengungen kaum noch. Alles scheint bis aufs Letzte ausgereizt. Doch Ideen gibt es in Deutschland genug. Die Zahl der Patentanmeldungen nimmt ständig zu. Im Gegensatz zu früher ist heute jedoch ein hoher Prozentsatz von Innovationseinführungen von vornherein zum Scheitern verurteilt. Noch vor gut fünfundzwanzig Jahren war die Floprate sehr viel niedriger. Woran liegt es, dass Innovationen heute so schwer zu vermarkten sind? Was sind die Gründe dafür?

Heute stehen den Konsumenten für beinahe jedes Bedürfnis meist gleich mehrere Lösungen zur Verfügung; die Konsumenten sind mit den Angeboten zur Befriedigung ihrer Bedürfnisse total „überfüttert". Mit den Sättigungserscheinungen und dem schnell wachsenden Wettbewerb geht eine Verkürzung der Produktlebensdauer einher. Die wachsende Dynamik sowie Komplexität auf den Wettbewerbsmärkten führen dazu, dass sich die Entwicklungszeiten für neue Produkte zunehmend verkürzen und Managementprozesse in immer kürzeren Zeitabständen in den Unternehmen eingeführt werden.

Vernetzte Märkte

Märkte sind nicht nur gesättigt, sie sind zudem auch stark vernetzt. Dieses Phänomen nimmt ebenfalls ständig zu. Solche Märkte ermöglichen eine schnelle Verbreitung von Innovationen. Das ist der positive Aspekt. Nachteilig ist, dass die bestehende Vernetzung auch ein echtes Hindernis für die Annahme von Innovationen bedeuten kann, da die Akzeptanz für neue Produkte durch die virtuelle Verbindung zwischen den Marktteilnehmern beeinflusst wird. In vernetzten Märkten wechseln Marktteilnehmer häufig nur dann, wenn sie von dem neuen Produkt überzeugt sind oder wenn andere Marktteilnehmer genauso handeln. So ist es für Unternehmen zunehmend schwieriger, eine Masse von vorkonditionierten Kunden zu beeinflussen als den einzelnen informierten Marktteilnehmer, der jeder für sich eine Einschätzung zum neuen Produkt vorgenommen hat.

Beispiel: Sie loggen sich bei amazon.de ein, weil Sie sich ein neues Fachbuch kaufen möchten. Das gesuchte Buch haben Sie gefunden und möchten nun einiges mehr darüber wissen. Amazon bietet Ihnen hier einen Service und weist auf die Buchrezensionen hin, die Sie sich ansehen. Ganz sicher wird Ihre Kaufentscheidung wesentlich durch die gelesene Rezensionen beeinflusst. Dies, obwohl Sie die Kompetenz dieser Rezensenten in der Regel gar nicht beurteilen können. Diese Art Informationsverbreitung funktioniert nicht nur bei amazon.de so hervorragend, sondern auch bei jedem anderen Kauf eines Produkts im Internet.

Bewährte Lösungen versus Visionen

Innovationen und neue Produkte haben ihre eigenen und nicht immer vorhersehbaren Spielregeln. Führungskräfte wissen das und halten unter anderem aus diesen Gründen lieber an bewährten Lösungen fest (bewährte Produkte pflegen, modifizieren, teilerneuern usw.). Die Balance zwischen „laufendem Geschäft" und „Innovationsgeschäft" soll aus ihrer Sicht nicht gestört werden, auch wenn die Innovation das „bessere Geschäft" wäre (Innovationsrenditen abschöpfen). Neuprodukte bedeuten immer ein schwer zu kalkulierendes Planungsrisiko und keine Garantie für einen gravierenden Markterfolg. Hinzu kommt, dass neue Produkte heute Unsummen an Investitionen verschlingen. Daher hängen Entscheidungen für so gravierende Veränderungen wie Innovationen oft von den sehr persönlichen Karrierevorstellungen dieser Manager ab.

Häufig ist zu beobachten, dass die führenden Ingenieure und Techniker in den Unternehmen zwar hervorragende Produktentwickler und Spezialisten sind, oft auch in den Bereichen Finanzen und Kosten hervorragend ausgebildet sind. Visionäre sind sie jedoch nicht, und sie haben oft zu wenig Fantasie, Vorstellungskraft, Mut und Risikobereitschaft für echte Innovationen und unternehmerisches Denken und Handeln. Sie sind zu selten oder gar nicht bei den Zielgruppen zuhause und wissen daher wenig über ihre wahren Bedürfnisse und Wünsche. Neuland ist für sie zu risikoreich.

Eine Langzeitstudie von Rolf Berth zeigt auf, dass nur etwa zehn bis zwölf Prozent der Führungspersonen jene visionäre Kraft besitzen, die z. B. einen Steve Jobs zum Schöpfer des Macintosh werden ließ. Die Frage, „Können Sie sich vorstellen, dass Sie als hauptverantwortlicher Manager die bekannte Schweizer Uhrmarke Swatch so, wie sie ist, in den Markt eingeführt hätten?" beantworten dreiundsechzig Prozent der befragten deutschen Manager mit nein. Nur sieben Prozent der deutschen Manager sind für einen radikalen Wandel im Sinne von Mut zu Durchbruchinnovationen (echte Innovationen) überhaupt bereit (Berth 2004, S. 99 ff.).

Weiterhin ist zu beobachten, dass verantwortliche Manager viele Märkte immer stärker zu Nischen segmentieren, in denen wenig oder kaum noch Gewinn erwirtschaftet werden kann. Dafür ist man aber aufgrund der Marktdefinition und Marktsegmentierung dann eindeutiger Marktführer in einer kleinen Marktnische. Die veränderten wirtschaftlichen Rahmenbedingungen lassen den Ruf nach Innovationen und neuen Produkten in Deutschland jedoch zunehmend lauter werden. Die Unternehmen, die die verlorenen Jahre der technologischen Diskrepanz aufholen wollen, müssen nun Verbesserungen der Rahmenbedingungen für das Beschreiten neuer Wege im wirtschaftlich-innovativen Bereich schaffen, um ein Überleben auf dem Markt zu ermöglichen.

Vier Innovationswellen

Die Harvard-Professorin Rosabeth Moss Kanter stellte innerhalb eines Beobachtungszeitraums von fünfundzwanzig Jahren fest, dass jede Management-Generation bei der Suche nach neuen, interessanten und erfolgreichen Produktideen immer wieder auf die gleichen Hindernisse stößt, die die Innovationsprozesse in den Unternehmen behindern bzw. schon im Keim ersticken. Sie hat in ihrer Studie bis heute vier Innovationswellen festgestellt. Die erste Welle war in den späten 70er bis frühen 80er Jahren. In dieser Zeit entstanden viele neue Branchen und traditionelle Industriezweige kamen durch das Aufkommen der Neuen in Schwierigkeiten. Insbesondere ausländische Unternehmen gefährdeten damals etablierte deutsche Unternehmen. Die Informationstechnologie begann sich zu entwickeln. Unternehmen wie Apple und IBM entstanden. Japanische Unternehmen wie Sony und Toyota besetzten mit Produkt- und Prozessinnovationen erfolgreich Märkte und brachten einheimische Unternehmen stark unter Druck.

Die zweite Welle gegen Ende der 80er Jahre war davon gekennzeichnet, dass die Angst vor feindlichen Übernahmen um sich griff. Etablierte Unternehmen wurden aufgekauft. Shareholder-Value war in dieser Zeit das Schlagwort. Die Software- und IT-Branche nahm an Bedeutung zu. Beliebt waren fremdfinanzierte Übernahmen. Gillette konnte z. B. Ende der 80er Jahre eine feindliche Übernahme erfolgreich abwehren. Als Antwort darauf führte das Unternehmen Gillette in den frühen 90er Jahren ein neues Rasiersystem in weltweit einheitlicher Form erfolgreich ein und blieb so weiterhin eigenständig.

In den 90er Jahren entstand die dritte Welle. Die Digitalisierung war ein neuer Wachstumsmotor. Das Internet motivierte viele Manager dazu, neue Geschäftsmodelle zu suchen, virtuelle Unternehmen zu installieren. Diese waren häufig vom Stammgeschäft getrennt und konkurrierten hier und da untereinander. Das Augenmerk der Manager lag dabei mehr auf der Seite der Kapitalmärkte als bei ihren Kunden. Unternehmen wurden ohne wirkliche Geschäftstätigkeit reich.

Die aktuelle Innovationswelle basiert auf den Ernüchterungen und Erkenntnissen der letzten fünfundzwanzig Jahre. Viele Internetunternehmen gingen in die Insolvenz. Sparmaßnahmen – bedingt durch Rezessionstendenzen – verstärkten die Situation weiter. Heute konzentriert sich das Top-Management wieder auf natürliches Wachstum. Große international agierende Unternehmensriesen erkennen die Gunst der Stunde, Innovationen und neue Produkte wieder als einen Schlüssel zum langfristigen Unternehmenserfolg zu nutzen (Moss Kanter 2007, S. 44 ff.; Robert und Weiss 1990, S. 13 ff.).

Damit wird deutlich, welche Hindernisse und Klippen für die Innovationsarbeit in den Unternehmen bestehen. Wie Sie diese überwinden, erfahren Sie in diesem Buch. Es zeigt Ihnen, wie andere Unternehmen in diesem Bereich arbeiten und wie Sie heute und morgen Neuprodukte entwickeln und erfolgreich einführen können.

Die Innovationsidee

1

> In diesem Kapitel erfahren Sie, was eine zündende Innovation charakterisiert und was sie einzigartig macht.

Eine zündende Innovations- oder Produktidee muss dem Markt gefallen und nicht dem Genie. Das heißt, der Nutzen des Produkts muss von der Zielgruppe auf Anhieb akzeptiert werden. Ohne „Wenn" und „Aber". Dabei kann der Produktnutzen objektiver und/oder subjektiver Natur sein. Bahnbrechende Ideen müssen, wenn sie denn erfolgreich für das Unternehmen sein sollen:

- zum Unternehmen,
- zu seinen Stärken,
- seinem Image,
- seinen Märkten
- und vor allen Dingen zur Unternehmensstrategie

passen.

Bei einer Innovationen schreit der Markt auf, bei einer Erfindung nur der Patentanwalt. Innovationen müssen heute einen hohen Überlegenheitsfaktor und einen hohen Neuigkeitsgrad haben, die weit über das bisher Bekannte hinausgehen. Dabei kann der Neuigkeitsgrad deutlich variieren. Große Neuigkeitsgrade, also bahnbrechende Innovationen und neue Produkte realisieren zwar stärkere Wettbewerbsvorteile, sie sind aber auch mit sehr viel höheren finanziellen Risiken verbunden. Geringere Neuigkeitsgrade (Produktvariation und -modifikationen) bringen dagegen ein geringeres Risiko mit sich. Die Unsicherheit (Ertrag und Kosten) ist ein ständiger Begleiter bei der Einführung von wirklich bahnbrechenden Innovationen und neuen Produkten.

Bahnbrechende Innovationsideen sollten möglichst aus einem erkannten Bedürfnis (Kunden- oder Marktbedürfnis) entstehen, das einen wachsenden Bedarf verspricht oder

R. H. G. Großklaus, *Von der Produktidee zum Markterfolg*, DOI 10.1007/978-3-8349-4594-5_1,

Faktoren aus Unternehmenssicht	wichtig	nicht wichtig	Bemerkungen
Gewinn bringend			
Liquiditätsbringend			
Verkaufsfördernd mit einer Wirkung, die auch auf andere Produkte des Unternehmens überspringt (Synergieeffekte)			
Wachstumsmärkte mit hohem Nachfragepotenzial sollten angesprochen werden			
Sie sollten in enger Beziehung zum Kundenstamm stehen			
Sie sollten mit vorhandenem Potenzial herstellbar sein und vertrieben werden können			
Sie sollten zum übrigen Sortiment des Unternehmens passen			
Sie sollten das Image des Unternehmens stärken			
Sie sollten nicht konjunkturabhängig und substitutionsgefährdet sein			
Sie sind schwer zu imitieren			
Ein zügiges Zurückverdienen der eingesetzten Investitionen sollte garantiert sein			
Die Investitionen sollten gering sein			
Vorhandene Fertigungsmittel sollten durch neue Technologien verbessert werden können			
Sie sollten mit wenig Basisteilen Produktlösungen zulassen, die einen möglichst breiten Bedürfniskreis abdecken			

Abb. 1 Faktoren aus Unternehmenssicht

Faktoren aus Marktsicht	wichtig	nicht wichtig	Bemerkungen
Sie sind besser, anders als Konkurrenzprodukte			
Sie lösen Kundenprobleme			
Sie garantieren ein optimales Preis-Nutzen-Verhältnis			
Sie bieten einen höheren Nutzen (technisch, ökonomisch, psychologisch)			
Sie sind wenig erklärungsbedürftig			
Sie haben eine lange Lebensdauer und hohe Qualität			
Sie stellen keine Me-too-Produkte dar			

Abb. 2 Faktoren aus Marktsicht

sich zumindest an einem solchen Bedürfnis orientiert. Wer oder was auch immer den Anstoß dafür gegeben hat.

Die Idealanforderungen an bahnbrechende Innovationen bzw. neue Produkte sind aus zwei Perspektiven zu betrachten. Erstens aus der Sicht des Unternehmens und zweitens aus der Sicht des Markts. Hier einige wichtige Idealfaktoren, die für Unternehmen wichtig sind. Siehe hierzu die Abb. 1.

Aus Marktsicht (siehe hierzu die Abb. 2) sind folgende Faktoren für neue Produkte wichtig.

Schnell wird hier deutlich, dass es sich meistens um Produktinnovationen (neue Problemlösungen für Kunden) handelt. Innovationen lassen sich auch bei der Erschließung neuer Produktionsprozesse (Verfahrensinnovationen), Erschließung neuer Kundenpotenziale (durch Kommunikation und Vertrieb), Verbesserung der Organisation (Unternehmensaufbau und Mitarbeiterbeziehungen), Sozialinnovationen (z. B. Jobrotation, Arbeitslosengeld …), Managementinnovationen (virtuelle Organisationsformen z. B. im Produktmanagement, Einsatz von neuen Führungsinstrumenten z. B. MbO …). Die Innovationsfelder sind in der Praxis sehr eng miteinander verbunden. Produktinnovationen ziehen meistens Verfahrensinnovationen nach sich. Sehr häufig ziehen auch Prozessinnovationen Organisationsinnovationen nach sich oder umgekehrt. Selektieren Sie Ihre Innovationen am besten nach dem Neuigkeitsgrad. Sie können Ihre Innovationen unterscheiden nach Totalinnovationen, Optimierungsinnovationen und sogenannte Standardinnovationen. Wenn Sie genauer in den Markt hineinsehen, werden Sie feststellen, dass rund 85 %

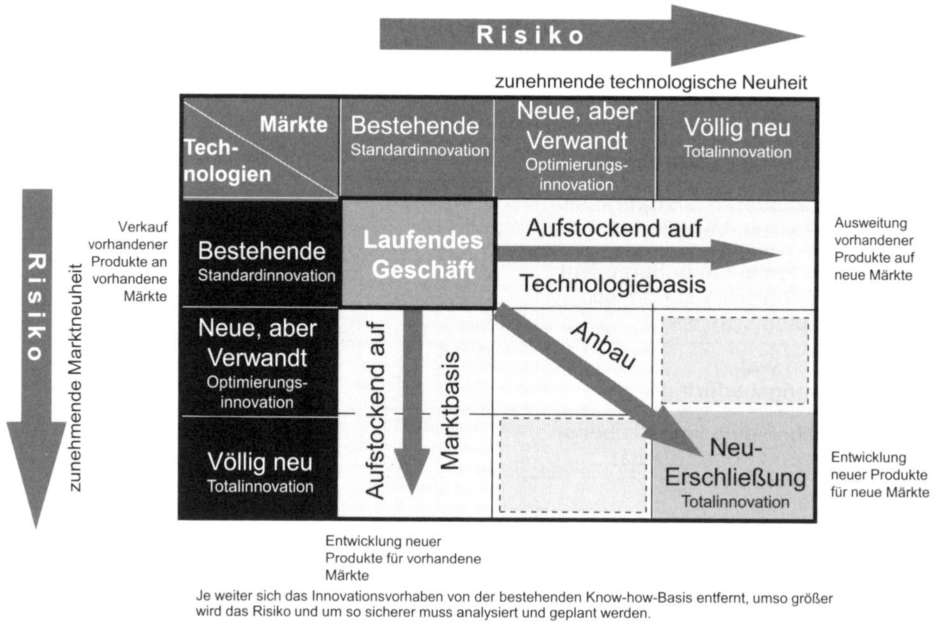

Abb. 3 Matrix für die Abtragung von Innovationsgraden

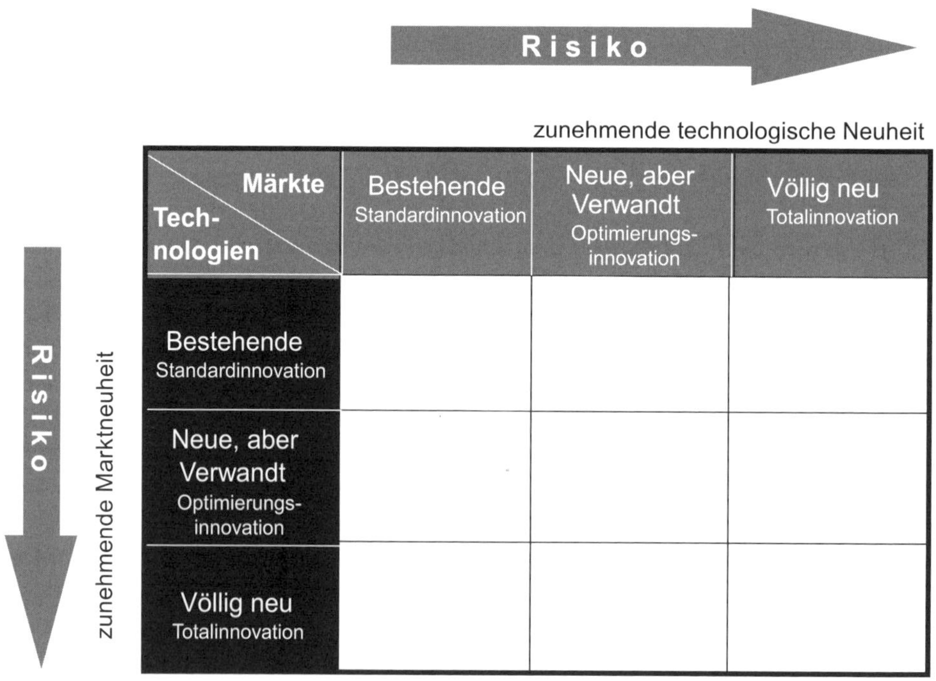

Abb. 4 Arbeits-Matrix für die Abtragung von Innovationsgraden

aller Innovationen in Deutschland Verbesserungs- und Routineinnovationen sind. Wenn Sie diese Untersuchung durchführen, dann nehmen Sie die Abb. 3 und 4 zur Hilfe.

Tragen Sie in der Arbeits-Matrix Ihre Innovationen entsprechend der Bewertung jeder Innovation in die Matrix ab. Entscheiden Sie danach, welche Innovation für Sie eine strategisch wichtige Bedeutung hat.

Warum überhaupt Innovationen? 2

> In diesem Kapitel lesen Sie, warum Unternehmen Innovationen brauchen, wie der Lebenszyklus Ihrer bestehenden Produkte den Bedarf an neuen Produkten bestimmt und wie das richtige Timing für Neuprodukteinführungen aussieht.

Der Grund für Innovationen

Der Hauptgrund für die Einführung von Innovationen ist – einfach ausgedrückt – die langfristige Zukunftssicherung des Unternehmens, die in den meisten Fällen in der langfristigen Unternehmensplanung schriftlich fixiert ist. Die Zukunftssicherung dient der Erhaltung der Selbstständigkeit, der Streuung des unternehmerischen Risikos und nicht zuletzt auch der Sicherung der Arbeitsplätze des Unternehmens. Damit wird deutlich, welche betriebswirtschaftliche Bedeutung Innovationen für die Unternehmen haben.

Von der systematischen Innovationsplanung und -entwicklung hängt es ab, ob ein Unternehmen langfristig eine Überlebenschance hat. Manchmal helfen auch ein guter Riecher für Neues, Zufall und Glück. Mit Sicherheit hat dies jedoch nichts zu tun. Alle Produkte unterliegen einem Produktlebenszyklus, wie wir Menschen letztlich auch. Am Ende des Produktlebenszyklus muss das Produkt, vielleicht auch gegen den Willen des Unternehmens, den Markt verlassen und Platz machen für neue marktgerechtere Produkte. Und genau hier liegt das Dilemma vieler deutscher Unternehmen. Die meisten Hersteller setzen auf Lebensverlängerungsmaßnahmen, um den Umsatz- und Deckungsbeitragsverlust möglichst weit hinauszuschieben. Solche Lebensverlängerungsmaßnahmen verschlingen viel Geld (Marktforschung, F&E, Relaunchmaßnahmen und Wiedereinführungskosten ...) und bringen selten den ersehnten Erfolg. Den deutschen Unternehmen gehen die Innovatoren und der Mut zu Innovationen aus. Innovationen werden noch heute in deutschen Unternehmen schwach gemanagt. Die Angst ist groß, dass man sich mit der Einführung von echten Innovationen zu großen Risiken im Markt aussetzt. Häufig bestätigen dies auch allseits bekannte Flops. Doch diese Sorge ist in der Regel unberechtigt, wenn sich die

R. H. G. Großklaus, *Von der Produktidee zum Markterfolg*, DOI 10.1007/978-3-8349-4594-5_2,

Unternehmen dazu durchringen, Innovationen auf den Markt bringen, in denen sie sich schon recht gut auskennen und darüber hinaus analytisch und planerisch vorgehen. Was die meisten Unternehmen benötigen, ist ein vertrauensvolles und positives Verhältnis zu Innovationen, statt in jeder Innovationsidee vorweg schon Risiken zu sehen.

Folgende Hinweise sollten Sie bei einem systematischen Prozess für Neuprodukte beachten:

- Analysieren Sie Trends und Zukunftschancen und reagieren Sie möglichst schnell marktkonform.
- Wenden Sie ein auf die Markt- und Unternehmenssituation abgestimmtes Planungs-, Entwicklungs- und Einführungssystem an.
- Machen Sie das Thema Neuproduktentwicklung und -einführung in Ihrem Unternehmen zur Chefsache.
- Setzen Sie alle „marktreifen", erfolgreichen Analyse- und Bewertungsverfahren ein.
- Setzen Sie die erfolgreichsten Kreativitätstechniken zur Produktideenfindung ein.
- Wenden Sie effiziente Selektions- und Bewertungsverfahren hinsichtlich der Produktideenauswahl an.
- Installieren Sie einen Produktausschuss, der abteilungsübergreifend tätig ist, der u. a. die Produktentwicklung und Markteinführung mit entsprechend ausgestatteten Kompetenzen unverzüglich vorantreibt.
- Binden Sie Kunden (Lead User) in den Neuproduktprozess ein und akzeptieren Sie diese als kompetente Ideengeber.

Praxistipp

Erfolgreiche Unternehmen wissen, dass die wirklich erfolgreichen Produktideen aus der Tiefe, aus dem Markt, aus dem Kunden- und Lieferantenkreis kommen. Beschäftigen Sie sich deshalb auch intensiv mit Ihren Kunden und Lieferanten.

Ein Vorzeigeunternehmen in dieser Sache ist z. B. Toyota. Toyota bindet seine langjährigen, erfahrenen Kunden und Lieferanten in das gesamte Planungs- und Innovationssystem ein. Shotaro Kamiya, ein hoch verdienter Toyota-Manager, baute das Händlernetz in Japan auf. Danach wurde er Chairman honoris causa. Er sagte: „Bei der Betrachtung der Nutzen, die sich aus dem Verkauf unserer Autos ergeben, sollte die oberste Priorität immer beim Kunden und seiner Bestellung liegen. Dann folgt der Händler und schließlich wir. Diese Einstellung ist die beste Methode, um das Vertrauen unserer Kunden und Händler zu gewinnen und uns damit letztlich das Wachstum zu bescheren" (Becker 2006). Sich mit dem Kunden intensiv zu beschäftigen und ihm immer zuhören, ist bei Toyota eine absolute Selbstverständlichkeit, denn die Rolle des herkömmlichen Kunden hat sich dramatisch verändert. Die Kunden von heute haben nur noch wenig mit ihrer ehemaligen Käuferrolle zu tun. Die Kunden von heute haben die Rolle des aktiven Ideen- und Mitschöpfers übernommen.

Um die Kundenkompetenz erfolgreich nutzen zu können, sollten Sie folgende Überlegungen anstellen:

- Wer sind unsere Kunden?
- Welche Probleme liegen an und sollen gelöst werden?
- Welches Problem wird gesucht bzw. soll gelöst werden?
- Können wir das Problem lösen?
- Können wir die Lösung zu einem vernünftigen Preis, Service anbieten?

Woher kommt der Bedarf für Innovationen?

Der Bedarf und die Anlässe für Innovationen können von unterschiedlichen Faktoren ausgelöst werden, die allesamt in einer engen Wechselbeziehung stehen und sich untereinander und gegenseitig ständig aktivieren (siehe Abb. 5). Alle Faktoren und ihre Signale zusammen betrachtet, lassen letztlich den Bedarf an Innovationen erkennen.

Der Bedarf aus Sicht der Technologie resultiert meistens aus den rückläufigen Innovationsrenditen, da die Investitionen für die technische Verbesserung des Produkts immer mehr zunehmen und die technologische Leistungsfähigkeit des Produkts im Wettbewerbsumfeld nicht mehr differenziert. Besser ist es dann, die finanziellen Mittel in eine völlig

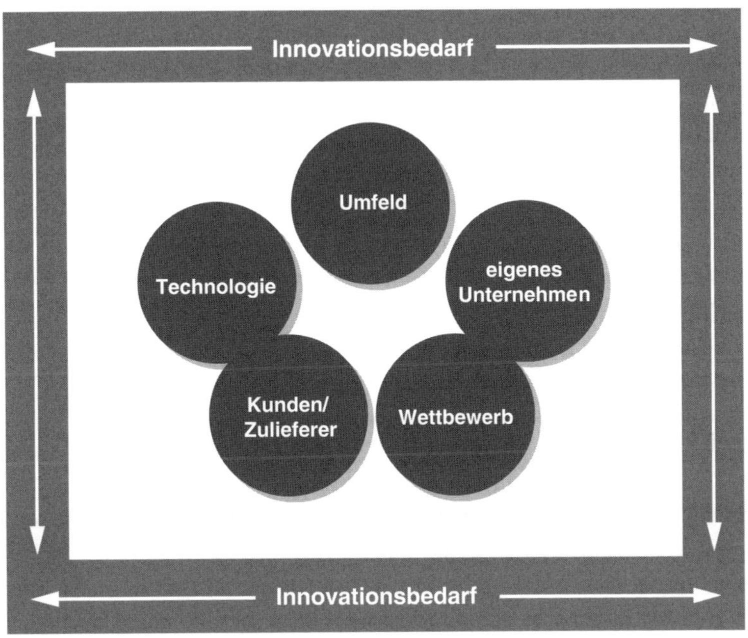

Abb. 5 Antriebsquellen für den Bedarf von Innovationen

neue Technologie zu investieren, um wieder Innovationsrenditen abschöpfen zu können. Ein weiterer Punkt der Bedarfsdeckung aus Sicht der Technologie ist das Image des Unternehmens. Werden von dem Unternehmen Produkte mit veralteter Technik hergestellt, werden diese Produkte und das Unternehmen als tradiert betrachtet. Die Produkte verlieren an Attraktivität für den kaufenden Produktanwender.

Technologieinduzierte Innovationstreiber z. B. aus der Automobilindustrie kommen schwerpunktmäßig aus den Bereichen Antriebstechnik, Werkstofftechnik, Elektronik und Telematik (Verkehrsleittechnik und Fahrzeugmanagement) (Fraunhofer und Mercer Marketing Consulting 2004; Diez 2006). Die sich schnell wandelnde technologische Entwicklung zwingt somit die Unternehmen ständig zu neuen Lösungen.

Im Idealfall wird der Innovationsbedarf von der Zulieferer- und/oder Kundenseite ausgelöst, womit das Floprisiko für das innovierende Unternehmen stark reduziert wird. Darum ist die permanente, aktive Kundeneinbindung in den Innovationsprozess ein festes „Muss".

Ein wichtiger Treiber für Innovationen ist selbstverständlich auch der Wettbewerb. Hier muss erforscht werden, welche möglichen Substitutionsgefahren (Innovationsentwicklungen) von den Wettbewerbern ausgehen könnten. Sich verändernde politisch-rechtliche und/oder ökologische und naturgesetzgebende Rahmenbedingungen sind ebenfalls Chancen für die Entwicklung und Einführung von Innovationen. Ein Beispiel hierfür ist der Automobilhersteller Toyota mit der Neuentwicklung seines Hybrid-Motors in den verschiedenen Modellen.

Die Wünsche der Endkunden werden immer individueller und ausgefallener und nehmen ständig zu. Der Endkunde soll ein Produkt erhalten, das hundertprozentig seinen Wünschen entspricht und darüber hinaus möglichst ein akzeptables Preis-Nutzen-Verhältnis hat. Solche individuellen Kundenwünsche stellen Unternehmen immer wieder vor große Herausforderungen und sind zugleich auch ein starker Motor für Innovationen und neue Produkte.

Nicht allein Technologien, Wettbewerbsdruck, Kunden und Zulieferer sowie das Umfeld eines Unternehmens beeinflussen dessen Innovationstätigkeit. Auch die Signale aus dem Produktportfolio, die Produktlebenszyklus- und Altersstrukturanalyse und der Blick auf die langfristige strategische Unternehmensplanung mit Stärken-/Schwächen- und Chancen-/Risikenanalyse usw. tragen dazu bei.

Lebenszyklusanalyse – Existierende Produkte altern

Die begrenzte Lebensdauer der schon im Markt eingeführten Produkte ist ein wesentlicher Grund für die ständige Entwicklung und Einführung von Innovationen. Märkte und Kundenwünsche ändern sich immer schneller. Technologien wandeln sich, der Wettbewerb wird durch neue Anbieter härter und rechtliche Rahmenbedingungen zwingen zu Veränderungen. Gerade eben neu eingeführte, etablierte Produkte werden immer schneller von

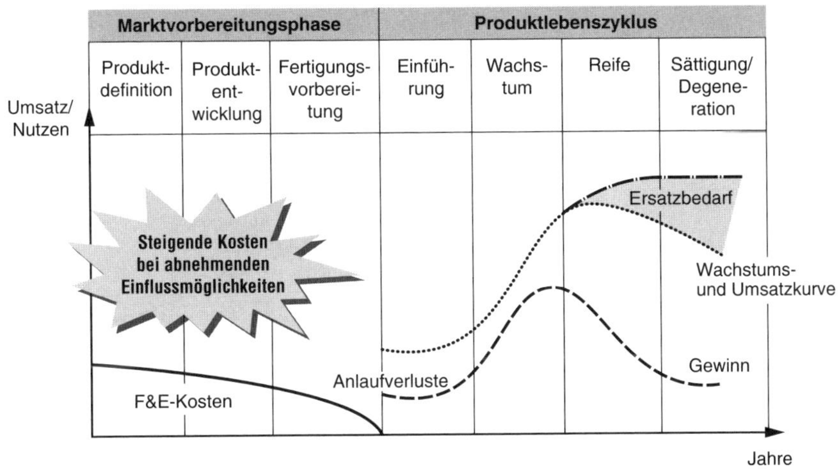

Abb. 6 Produktlebenszykluskurve (In Anlehnung an Vahs und Burmester 1999, S. 93 sowie Litfin 2006)

neuen Produktentwicklungen im Markt verdrängt. Der Produktlebenszyklus verkürzt sich unaufhaltsam.

Die Unternehmen sind daher gezwungen, solche Innovationen immer schneller in den Markt einzuführen, die sich den gegebenen Marktbedürfnissen anpassen bzw. neue Marktimpulse schaffen, um an diesen überproportional zu partizipieren.

Lückenanalyse – Wachstumslücke und Lückenplanung

Stellt sich heraus, dass das Angebotswachstum nicht die geplanten Ziele erreicht, entsteht zwangsläufig eine strategische Lücke. Dem Unternehmen entgehen dabei wertvolle Umsätze, Cashflow und Gewinne, die zu seiner Erhaltung und seinem Wachstum wichtig sind. Darüber hinaus verliert das Unternehmen an Marktbedeutung, Marktanteil, Image usw. Die Lücke muss also schnellstens geschlossen werden, entweder durch Produktverbesserungen oder -modifikationen oder durch Innovationen.

Um diese Lücke zu schließen, sind alle nur erdenklichen Maßnahmen zu treffen. In erster Linie bedeutet das, dass finanzielle Mittel bereitgestellt und die notwendigen innerbetrieblichen Voraussetzungen (Organisation, Klima, Kultur, Innovationsfreundlichkeit …) geschaffen werden. Ziel einer Lückenplanung ist es, mögliche in der Zukunft auftretende Umsatzlücken festzustellen und daraus Maßnahmen abzuleiten, die eine solche strategische Lücke erst gar nicht aufkommen lassen bzw. sie frühzeitig zu schließen. Abbildung 7 zeigt die Problematik. Die strategische Lücke ist eine Umsatzlücke, die durch neue Produkte und/oder vorhandene Produkte und/oder bestimmte Marketingmaßnahmen geschlossen werden muss, um den Planumsatz zu erreichen.

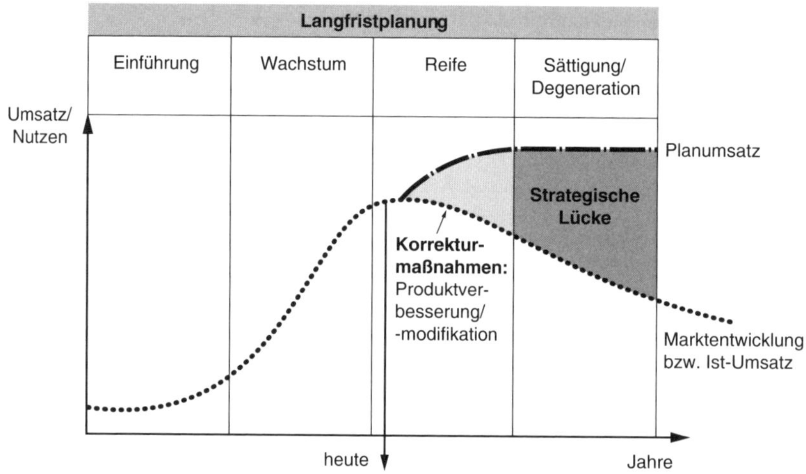

Abb. 7 Strategische Lücke

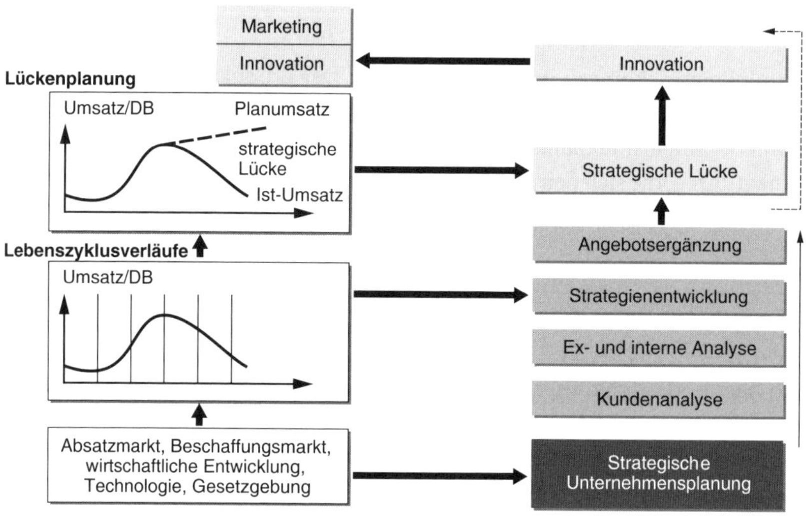

Abb. 8 Zusammenhänge zwischen strategischer Lückenplanung und strategischer Unternehmensplanung (In Anlehnung an Kramer 1977, S. 49)

Abbildung 8 verdeutlicht zusätzlich die Zusammenhänge zwischen strategischer Lückenplanung und strategischer Planung. Die Lückenplanung beginnt mit der Festlegung des Planumsatzes und endet mit dem Vergleich von Soll- und Ist-Ergebnissen und der dazu gehörenden Festlegung von Maßnahmen zur Schließung der strategischen Lücke. Die strategische Planung und die Analyse der strategischen Lücke sind ein wichtiges Instrument im Innovationsprozess und dürfen auf keinen Fall vernachlässigt werden.

Das Timing der Innovationseinführung

Legen Sie den Termin der Produkteinführung auf keinen Fall unter Zeitdruck fest und achten Sie darauf, dass die Bereitstellung der finanziellen Mittel gesichert ist. Leider ist das in vielen Unternehmen nicht der Fall. Die schon erwähnten kurzen Produktlebenszyklen und die kürzeren Halbwertzeiten des Know-hows machen deshalb eine gut strukturierte Produktentwicklung zu einem entscheidenden Erfolgsfaktor.

In beinahe allen Branchen sind die Entwicklungskosten drastisch gestiegen. Das Ergebnis ist die Verlängerung des Break-even-Zeitpunkts. Drastisch anwachsende Entwicklungskosten und immer kürzer werdende Produktlebenszyklen der Produkte stehen der Notwendigkeit möglichst langer Pay-off-Zeiten für die Amortisation der investierten Entwicklungskosten gegenüber. Die Zeit für das Geldverdienen der Unternehmen wird immer kürzer und die Innovationskosten steigen ständig. Das Dilemma: Die Unternehmen befinden sich in einer Zeitfalle, die sich aus Zeit- und Kostendruck zusammensetzt. Eine kürzere Entwicklungszeit zu erreichen, um mehr Zeit für die Amortisation der eingesetzten Investitionen zu erhalten, ist nicht ohne Mehrkosteneinsatz zu bewerkstelligen, da eine Beschleunigung der Entwicklungszeit nur durch weiteren Personaleinsatz und durch Investitionen in Werkzeuge und/oder Maschinen möglich ist. Im anderen Fall bedeutet die Verzögerungen der Entwicklung auch eine Verzögerung der Markteinführung, die Amortisationsrate gestaltet sich ungünstiger und die Marktchancen des Unternehmens verschlechtern sich ebenfalls durch den schnelleren Wettbewerb.

Nicht die Großen sind die Sieger im Markt, sondern die Schnelleren sind es. Die Schnelleren haben mehr Zeit für das Zurückverdienen ihrer Entwicklungsinvestitionen, da sie die Entwicklungszeit kürzer gestalten konnten. Ein weiteres Handicap für den Langsamen ist, dass bei seinem Markteintritt das Preisniveau womöglich schon sinkt und er nun nicht mehr an den frühen Innovationsrenditen partizipieren kann. Diese Situation wiederum lässt das Zurückverdienen der eingesetzten Investitionen in der geplanten Qualität kaum noch zu. Das Endergebnis ist dann ein „Flop". Der Zeitwettbewerb schlägt in den Unternehmen deutlich negativ zu Buche, wenn die angestrebte Entwicklungszeit nicht eingehalten wird und die Produkteinführung sich dadurch verzögert. In diesem Falle drohen dem Unternehmen hohe Ertragseinbußen.

Der Grund für eine solche Verzögerung liegt in der meist nicht ausgereiften Organisation der Entwicklungsabläufe. An einem solchen Entwicklungsprozess sind immer viele Unternehmensabteilungen beteiligt. Die Zusammenarbeit geht dabei nicht immer reibungslos vonstatten. Unterschiedliche Auffassungen, Einzelentscheidungen und Abstimmungsschwierigkeiten sind an der Tagesordnung und führen zu solchen Verzögerungen.

Wenn die Entwicklungszeiten verkürzt werden sollen, müssen die in dem Unternehmen vorhandenen Abläufe bekannt sein und verstanden werden. Das ist wichtig, damit die formellen und informativen Abläufe möglichst wenige Reibungsverluste unter den Funktionsabteilungen erzeugen. Abhilfe kann hier ein neu gegründeter Innovationsausschuss schaffen, der aus Mitgliedern der einzelnen Funktionsbereiche besteht und funktionsübergreifend arbeitet. Er kann dazu beitragen, dass der Zeitrahmen für die Produktentwick-

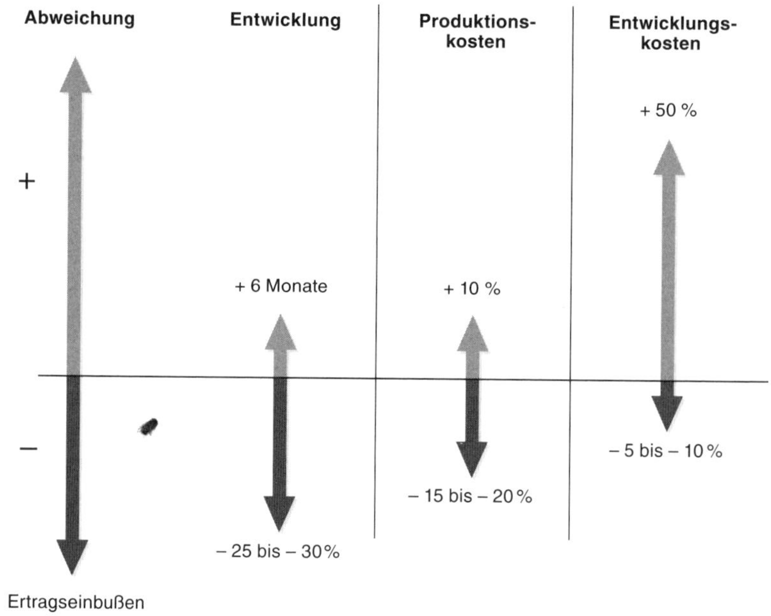

Abb. 9 Überschreitung des Entwicklungszeitrahmens vs. Ertragseinbußen (In Anlehnung an Arthur D. Little International 1988)

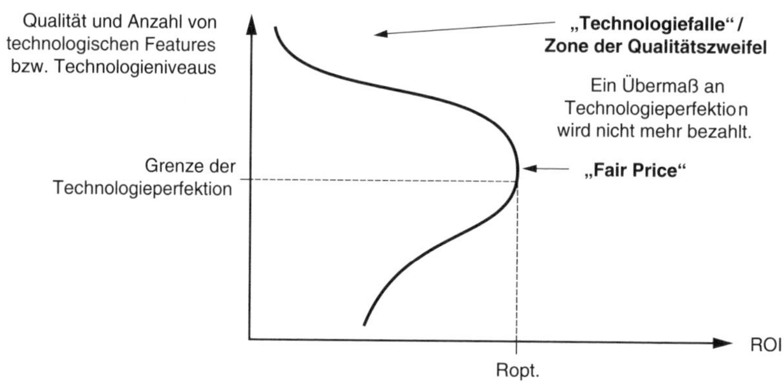

Abb. 10 Overengineering/Technologiefalle (Vgl. Diez 2006, S. 219)

lungszeit und Produkteinführung reduziert wird. Je weiter der Produktentwicklungsprozess fortschreitet, umso schneller werden notwendige Veränderungsmaßnahmen vorgenommen. Bei weiterem Voranschreiten des Prozesses bauen sich die Beeinflussungsmöglichkeiten von Kosten (Selbstkosten) ab. Aus der Praxis ist bekannt, dass ungefähr zwei Drittel der gesamten Kosten eines neuen Produkts in der Entwicklungszeit budgetiert sind. Eine frühzeitige Einbindung der Kunden verhindert Overengineering (Technologiefalle) und Kostenauswüchse und erhöht die Aussichten auf erfolgreiche Innovationen, weil sie marktgerecht sind. Overengineering wird aufgrund des hohen Preises von Kunden und Endverbrauchern oft nicht gewürdigt, weil das Preis-Nutzen-Verhältnis für sie nicht akzeptabel ist (vgl. Abb. 10). Diese Fehlentwicklung kann durch die frühzeitige Einbindung und Befragung von Kunden verhindert werden. Auch dadurch werden Kosten und Zeit für die rechtzeitige Produkteinführung (Time to Market) gespart.

Literatur

Arthur D. Little International 1988. *Innovation als Führungsaufgabe*. Frankfurt.

Becker, Helmuth 2006. *Phänomen Toyota*. Berlin/Heidelberg.

Diez, Willi 2006. *Automobilmarketing*. Landsberg am Lech.

Fraunhofer, und Mercer Management Consulting 2004. *Future Automotive Industry Structure 2015 - Die neue Arbeitsteilung in der Automobilindustrie*. Materialien zur Automobilindustrie Nr. 32, Frankfurt a. M. 2004

Kramer, Friedhelm 1977. *Produktinnovation*, Orientierung Schweizerische Volksbank Nr. 66, 1977.

Litfin, Thorsten 2006. Handout zum Management Circle-Seminar. *Der Produktmanager*, 2006.

Vahs, Dietmar und Burmester, Ralf 2002. *Innovationsmanagement. Von der Idee zur erfolgreichen Vermarktung*. Schäffer-Poeschel-Verlag.

Der Boden für Innovationen

3

> In diesem Kapitel lernen Sie die wichtigsten Voraussetzungen für Innovationen kennen. Sie erfahren, welche Schlüsselfaktoren für den Erfolg von Innovationen entscheidend sind und welche Hemmnisse Innovationsprozesse behindern können.

Voraussetzungen für erfolgreiche Innovationen

Unsere Marketingpraxis ist derzeitig in schlechter Verfassung. Warum sonst „floppen" weit über fünfundsiebzig Prozent der neuen Produkte? Die Regeln und Methoden zum Finden von Innovationen und neuen Produkten haben sich im 21. Jahrhundert entscheidend verändert. Das Aufspüren von Innovationen und neuen Produkten setzt voraus, dass das Management den Mut hat, die veralteten Organisationsformen aufzubrechen und den Mitarbeitern genügend Freiräume für Inspirationen und Kreativität zu lassen. Weg von ausgereiften Geschäften, in denen Wachstum und Produktdifferenzierung nachlassen und der Preiswettbewerb an Schärfe zunimmt. Weg von effizienten und feststehenden Abläufen. Weg von Bürokraten, Konformisten und Regelbefolgern und hin zu Querdenkern, die die Dinge aus verschiedenen Blickwinkeln betrachten. Fehler müssen eingeplant und akzeptiert werden und dienen dazu, notwendige Lehren daraus zu ziehen.

Über die Hälfte der Innovations- und Neuproduktideen kommen von außen. Darum ist es überlebenswichtig für Unternehmen, dass das Top-Management über den Tellerrand hinaus sieht. Oft glaubt das verantwortliche Management nach wie vor, dass die erfolgreichsten Ideen aus den eigenen Reihen kommen. Nach dem Motto „Wir wissen am besten, was wir brauchen und wie wir es richtig machen". Dieser Glaube resultiert aus alten Marketingzeiten. Abschotten und Geheimhalten waren lange Zeit die Devise. Hinter diesem Gedanken aus uralten Zeiten steckt die Strategie der vertikalen Integration und exklusiven Kontrolle. Diese Vorstellung hemmt jedoch das Finden und Verfolgen erfolgreicher bahnbrechender Innovations- und Produktideen gewaltig. Es gilt, Vielfalt und Interdiszi-

R. H. G. Großklaus, *Von der Produktidee zum Markterfolg*, DOI 10.1007/978-3-8349-4594-5_3,

plinarität im Unternehmen zu fördern und zu kultivieren. Um ein innovatives Klima mit Erfolg zu entwickeln, bedarf es einer visionären, kreativen und mutigen Führung, die mit dem „schlummernden“ Innovationspotenzial der Mitarbeiter verknüpft wird.

Hierzu ein kleines **Beispiel**:

Ein bekanntes Unternehmen in der Saftbranche hatte das Problem, dass sich bei dem neuen Orangensaft die eingebrachten Fruchtsegmente immer im Flaschenhals absetzten. Einen Orangensaft mit puren Orangenfruchtstücken zu versehen, war zu dieser Zeit eine bahnbrechende Neuproduktidee. Beim Öffnen der Flasche jedoch spritzten die im Flaschenhals oben schwebenden Fruchtsegmente mit einem Schwall aus der Flasche. Die Fruchtsegmente inklusive kleiner Mengen des Orangensafts befanden sich dann gut verteilt auf Sakko, Hemd und Hose. Der Grund für dieses Problem war: Das spezifische Gewicht der Fruchtsegmente war geringer als das des Orangensafts. Das Unternehmen war unter einem enormen Zeitdruck, da der ärgste Konkurrent ebenfalls mit einem neuen Saftprodukt in den Startlöchern stand. Das Unternehmen musste also unbedingt vor der Konkurrenz mit seinen neuen Produkten in den Regalen des Handels stehen, weil das nicht weniger interessante Neuprodukt der Konkurrenten den eigenen Markteintritt empfindlich gestört hätte.

Die verantwortlichen Produktentwickler dachten unter diesem Zeitdruck über neue, andere Fruchtsegmente nach, die sich nicht nach der Abfüllung oben im Flaschenhals (Weithalsflasche) ansammelten, sondern im Saft schwebten.

Ein neuer Produktmanager, er kam gerade aus einem bekannten amerikanischen Unternehmen, gründete einen Produktideenausschuss. Dieser Ausschuss bezog alle Mitarbeiter des Unternehmens in die Ideensuchphase ein. Ein alt gedienter Arbeiter, der am Abfüller stand, machte in diesem Produktideenausschuss vorsichtig einen Vorschlag, wie sich das Problem lösen ließe. Der Vorschlag wurde getestet und funktionierte. Später sagte dieser Mitarbeiter, dass er diesen Vorschlag schon viel früher hätte machen können, nur das Management sei nie ansprechbar für neue Ideen aus den Mitarbeiterkreisen gewesen. Gerade noch zur rechten Zeit konnte somit der neue Orangensaft mit natürlichen Orangenfruchtstücken mit Erfolg vor der Konkurrenz in den Markt eingeführt werden.

Kundenintegration in Innovationsprozesse

Beim Suchen und Finden von Innovations- und neue Produktideen werden in innovativen Unternehmen zunehmend mehr Kunden mit eingebunden. Ein Beispiel für die feste Einbindung von Kunden-, Lieferanten- und Berater-Ideen sowie das Nutzen von externen Netzwerken ist das innovative Unternehmen Procter & Gamble. Hier floppten in den letzten Jahren viele neue Produkte, Umsätze stagnierten und der Aktienkurs brach daraufhin zusammen. Das Management reagierte und konzipierte den Innovationsprozess neu. Statt alles selbst zu erfinden, nutzt das Unternehmen Produktideen von Zulieferern, Wettbewerbern und externen Erfindern. Darüber hinaus arbeitet Procter & Gamble mit mehreren Netzwerken zusammen, die Anregungen für neue Produkte liefern oder bei der Lösung von

Produktionsprozessen helfen. Die Erfolgsquote hat sich mehr als verdoppelt bei gleichzeitiger Senkung der Forschungs- und Entwicklungskosten (Huston und Sakkab 2006, S. 21 ff.).

Erfolgreich innovierende Unternehmen wie beispielsweise Toyota („Dem Kunden zuhören …" (Liker 2007, S. 81)) oder Heidelberger Druckmaschinen und insbesondere Unternehmen aus dem Konsumgüterbereich beziehen ihre Kunden bei der Entwicklung von Innovationen und neuen Produkten verstärkt mit ein, da diese Vorgehensweise wesentlich zur Verbesserung des Innovationsprozesses beiträgt. Hier wird beispielsweise der Online-Dialog (Internet und Intranet) eingesetzt, um mit Kunden über neue Produktideen zu kommunizieren. Diese Unternehmen sind schon früh weitsichtig gewesen, Anregungen und Empfehlungen von Produktideen ihrer Kunden in Erfolge umzusetzen.

Häufig jedoch geht in den Unternehmen die Angst um, dass die Integration von Kunden bei der Entwicklung von neuen Produkten und Innovationen zusätzliche Kosten und Störungen bei den internen Abläufen zur Folge hat. Das mag wohl so sein, aber dennoch sind diese zusätzlichen Kosten im Gegensatz zu den verursachten Kosten eines Flops tragbar bzw. fallen kaum ins Gewicht. Auch die uralte Angst der Führungskräfte, dass die streng gehütete neue Produktidee bis zur Konkurrenz durchdringen könnte – insbesondere bei einem offenen Dialog über das Internet mit externen Ideengebern und Kunden – ist zu vernachlässigen. Heute, im Zeitalter der Informationen, ist kaum noch etwas wirklich geheim zu halten. Das fängt damit an, dass Ingenieure, Techniker und Produktentwickler die Firmen wechseln, sich bei Seminarveranstaltung treffen oder anderswo kommunizieren.

Aber Vorsicht (!): Neue Produkte und Innovationen in der Entwicklungsphase von der Konkurrenz zu kopieren, ist mit vielen Risiken verbunden, denn jedes Management versteht Innovations- und Neuproduktkonzepte anders und setzt diese auch unterschiedlich um. Die Gefahr, dass ein Flop gelandet wird, ist sehr groß.

Aber nur darauf zu warten, dass Kunden Innovations- und Produktideen automatisch „bringen", ist blauäugig. Besser ist es, Sie unterbreiten Ihren Kunden neue Produktideen und diskutieren diese mit ihnen. Aber Achtung: Eine zu einseitige Ausrichtung auf die Kundenbedürfnisse ist ebenso falsch, weil es dann bei den Weiterentwicklungen bleibt, die die bekannten Kundenbedürfnisse befriedigen. Kundenwünsche neu zu wecken, gelingt damit nur ausnahmsweise.

Top-Management als Promotor für Innovationen

Die Unternehmensleitung selbst muss dafür sorgen, dass Innovationen und neue Produkte zum strategischen Unternehmensziel erklärt werden. Sie muss innovative Unternehmensführung mitreißend vorleben. Innovation und Kreativität müssen zu unverzichtbaren Managementinstrumenten erklärt, und es muss danach gedacht und gehandelt werden. Das Top-Management, die oberste „Heeresleitung", ist der Promotor für Innovationen und neue Produkte. Sie sind die Unterstützer und verteidigen Innovationen und neue Produkte vor Angriffen von Zweiflern, Zauderern und Neidern.

Das Top-Management hat dafür zu sorgen, dass für den innovativen Prozess die erforderliche Atmosphäre geschaffen wird, so dass sich kreative Mitarbeiter gefordert fühlen und sich optimal entwickeln können. Bahnbrechende Innovationen und neue Produkte sind nur in einem Unternehmensklima möglich, das die enge Zusammenarbeit aller Mitarbeiter fördert. Ein negatives Unternehmensklima, z. B. durch internen Wettstreit der einzelnen Bereiche anstatt Kooperation, schadet dem innovativen Prozess und kann das Unternehmen viel Geld kosten.

Ein innovatives Unternehmensklima verträgt kein hierarchisches Denken und Handeln. In vielen deutschen Unternehmen wird die Kreativität genau dadurch im Keim erstickt. Darunter leiden insbesondere jüngere Mitarbeiter. Innovative Prozesse können sich nicht entwickeln, wenn Führungskräfte ihre Führungs- und Entscheidungsbefugnis missbräuchlich in Form von Selbstdarstellung und Egoismus einsetzen. Damit behindern sie erheblich den Fortschritt des Unternehmens, da sie kreative Mitarbeiter mutlos machen. Strenge Kontrollen und unflexible Strukturen müssen gelockert, die zwischenmenschlichen Beziehungen und der Kommunikationsfluss zwischen Führung und Mitarbeitern ausgebaut werden. Sie sind ein wesentlicher Bestandteil für einen erfolgreichen Innovationsprozess. Patriarchalische Führungsstile sind veraltet und haben in innovativen Unternehmen nichts zu suchen. Sie gehören abgeschafft.

Der Ideencampus

Innovationen und Neuproduktentwicklungen erfordern die besten Köpfe aus allen Unternehmensbereichen. Sie müssen ein Team bilden und auf das Ziel verpflichtet werden. Und nicht zu unterschätzen: Sie müssen für die Aufgabe begeistert werden! Installieren Sie daher in Ihrem Unternehmen einen Ideencampus (Ideenanlaufstelle), der sich mit der Sammlung, Auswertung und Förderung von Innovations- und neuen Innovationsideen im Unternehmen beschäftigt und Versuche sponsert. Setzen Sie einen bereichsübergreifenden Innovationsausschuss ein, der abteilungsübergreifend arbeitet und sich in regelmäßigen Abständen trifft. Er setzt sich am besten aus den Führungspersönlichkeiten der Unternehmensabteilungen zusammen und stellt so durch seine Kompetenz sicher, dass die verfolgten Ideen konkretisiert werden und sich rechnen lassen.

Heute, im Zeitalter der schnellen Informationen und des Internets, sind Ideen für Innovationen und neue Produkte auf vielfältige Weise günstig und schnell zu jeder Zeit zu erhalten. Die Tüftler, Produktentwickler und Ausprobierer sitzen weltweit verstreut und sind doch so nah. Sie sind in der Regel sehr flexibel und mobil und meistens auch bereit, sich Unternehmen anzuschließen, die ihre Ideen nutzen und mit ihnen zusammenarbeiten wollen. Das für Innovationen und neue Produkte verantwortliche Management muss diese neuen Informationsmöglichkeiten vernetzen und entwickeln, für das 21. Jahrhundert zum Bestandteil der Unternehmensstrategie erklären und kultivieren.

Die fünf wichtigsten Schlüsselfaktoren für Innovationen

Es gibt fünf entscheidende Schlüsselfaktoren, die den Erfolg von Innovationen und neuen Produkten möglich machen. Diese wichtigen Schlüsselfaktoren sind nicht isoliert zu betrachten. Sie sind ein ständig ineinander greifender Prozess mit den verschiedensten situativen Wechselbeziehungen:

1. **Management**
   Der Vorstand bzw. die Geschäftsleitung muss hundertprozentig hinter dem Projekt stehen und dieses auch aktiv begleiten. Ein monatlich abgehaltenes Meeting und eine wohlwollende Begutachtung der Zwischenschritte sind völlig unzureichend! Hervorragend geschultes Marketing-Management garantiert die besten Chancen für erfolgreiche Innovationen und neue Produkte.
2. **Konzept**
   Das Projekt muss einer klaren Vision folgen. Sie gibt qualitative und quantitative Ziele vor, die in das Unternehmenskonzept passen. Daraus werden Strategie, Prioritäten, Leistungsziele und Terminplanung abgeleitet.
3. **Köpfe**
   Köpfe – das sind die Teams bzw. die Innovatoren, die einen aktiven Informationsaustausch praktizieren. Alle Innovatoren und Mitglieder einschließlich der Geschäftsleitung haben Zugang zu allen Ideen und Notizen, die das Projekt betreffen. Niemand darf ohne Diskussion einzelne Ideen eliminieren. Das Team bzw. die Innovatoren müssen auch unter Druck effizient zusammenarbeiten können. Sie sind von daher auf Teamfähigkeit hin zu überprüfen. Freundschaft unter den Teammitgliedern bzw. Innovatoren ist nicht zwingend notwendig, aber förderlich. Respekt und Akzeptanz sind jedoch zwingend notwendig. Kreativität, Mut, Zuversicht und Selbstvertrauen sind ebenfalls wichtige Tugenden der Innovatoren bzw. Teammitglieder.
4. **Kapital**
   Finanzkraft und Effektivität des Mitteleinsatzes sowie eine realistische Finanzplanung und ein wirksames Projektcontrolling sind Voraussetzungen. Ein Reservefonds für nicht einkalkulierbare Situationen ist ebenfalls zu berücksichtigen.
5. **Klima und Kultur**
   Hierarchisches Denken und Handeln sind fehl am Platze. Verkrustete Organisationsstrukturen und patriarchalische Führungsstile sind innovationshemmend und gehören abgeschafft. Es ist oberste Aufgabe der Unternehmensleitung, ein innovatives Klima für Innovationen zu schaffen. Die Innovatoren bzw. Teammitglieder müssen Raum für Improvisationen und Kreativität haben. Nur wenn kreative Ausflüge möglich und gewollt sind, ist mit ungewöhnlichen Lösungen zu rechnen. Eine spürbar positive Ausprägung von Klima und Kultur ist typisch für hoch entwickelte innovative Unternehmen.

Nochmals der Hinweis: Die wesentlichen Hebel zum Erfolg von Innovationen und neuen Produkten sind das Unternehmensklima und die motivierende Führung sowie die spezifische Erfahrung und die systematische Förderung zukunftsorientierten, innovativen Mitarbeiterverhaltens durch Schulungen und Kreativitätstrainings. Die hervorragend marketinggeschulte Führungsmannschaft ist ein zusätzlicher Garant für erfolgreiche Innovationen und Neuprodukteinführungen. Unternehmensführung muss in Zukunft auch ein hoch qualifiziertes Innovationsmanagement sein.

Schwachstellen und Hemmnisse für Innovationen

Bei genauerem Hinsehen erkennt man rasch, dass die Probleme der meisten Unternehmen nicht in der Marktorientierung und dem Marketing liegen. Das Marketing ist in den letzten Jahren hervorragend gelernt und vielfach erfolgreich in den Unternehmen installiert worden. Die Innovationshemmnisse liegen ganz woanders.

Ungeachtet der intensiven Forschung, die in den Unternehmen betrieben wird und die dem Management Sicherheit geben sollte, behindern die Manager trotzdem mit ihrem Zögern, Zaudern sowie ihren Ängsten vor Pleiten und Pannen und der angestrebten Perfektion bei der Verfolgung der Innovationsabläufe den Innovationsprozess. Hohe Umsätze und Gewinne verleiten Führungskräfte zunehmend mehr zur Suche nach Innovations- und neuen Produktideen, die schnell umsetzbar sind, wenig Risiko aufzeigen und große Erfolge versprechen. Nur: Große bahnbrechende Innovationen und neue Produkte sind selten und schlecht vorhersagbar. Daher werden nicht so erfolgreich erscheinende Ideen rasch wieder verworfen. Ein großes Ideenpotenzial geht damit verloren.

Einen wesentlichen Anteil an den Innovationshemmnissen haben **vorgegebene und sklavisch einzuhaltende Entscheidungswege**, die nicht immer der heutigen Zeit entsprechen. Sie lassen manche gute Idee im Laufe des Entscheidungs- und Rechtfertigungswegs absterben.

Es werden kurzfristig hohe Umsatzerwartungen gestellt: Aus eigener Erfahrung weiß ich, dass in einigen bekannten Unternehmen in der Süßwarenbranche jede neue Produktidee verworfen wurde, die nicht innerhalb eines Jahres mehrere Millionen Euro Umsatz und einen Deckungsbeitrag von mindestens dreißig Prozent realisierte; und wenn möglich, mindestens im zweiten Jahr nach Einführung sowohl wert- als auch mengenmäßiger Marktführer sein musste. Das aber gelingt nur in wenigen Fällen und wenigen Unternehmen. Ausnahmen bestätigen auch hier die Regel.

Auf lange Sicht erfolgreiche Innovationen werden vernachlässigt: Verantwortliche Produktmanager sind daher eher an Produktideen interessiert, die sich eng am laufenden Geschäft orientieren und deren Erfolg durch die gängigen Testmethoden bestätigt werden. Die Konzentration der Führungskräfte richtet sich daher mehr auf Produktverbesserungen und -modifikationen, die kurzfristige Liquidität und schnell zu realisierende Marketing-, Kostensenkungs- und Übernahmestrategien ermöglichen, wobei die auf lange Sicht ertragsreicheren Verfahrens-, Produkt- und Qualitätsinnovationen oft sträflich vernachlässigt werden. Aus Managementsicht ist das sicherlich verständlich. Besser jedoch ist es, wenn Sie eine Strategie einsetzen, die eine gute Balance zwischen ständigen Produktver-

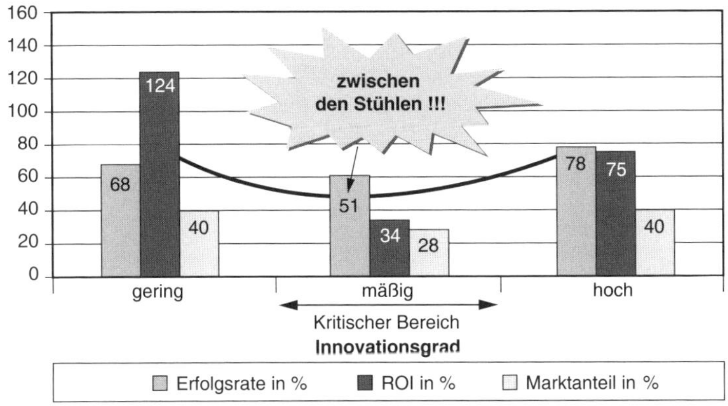

Abb. 11 Innovationsgrad und Innovationserfolg (In Anlehnung an Cooper 2001, S. 19 und Litfin 2006b)

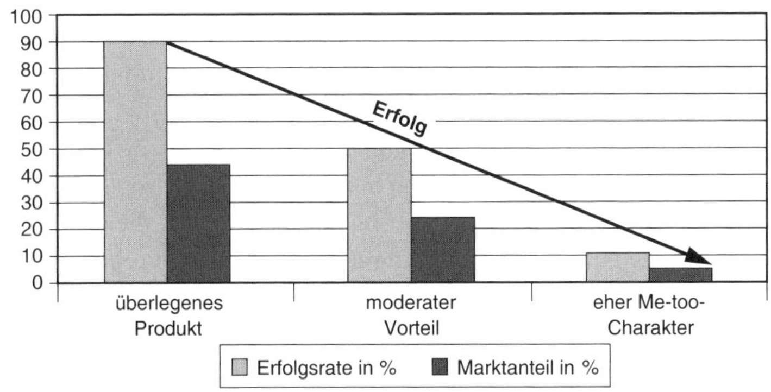

Abb. 12 Produktüberlegenheit und Innovationserfolg (In Anlehnung an Cooper 2001, S. 60 und Litfin 2006a)

besserungen und -modifikationen sowie bahnbrechenden Innovationen in gut geplanten zeitlichen Abständen ermöglicht. Die Abb. 11 und 12 verdeutlichen es.

Angst vor Fehlern: Ein weiteres Hemmnis für Neuproduktentwicklungen, das im Bewusstsein des Top-Management heute herumgeistert ist, heißt: „Bloß nichts falsch machen". Um jedoch mehr Erfolge zu verbuchen, ist es schon beinahe ein Muss, auch Fehlschläge zu riskieren. Aus eigener Erfahrung kann ich berichten, dass ich im Verlauf meiner Marketingkarriere bei Innovationseinführungen auch Fehlschläge hinnehmen musste, aus denen ich viel gelernt habe.

Nur an Produktinnovationen zu denken, ist ebenfalls ein Hemmnis. Diese Denkweise schränkt erheblich das Potenzial an möglichen interessanten und erfolgreichen neuen Geschäftsideen ein. Erfolgreiche Innovationen können sich auch auf andere Bereiche beziehen, wie

- Produktions- und Fertigungsprozesse (Toyota),
- Distribution und Marketing (McDonald's),
- Preis (Media-Markt),
- Service,
- Design,
- Technik,
- Verpackung,
- Kommunikation,
- Kundenbeziehung usw.

Das Defizit an Kreativität in den Unternehmen ist teilweise erschreckend und innovationshemmend. Obwohl Kreativitätstechniken bekannt und zum Teil auch installiert sind, werden sie kaum oder nur sehr unprofessionell eingesetzt. Die Technik Brainstorming ist dabei die bekannteste. Von Synektik, Morphologischer Kasten, Delphi-Verfahren, Semantische Intuition, Bionik usw. haben die meisten Führungskräfte ebenso schon einmal gehört. In den erfolgreichen, innovativen Organisationen werden diese Kreativitätstechniken als internes Suchinstrument zum Aufspüren von Innovationsideen mit sehr viel Erfolg eingesetzt.

Was die **Personalpolitik** in den Unternehmen betrifft, so werden häufig Mitarbeiter ausgewählt und eingestellt, deren Neigungen mehr in den Bereichen Analyse, Logik usw. liegen. Dabei benötigen die Unternehmen heute auch Mitarbeiter, die den Hang zu lateralem und visionärem Denken haben, um Innovationen und neue Produkte hervorbringen zu können.

Ein weiterer Bereich für Innovationshemmnisse sind die **strengen Kontrollen und die häufig zu früh eingebauten Sicherheitsstufen, Rentabilitätsüberprüfungen und Risikoanalysen**, die Innovations- und neue Produktideen frühzeitig im Keim ersticken. Sie müssen sich sehr häufig in der Planungs- und Umsetzungsphase dem gleichen Prozedere unterziehen wie das laufende Geschäft. Dies, obwohl bei beiden Geschäften sehr unterschiedliche Strategien bezüglich des Einsatzes und der Gewichtung des Marketing-Mix, der Zeit und der zu erwartenden Ergebnisse geplant werden.

Beispiel: Unterschied zwischen laufendem und neuem Geschäft

Das laufende Geschäft eines Unternehmens ist in der Regel im Markt schon bekannt und hat sich (hoffentlich) etabliert. Den Schwerpunkt der Marketingstrategie bilden die erfolgreiche Stabilisierung und der Ausbau des Geschäfts. Dafür gibt es einen speziellen Marketing-Mix, Budgetierungsmethoden sowie spezielle Erfolgskennziffern. Beim laufenden Geschäft muss darauf geachtet werden, dass der Marketing-Mix und das entsprechende Budgetvolumen den Stabilisierungs- und Ausbaustrategien gerecht werden. Das laufende Geschäft realisiert in der Regel auch einen guten Deckungsbeitrag, der das entsprechende Budget finanzieren kann.

Ganz anders ist der Schwerpunkt der Marketingstrategie bei der Planung und Einführung eines neuen Produkts gelagert. Hier gelten andere Regeln. Das neue Produkt steht in der Anfangsphase seines Produktlebenszyklus. Es ist noch unbekannt und braucht daher, wie ein Baby, „Überlebenshilfe". Eine solche Unterstützung für die ersten Monate oder Jahre haben z. B. einen anderen Einfluss auf Einsatz, Abstimmung und Gewichtung des einzusetzenden Marketing-Mix, als es beim laufenden Geschäft der Fall ist. Beispielsweise muss das Kommunikationsbudget hoch angesetzt werden, damit das Produkt über den Einsatz von entsprechenden Medien schnell bekannt wird. Toyota hat z. B. für die Neueinführung der Pkw-Marke „Auris" eine riesige Plakatwerbekampagne in 82 Städten Deutschland und mit 27 verschiedenen Motiven eingeleitet. Mehr als 200.000 Plakatstellen sind mit den Motiven der neuen Auto-Marke „Auris" von Toyota bepflastert worden.

Da ein neu eingeführtes Produkt nicht sofort einen guten Deckungsbeitrag erwirtschaften wird, muss das Budget für die Einführungsaktivitäten des neuen Produkts durch andere gut verdienende Produkte „gesponsert" werden. Somit sehen die Erfolgskennziffern eines neuen Produkts anders aus als die eines etablierten.

Die meisten Unternehmen hatten zu jeder Zeit ein betriebliches Vorschlagswesen, oft jedoch nur auf dem Papier (!). Heute ist ein deutlicher Systemwechsel in diesem Arbeitsbereich zu verzeichnen, der nicht zuletzt durch die zunehmende Verbreitung des japanischen „Kaizen"[1] verändert wurde. Im Mittelpunkt steht die Förderung und Nutzung der Kreativität der Mitarbeiter. In Marketingkreisen spricht man von einem Ideenmanagement.

Auch werden in den Unternehmen häufig **Projektteams** eingesetzt, die – wie in alten Zeiten – **im Geheimen arbeiten**. Die Folge ist, sie werden im Unternehmen immer auf Nörgler, Zweifler und deren Widerstände treffen. Projektteams dürfen heute nicht mehr im Geheimen arbeiten, wenn ihre Ideen in den Unternehmen Unterstützung finden sollen. Zu besseren Erfolgen führen offene, regelmäßige Gespräche zwischen den Ausschüssen und Führungskräften und den übrigen Mitarbeitern. Ein gut funktionierender, offener Kommunikationsfluss ist ein „Muss" in innovativen Unternehmen.

In mittelständischen Unternehmen ist die Situation hinsichtlich der Innovationshemmnisse häufig noch grundlegender. Neben den **fehlenden finanziellen Mitteln** (häufig nur begrenzte Eigenfinanzierungsmöglichkeiten) lassen sich vor allem **externe Informationsdefizite** feststellen wie z. B. in den Bereichen Marketing, Markt- und Wettbewerbsinformationen, Zielgruppensegmente, Kundenprobleme, Markteintrittsbarrieren.

Management und Visionen

Das Top-Management entwickelt eine Zukunftsvision, die Bestandteil der Unternehmensstrategie ist und nach der im gesamten Unternehmen gedacht und gehandelt wird. Sie wird von jedem Team und jedem Mitarbeiter akzeptiert und vorgelebt. Sie muss wie ein Funke wirken, der im Unternehmen einen riesigen „Steppenbrand" auslöst. Visionen lassen allen

[1] Unter der Philosophie „Kaizen" versteht man beispielsweise bei Toyota eine geistige Haltung, die immer und zu jeder Zeit Optimierungen im Arbeitsprozess zum Ziel hat. Alle Mitarbeiter werden bei Toyota in einem ständigen Prozess dazu befähigt.

Innovationsbeteiligten einen großen Entwicklungsraum für Kreativität, wenn sie klar und eindeutig vorgegeben werden und weit über ökonomische Richtzahlen hinausgehen.

Visionen, von der „obersten Heeresleitung" verkündet, haben richtungweisende Konsequenzen für Führung und Mitarbeiter. Innovative Unternehmen verknüpfen ihre Visionen mit den Realitäten des Marktes (wie z. B. Toyota, Heidelberger Druckmaschinen usw.). Die Verkündung von Visionen hat zudem nützliche Nebeneffekte. So lassen sich hoch qualifizierte Mitarbeiter für das Unternehmen gewinnen, und darüber hinaus geben sie Schubkraft für Wachstum. Sie lenken die Aufmerksamkeit auf Strategien, die Rentabilität realisieren.

Die Konsequenzen für das Management im innovativen Prozess

Die Rahmenbedingungen wie verkürzte Produktlebenszyklen, verschärfter Wettbewerb, zersplitterte Massenmärkte, sich schnell ändernde Technologien, offene Informationssysteme, Internet usw. zwingen das Top-Management, traditionelle Methoden Vorgehensweisen bei der Entwicklung von Innovationen völlig neu zu überdenken. In Abb. 13 sind folgende Punkte neu zu gestalten, um zu einer innovativen Organisation heranzuwachsen.

Eine innovative Organisation funktioniert ebenso wie ein Sportclub. Die Manager von solchen Clubs sind für die „Corporate Fitness" verantwortlich wie der Trainer einer Weltklassemannschaft. Ebenso wie dieser müssen sie:

- die richtigen Mitarbeiter finden,
- die individuelle Leistungsfähigkeit dieser Mitarbeiter fördern,
- die Zusammenarbeit der Teams bzw. Mitarbeiter verbessern
- und die Überforderung der Teams bzw. Mitarbeiter vermeiden, die sonst zu einer Erschöpfung führt (Arthur D. Little International 1988). Die Abb. 14 verdeutlicht, um welche wichtigen Faktoren es hierbei geht.

Kriterien	wichtig	nicht wichtig	Bemerkungen
Das Top-Management muss erkennen, dass die Entwicklung von Innovationen und neuen Produkten nicht immer glatt und linear verläuft.			
Der Innovationsprozess ist ein sich immer wiederholender Vorgang von Versuch und Irrtum.			
Um diesen Prozess erfolgreich zu gestalten, muss das Top-Management einen offenen und kooperativen Führungsstil einschlagen. Nicht zuletzt auch deswegen, weil die Entwicklung und Durchsetzung von Innovationen nicht immer rational und widerspruchsfrei ablaufen.			
Das Erfolgsgeheimnis in innovativen Organisationen ist, dass das Top-Management zu Versuch und Irrtum ermutigt. Solche innovativen Unternehmen probieren einfach mehr aus. Hier geht Probieren über Studieren!			
Das tun innovative Unternehmen, indem sie ganz bewusst eine breite Projektzielstellung planen und vorgeben und eine mögliche Mehrdeutigkeit hierbei auch tolerieren, um möglichst viele interessante Ansätze zu erhalten. Innovationsprozesse bringen trotz perfektester Planung Überraschungen mit sich. Halten Sie also innovative Projekte möglichst lange offen und flexibel. Erst wenn bestimmte Zwänge dazu drängen, wird streng geplant. Aber selbst dann halten Sie noch Optionen offen, indem Sie möglichst breite Leistungsziele vorgeben und sie gegen alternative Ansätze konkurrieren lassen. Die chaotische Realität von Innovationsprozessen müssen Top-Manager verstehen lernen, sie akzeptieren und aus den gemachten Erfahrungen solcher Prozesse lernen.			
Während des Entwicklungsprozesses werden operative Entscheidungen oft sofort getroffen, wobei strategische häufig aufgeschoben werden, damit immer noch möglichst lange eine Reaktion zu verbesserten Handlungen möglich ist.			

Kriterien	wichtig	nicht wichtig	Bemerkungen
Auch das Lernen im innovativen Prozess hat sich verändert. Gestern hatten hoch spezialisierte Ingenieure und Entwickler das „Sagen". Die daraus erzielten Lerneffekte kamen dann nur diesen Spezialisten zugute.			
Heute sind das Lernen und das Wissensmanagement in innovativen Unternehmen bewusst eingesetzte Aufgaben, Tätigkeiten und Prozesse. Das Innovationswissen ist heute im Besitz von vielen.			
Im Extremfall werden sogar „Nichtexperten" für die Innovationsentwicklung eingesetzt. Sie erwerben ihr Wissen, ihre Fähigkeiten und Fertigkeiten während der Projektarbeit. Sie erfahren durch Schulung und Training das gesamte Managementwissen aus allen Hierarchieebenen und -gebieten.			
Für die Organisation hat das den Vorteil, dass diese Mitarbeiter erprobte Verfahren, Normen und Prinzipien häufig in Frage stellen, um zu neuen, interessanten Lösungen zu kommen. Man kann hier von einem „Breitenlernen" und „Breitenwissen" sprechen. Teamarbeit und -erfolg zählt mehr als der Erfolg und die Profilierung einzelner Spezialisten.			
Die externen Beziehungsnetze mit Experten, Beratern, Lieferanten und Kunden, mit denen innovative Unternehmen ihren Gedankenaustausch pflegen, sind ein weiteres Plus für erfolgreiche Innovationen und neue Produkte.			
Schaffen Sie eine innovative Organisation, in der Führungskräfte und Mitarbeiter eng kooperieren.			
Schaffen Sie eine Organisation, in der Teamarbeit und Kopfgeist hoch entwickelt sind.			
Die Konzeption und der Innovationsprozess sind verinnerlicht, die Kompetenzen sind klar und die Informationen fließen aktiv und lebhaft.			

Kriterien	wichtig	nicht wichtig	Bemerkungen
Akzeptieren Sie große Freiräume, damit Führungskräfte, Teams und Mitarbeiter ihre Kreativität, ihr intuitives Potenzial und visionäres Denken ohne Zwang und Druck voll entfalten und weiterentwickeln können. Langfristig zahlt sich das aus.			
Die Managementmethoden innovativer Unternehmen spiegeln die Realitäten des Innovationsprozesses wider. Innovationen sind in der Regel immer individuell motiviert, kundenorientiert, situationsabhängig, chaotisch, niemals linear und meist interaktiv. Eine wichtige Aufgabe des Top-Managements ist es, die Zukunftsperspektive sowie die Zielrichtung für das Unternehmen zu entwickeln, als Leitvision zu formulieren und diese im Unternehmen umzusetzen.			
Das Top-Management sollte in der Lage sein, eindeutige Perspektiven zu formulieren, sich Kundenwünschen unterzuordnen, eine zukunftsorientierte Portfoliostrategie zu erarbeiten und ein offenes, visionäres Unternehmensklima zu schaffen, damit das Unternehmen bahnbrechende Innovationen und neue Produkte hervorbringen kann.			
Entwickeln Sie Führungskräfte, die alle Arbeitsabläufe exakt kennen und verstehen, die die Unternehmens- und Innovationsphilosophie kennen und vorleben und sie motivierend weitervermitteln.			
Entwickeln Sie herausragende Mitarbeiter und Teams, die der Unternehmens- und Innovationsphilosophie folgen. Der Teamgedanke steht im Vordergrund. Arbeiten im Garagenstil ist angesagt. Dieser Arbeitsstil entbürokratisiert und erlaubt eine schnelle, ungehinderte Kommunikation untereinander. Die Kommunikation ist hier ständig im Fluss. Die Informationswege werden kurz gehalten. Eine solche enge bereichübergreifende Zusammenarbeit ermöglicht die schnelle Durchführung von Experimenten und Tests und schafft gleichzeitig ein hohes Niveau von Loyalität und Gruppenzusammengehörigkeit. Die funktionsübergreifende Zusammenarbeit der Unternehmensabteilungen Marketing, Vertrieb, Forschung und Entwicklung, Anwendungstechnik, Technik, Produktion und Controlling ist in innovativen Unternehmen ist zwingend notwendig, um bessere Ergebnisse schneller zu erzielen. (Siehe hierzu Abbildung 9)			

Abb. 13 Checkliste für die Entwicklung einer innovativen Organisation

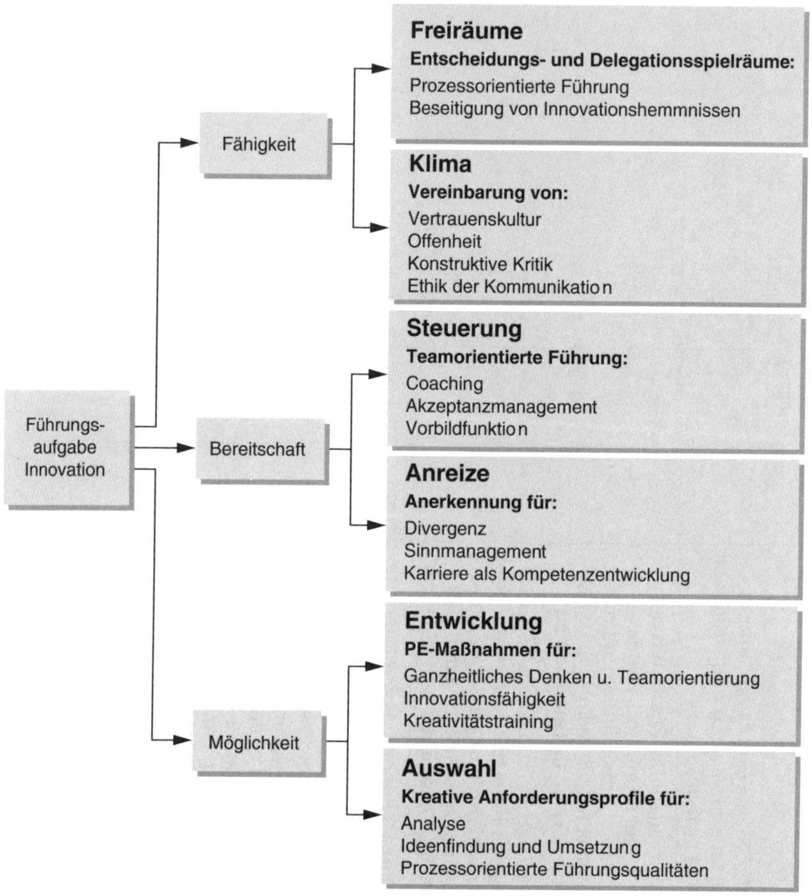

Abb. 14 Innovation als Führungsaufgabe (Simon 2005)

Literatur

Cooper, R.G. 2001. *Winning at New Products: Accelerating the Process from Idea to Launch*, 3. Aufl. Cambridge, MA.

Huston, Larry, und Nabil Sakkab. 2006. Wie Procter & Gamble zu neuer Kreativität fand. *Harvard Businessmanager* 2006 (August): 21.

Liker, Jeffrey K. 2007. *Der Toyota Weg*, S. 12 ff. München.

Litfin, Thorsten. 2006a. „Der Produktmanager", in: *Innovationsmanagement – von der Idee zum marktfähigen Produkt*. Schriftlicher Lehrgang, Lektion 8, Management Circle-Edition.

Litfin, Thorsten. 2006b. Handout zum Management Circle-Seminar. *Der Produktmanager*.

Simon, Walter. 2005. *Management-Techniken*. Offenbach.

4 Der Innovationsprozess und sein Instrumentarium im Überblick

> In diesem Kapitel geht es darum, wie der Innovationsprozess aufgebaut ist und welche Schritte Sie auf dem Weg zur erfolgreichen Innovation gehen sollten.

Der Innovationsprozess (Abb. 15) mit seinem Instrumentarium lässt sich in drei Bereiche aufteilen. In dem ersten Bereich geht es darum, die internen Rahmenbedingungen zu schaffen, die für die Realisierung von Innovationen und neuen Produkten Erfolg versprechend sind. Im zweiten Bereich geht es um die Einsatzmöglichkeiten der Techniken bzw. Stufen der Innovationsprozessdurchführung, die für die Entscheidungsbildung notwendig sind. Der dritte Bereich ist durch die externen Nutzungsmöglichkeiten gekennzeichnet, die von dem Unternehmen im Innovationsprozess mit eingeschaltet werden sollten.

Der Innovationsprozess ist ein sehr komplexer Ablauf. Er ist gekennzeichnet durch ineinander verflochtene und übergreifende sowie auch parallel verlaufende Arbeitsschritte, zwischen denen auch immer wieder Rückkoppelungen passieren. Er ist ein Zusammenspiel von Analyse-, Entscheidungs-, Konzept- und Kontrollarbeiten. An diesem Prozess sind Marktteilnehmer, Teams, Mitarbeiter, Technologien, Konzepte, Markt- und Umweltfaktoren beteiligt, die gemeinsam den Erfolg des Innovationsprozesses ansteuern.

Stoßrichtungen und Zeitrahmen von Innovationsvorhaben sollten Sie in der Regel aus der strategischen Unternehmensplanung ableiten. Die Praxis zeigt immer wieder, dass Unternehmen mit einer guten Unternehmensplanung erfolgreiche Innovationen realisieren. In diesen Unternehmen baut Innovationsmanagement auf die strategische Unternehmensplanung auf. Die Unternehmensplanung steuert das unternehmerische Denken und Handeln und sorgt für eine möglichst hohe Risikominimierung. Das Innovationsmanagement ist unter Berücksichtigung der Unternehmensplanung darauf ausgerichtet, neue Geschäftsmöglichkeiten zu finden, die in die vorgegebene strategische Unternehmensplanung passen. Unternehmensplanung und Innovationsmanagement sind immer zusammen zu betrachten.

Sind daraus für Sie keine Innovationsvorhaben ableitbar, können Sie mit Hilfe einer Ist-Analyse hinsichtlich des Marktes (Wettbewerb), des Unternehmens (Stärken und Schwä-

R. H. G. Großklaus, *Von der Produktidee zum Markterfolg*, DOI 10.1007/978-3-8349-4594-5_4,

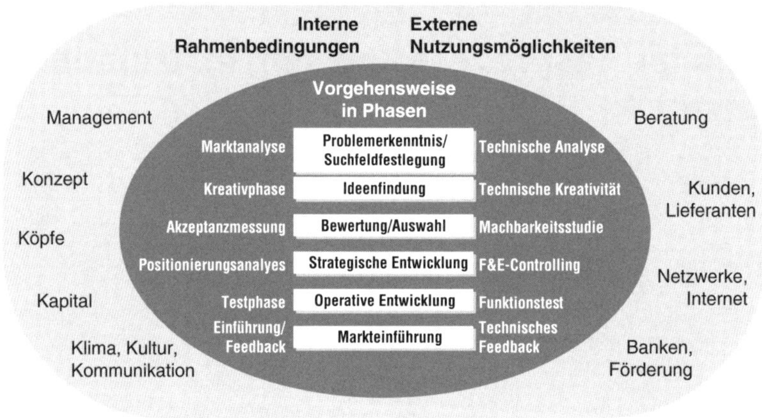

Abb. 15 Die Bereiche und Phasen des Innovationsprozesses

Abb. 16 Informationsverdichtungsvorgang

chen) und der Umwelt (Chancen und Risiken) Ziele für Innovationsaktivitäten spezifizieren. Die aufgenommenen Daten und Fakten aus dieser Analyse verdichten Sie in einer SWOT-Analyse (mit Zukunftsperspektiven angereichert). Siehe hierzu die Abb. 16, die die Verdichtung von Informationen in Phasen aufzeigt.

Die Zukunftsperspektiven ermitteln Sie mittels der Szenario- und Delphi-Verfahren. Die vier Buchstaben SWOT stehen für: Strenghts (Stärken), Weaknesses (Schwächen), Opportunities (Chancen) und Threats (Gefahren). Der Sinn einer SWOT-Analyse ist es, die Leistungselemente zu finden, um sie im Wettbewerb gezielt zum Vorteil einzusetzen. Die Stärken und Schwächen beziehen sich auf das Unternehmen selbst. Die Chancen und Risiken beziehen sich auf den Markt des Unternehmens. Für das Unternehmen ist es wichtig, dass es die Stärken nutzt, um die Chancen im Markt wahrzunehmen bzw. die Risiken zu umgehen.

Aus der SWOT-Analyse können Sie dann den Innovationsbedarf bzw. die Innovationsmöglichkeiten ableiten, die ständig überprüft werden müssen. Dafür eignen sich bestens

Abb. 17 Interne und externe Ideenquellen

die Portfolio- und Produktlebenszyklusanalyse. Mit diesen Instrumenten können Sie den Innovationsbedarf für Ihr Unternehmen ermitteln.

Ein Vergleich zwischen dem Ist- und Soll-Portfolio und die daraus resultierenden Diskrepanzen bilden die Basis für Ihre Suche nach Innovationsideen. Dieser Vergleich steuert dann die Phasen des Innovationsprozesses. Die Abb. 17 hilft Ihnen dabei Ideenquellen zu finden. Dass ein solch komplexer Prozess nicht immer ohne Konflikte abläuft, versteht sich von selbst und muss durch einen adaptiven Führungsstil des Top-Managements abgefedert werden.

Der nächste Schritt ist die Ideenfindung. Dafür können Sie sowohl externe als auch interne Quellen heranziehen.

Anschließend bewerten Sie alle Ideen und reduzieren sie auf diejenigen, die erfolgreich erscheinen. Parallel dazu prüfen Sie die Ideen zum einen auf technisch-wirtschaftliche Machbarkeit (Machbarkeitsstudie = Feasibilitystudie) und zum anderen auf die Akzeptanz bei der anvisierten Zielgruppe. In der dann folgenden Strategie (strategischen Entwicklung) schreiben Sie die Intensität, den Zeitrahmen und das Budget des Projektes fest.

Auf der Marketingseite konzipieren Sie die Positionierungsstrategie, die festlegt, wie die anvisierte Zielgruppe die Innovation in Relation zu den Wettbewerbsprodukten wahrnehmen und wie sie darüber denken soll. Oder anders ausgedrückt, wie die Innovation oder das neue Produkt in den Köpfen Ihrer Zielgruppe einen „Logenplatz" erhalten kann.

Die Positionierung bedeutet für die Zielgruppe ganz einfach Orientierung. Für die Orientierung brauchen die Zielgruppen Fixpunkte, die ihnen sowohl funktionale (Preis, Design, Form usw.) als auch emotionale Produktwerte (Liebe, Romantik, Freiheit, Geborgenheit, Sicherheit, Wohlgefühl usw.) vermitteln sollen. Diese funktionalen und insbesondere die emotionalen Produktwerte prägen sich in den Köpfen der anvisierten Zielgruppen ein. Sie sind im Bewusstsein der Zielgruppen tief verankert und werden mit dem Produkt ge-

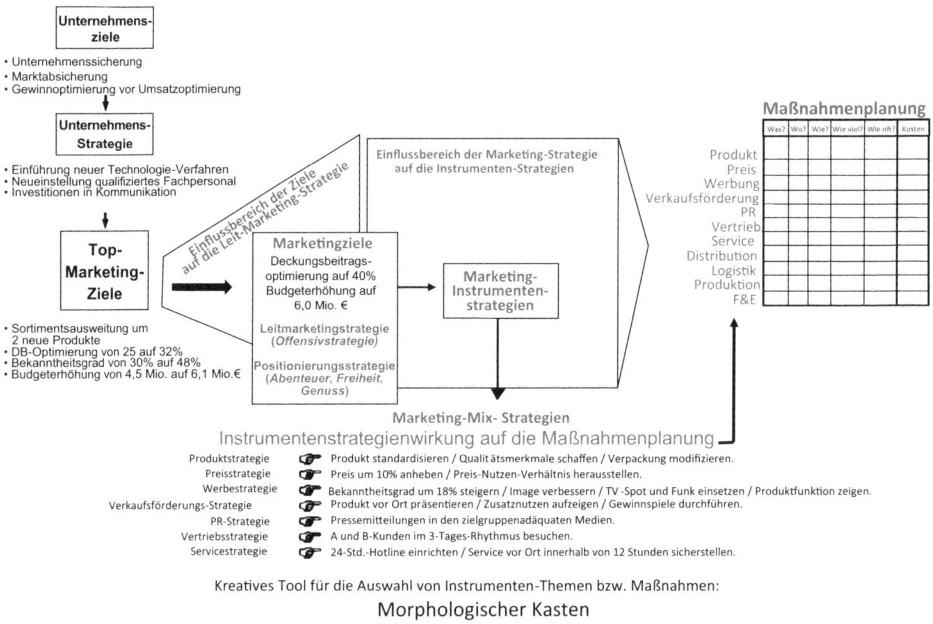

Abb. 18 Einfluss der Positionierung auf das marketingstrategische Verhalten des Unternehmens

danklich sofort verbunden. Einprägen werden sich allerdings nur positive, akzeptierte, interessierende Produktwerte. Produkteigenschaften, die sie bewegen und Gefühle wecken. Letztlich sorgt die Positionierung eines Produkts bei der Zielgruppe auch für Sympathie und Kompetenz, und das löst Vertrauen (= Zutrauen) zum Produkt und damit einen möglichen Kaufakt aus (Großklaus 2006).

Die Positionierung ist somit für die Markteinführung einer Innovation ein strategisch wichtiger Bestandteil der Unternehmens- und Leit-Marketingstrategie. Sie nimmt wesentlichen Einfluss auf die marketingstrategischen Inhalte des Unternehmens. Abbildung 18 verdeutlicht dies.

Die Phase der operativen Entwicklung enthält Funktions- und Markttests, um eventuelle Akzeptanzbarrieren vor der Markteinführung zu beheben. Anschließend schreiben Sie den Marketingplan für die Produkteinführung, stimmen ihn ab und geben ihn zur Umsetzung frei. Eine ganz wichtige Rolle spielt hier wieder die Positionierung, die ihre Verdichtung in der Werbung bzw. der Copystrategie findet.

Literatur

Großklaus, Rainer H.G. 2006. *Positionierung und USP*. Wiesbaden.

5 Externe Analyse von Chancen und Risiken – Unternehmenskompetenz

> Da Produkt- und Marktlebenszyklen immer kürzer werden und die Unternehmen ihre Marktposition ausbauen oder zumindest halten wollen, müssen Analysen durchgeführt werden, um erfolgreiche Innovations- und Marketingstrategien entwickeln zu können. In diesem Kapitel lernen Sie verschiedene Analysemethoden und Techniken kennen, um externe Chancen und Risiken einschätzen zu können.

Ohne Analyse können keine strategischen Entscheidungen getroffen werden. Eine kritische und zukunftsorientierte Analyse deckt Stärken und Schwächen sowie Chancen und Risiken Ihres Unternehmens auf. Eine solche Analyse muss kein dicker Wälzer werden, der sich durch unüberschaubare Mengen von Daten und Statistiken auszeichnet. Weniger ist hier mehr.

Es liegt auf der Hand, dass die Grundlage für wichtige strategische Entscheidungen die interne (Unternehmensanalyse) und externe Analyse (Umweltanalyse) sein muss. Die interne Analyse beschäftigt sich mit den Stärken und Schwächen, Ressourcenpotenzialen und Kompetenzen eines Unternehmens. Die externe Analyse beschäftigt sich dagegen mit der Umwelt, in der das Unternehmen tätig ist oder tätig werden möchte. In der Praxis werden in der Unternehmensumwelt folgende Wettbewerbskräfte untersucht:

- Marktumfeld
- Wettbewerb/Konkurrenz
- Kunden/Abnehmer
- Lieferanten
- Substitutionsprodukte
- eigenes Unternehmen.

Diese Wettbewerbskräfte sind es, die das unternehmerische Handeln beeinflussen und somit auch einen Einfluss auf die Strategienfindung des Unternehmens haben müssen.

R. H. G. Großklaus, *Von der Produktidee zum Markterfolg*, DOI 10.1007/978-3-8349-4594-5_5,

Marktumfeldanalyse

Die Marktumfeldanalyse (Abb. 19) wird eingesetzt, um genaue Informationen über das Unternehmensumfeld und über die auf das Unternehmen einwirkenden ökonomischen und sozialen Kräfte zu gewinnen. Folgende Punkte sind dabei zu beachten:

- **Potenzielle oder neue Konkurrenten**
  Der Eintritt neuer Marktteilnehmer verleiht dem Markt bzw. der Branche neue zusätzliche Kapazitäten. Er wird in der Regel mit einem hohen finanziellen Aufwand betrieben. Häufig wird er noch durch eine aggressive Preispolitik flankiert, um rasch Marktanteile zu gewinnen. Nicht selten wird dadurch die Rentabilität des bis dahin tätigen Unternehmens gefährdet.
- **Markteintrittsbarrieren**
  Eintrittsbarrieren stellen für die bisher in diesem Markt tätigen Unternehmen einen nützlichen Schutz gegen neue Marktteilnehmer dar und sind dann zugleich auch ein Wettbewerbsvorteil. Für den „Newcomer" bilden Markteintrittsbarrieren sehr häufig unüberwindbare Hindernisse. In der Praxis spricht man von folgenden Eintrittsbarrieren:
  - **Kapitalbedarf:** Je höher der Kapitalbedarf, desto gefährlicher ist der Markteintritt für neue Marktteilnehmer. Besonders schwierig ist es, wenn sie riskante und zum Teil unwiederbringliche Investitionen z. B. im Bereich der Einstiegswerbung oder

Abb. 19 Die wichtigsten Wettbewerbskräfte (In Anlehnung an Porter 1997; Großklaus 2006a)

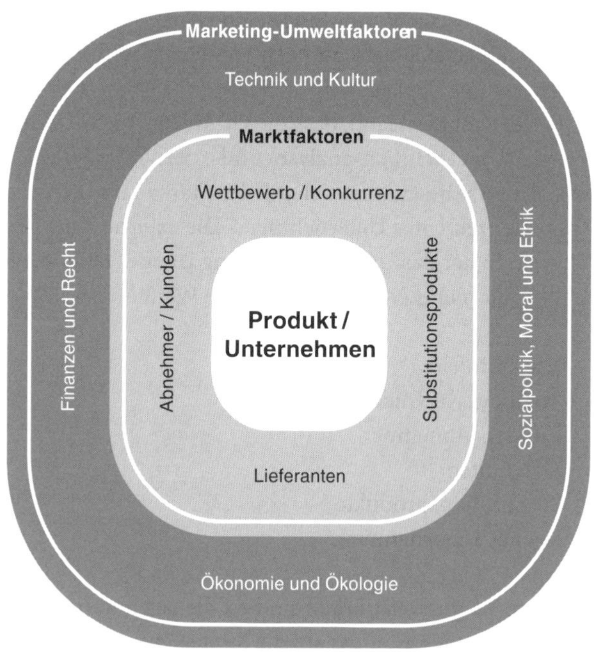

für die Forschung und Entwicklung tätigen müssen. Der süße Markt der Schokoriegel, der starke Stromversorgermarkt oder der Markt für großformatige Bogen-Offset-Druckmaschinen (Heidelberger Druckmaschinen ist hier führend) sind solche Märkte mit relativ hohen Markteintrittsbarrieren. Ein kleines mittelständisches Unternehmen kann es sich kaum leisten, hier einzudringen. Selbst wenn es das mit einem wirklich innovativen Produkt versuchen würden.

- **Betriebsgrößenersparnisse (Economies of Scale):** Von Betriebsgrößenersparnissen spricht man, wenn z. B. die Stückkosten eines Produkts bei steigender Produktionsmenge abnehmen. Nicht selten treffen solche Größenvorteile auch für andere Kostenbereiche zu, wie z. B. Produktion, Forschung & Entwicklung, Vertrieb, Service, Marketing usw. Will also ein „Newcomer" mit großen Betriebsgrößenersparnissen in den Markt eintreten, muss er mit einem hohen Produktionsvolumen antreten, und dies ist wiederum mit großen Risiken verbunden.
- **Größenunabhängige Kostennachteile:** Unabhängig von der Größe und von Betriebsgrößenersparnissen bekannter Unternehmen/Marken gibt es Kostenvorteile, die für die Marktneulinge unerreichbar bleiben. So z. B.:
  - Produkttechnologie, Patente
  - Günstiger Standort
  - Lern- und Erfahrungskurve (Stückkosten sinken aufgrund der Produktionserfahrung)
  - Zugang zu günstigen Rohstoffen
  - Staatliche Subventionen.
- **Umstellungskosten:** Von Umstellungskosten wird gesprochen, wenn es sich um einmalige Kosten handelt, die für den Abnehmer bei einem Produktions- und/oder Lieferanten- oder auch Kundenwechsel anfallen. Diese Umstellungskosten entstehen bei Mitarbeitern, notwendigen Tests, Einarbeitung neuer Lieferanten usw. oder für die Beendigung einer Geschäftsbeziehung. Der neue Anbieter muss in der Lage sein, die Umstellungskosten für seinen Abnehmer zu kompensieren, damit er Wettbewerbsvorteile gegenüber anderen Konkurrenten verbuchen kann.
- **Produktdifferenzierung:** Produktdifferenzierung bedeutet in diesem Fall, dass bekannte Unternehmen oder Marken (Markt- und Bekanntheitsgradführer) über eine meist außergewöhnlich hohe Käuferloyalität verfügen. Meist sind diese Unternehmen auch die ersten im Markt gewesen und haben diesen gestaltet und geprägt (Heidelberger Druckmaschinen, Coca-Cola, Siemens, Mercedes Benz usw.). Die häufig erheblich hohen Kosten für die Gewinnung der Käuferloyalität sind für „Newcomer" meist unüberwindbar, und wenn sie es schaffen, führt es zu hohen Einstiegsverlusten. Investitionen in den Aufbau einer Marke sind immer mit einem sehr hohen Risiko verbunden, denn eine mit einem hohen finanziellen Aufwand aufgebaute Marke kann bei ihrem Markteintritt auch scheitern. Das Risiko hierbei ist, dass die gescheiterte Marke keinen Restwert besitzt.
- **Vertriebskanäle:** Der Zugang zu den Vertriebskanälen ist eine weitere Eintrittsbarriere. Wahrscheinlich eine der wichtigsten. Für „Newcomer" sind die wichtigsten

Vertriebskanäle häufig versperrt. Sie zu „knacken" bedeutet, sehr große Anstrengungen (Zeit, Manpower, Kreativität, Mut und Geld) auf sich zu nehmen. Kurz gesagt: Je begrenzter die Absatzmittler und Vertriebskanäle sind und je enger sich diese an etablierte Unternehmen/Marken halten, desto härter ist der Markteintritt für Marktneulinge.

- **Grad der Rivalität/Erwartete Reaktionen der Konkurrenz:** Auch die zu erwartenden Wettbewerbsreaktionen und „Marktschlachten", denen sich die neuen Marktteilnehmer ausgesetzt sehen, sind starke Eintrittsbarrieren. Sie machen einem „Newcomer" das Leben zur Hölle. Die Wettbewerbsrivalität ist naturgegeben und entsteht dadurch, dass die Unternehmen/Marken ihre hart erarbeitete Marktposition mit Krallen und Klauen verteidigen und weiter ausbauen wollen. Solche Kämpfe unter den Wettbewerbern können als Preis-, Werbe-, Service-, Verkaufsförderungs-, Neuprodukteinführungs- und Garantieschlachten beobachtet werden. Die Werbeschlachten wie „Ich bin doch nicht blöd" oder „Geiz ist (bleibt) geil" sind ein Beispiel dafür. Solche Wettbewerbskämpfe, egal in welchen Marketing-Mix-Disziplinen sie stattfinden, bleiben nicht ungesühnt. Sie führen unweigerlich zu Gegen- oder sogar Vergeltungsmaßnahmen. Toyota mit seiner Markeneinführungskampagne „Auris" übertrumpfte VW glattweg. Toyota hat seinen Auris mit einer Superlative, einer Plakatkampagne eingeführt. Dafür wurden 82 Städte mit insgesamt 210.000 Plakatstellen auserkoren. VW dagegen hatte Monate zuvor ebenfalls eine Einführungskampagne für eines seiner Modelle mit dem Hauptmedium Plakat gefahren. Allerdings waren es weniger als die Hälfte der Plakatstellen, wie sie Toyota belegt hat. Selbstverständlich war das nur eine Gegenmaßnahme von Toyota. Vergeltungsmaßnahmen haben ein ganz anderes Niveau. Reine Gegenmaßnahmen, angereichert mit zusätzlichen Marketing-Mix-Disziplinen wie Preis, Service usw. entwickeln sich leicht zu einer Vergeltungsaktion. Vergeltungsaktionen und wirklich eskalierende Gegenmaßnahmen können langfristig die Marktsituation verschlechtern. Gerade Preismaßnahmen („Geiz ist geil") sind dafür prädestiniert. Sie bergen das Risiko, die Rentabilität des Marktes zu verschlechtern. Dabei ist die Rivalität der Wettbewerber untereinander immer abhängig von einer Vielzahl von Marktfaktoren:
  - *Marktbesetzungsgrad*
    Je mehr Anbieter sich im Markt befinden oder je ähnlicher sie sich sind, desto wahrscheinlicher ist, dass Macht- und Positionierungskämpfe stattfinden werden. Jeder Wettbewerber wird versuchen, seine Marktposition zu stabilisieren bzw. auszubauen.
  - *Marktwachstum*
    Ein langsames Marktwachstum hat zur Folge, dass die Unternehmen mit Expansionsplänen ihre Ziele über die Marktanteilsgewinnung entscheiden. Wächst im Gegensatz der Markt jedoch sehr schnell, wird der Kampf um Marktanteile nicht so hart sein. In schnell wachsenden Märkten können die Unternehmen ihre Position schon verbessern, wenn sie parallel zum Marktwachstum mitwachsen. Es sei denn, sie wollen überproportional zum Marktwachstum expandieren, dann

dominiert der harte Marktanteilskampf. Erfolgreicher und auch „gesünder" für das Unternehmen wäre es jedoch, das Gewinnwachstum zu optimieren, als den Marktanteil zu erhöhen.

- *Differenzierung und Umstellungskosten*
  Bei fehlender Produktdifferenzierung (entfernen bzw. decken Sie einmal den Markennamen von mehreren Kühlschränken ab und Sie werden nicht mehr wissen, um welche Marke es sich handelt) wird der Kauf eines Produkts in aller Regel durch Preis, Service und Garantie entschieden. Dadurch wird eine besonders harte Wettbewerbssituation hervorgerufen. Was die Umstellungskosten betrifft, so haben diese die gleiche Wirkung, wie sie schon vorweg beschrieben wurde.
- *Fixkostenbelastung*
  In den meisten Fällen zwingen hohe Fixkostenbelastungen in den Unternehmen zu hohen Kapazitätsauslastungen. Das wiederum hat zur Folge, dass die Unternehmen die Angebotspreise senken, um so offene Kapazitäten weiter auslasten zu können. Wichtig bei dieser Betrachtung ist der Mehrbetrag, der hinzugewonnen wird. Wird diese Strategie als Präventivstrategie eingesetzt, um wesentliche Teile des wachsenden Marktes rechtzeitig zu besetzen, verhindert sie bestehende Expansions- und Eintrittspläne der (potenziellen) Wettbewerber erheblich. Bei einer erfolgreichen Präventivstrategie kann eine hervorragende Marktposition erreicht werden. Aber wie jede Medaille hat auch diese Strategie zwei Seiten. Die Kehrseite dieser Strategie trägt auch Risiken in sich. Erstens ist es sehr kostenintensiv, den Markt für sich zu entwickeln, ohne die positive Entwicklung des Marktes vorhersehen zu können. Zweitens kann durch die Kapazitätsausweitungen in hohen Größenordnungen verbunden mit zusätzlichen Preissenkungen die Balance zwischen Angebot und Nachfrage im Markt erheblich gestört werden.

- **Marktaustrittsbarrieren**
  Für ein Unternehmen können Marktaustrittsbarrieren strategische Größen sein, die es veranlassen, den Markt nicht zu verlassen. Auch dann nicht, wenn die Rentabilität unbefriedigend ist. Dieses Verhalten kann mehrere Ursachen haben:
  - Emotionale Gründe (Stolz, Loyalität ...)
  - Soziale Restriktionen (Arbeitslosigkeit der Mitarbeiter ...)
  - Strategische Gründe (Image, Marktkompetenz ...)
  - Fixkosten (Sozialpläne ...)

Wettbewerbsanalyse (Konkurrenzanalyse)

Wenn Du Deinem Nachbarn nicht in den Kochtopf schaust, dann siehst Du auch nicht was er kocht. Es liegt also auf der Hand, dass Sie die vorhandene wie auch die potenzielle Konkurrenz genauestens unter die Lupe nehmen, um herauszufinden, wo ihre Stärken und Schwächen liegen, was sie jetzt und zukünftig vorhat und wie sich ihre Aktivitäten auf Ihre eigene Marktstrategie auswirken. Was die vorhandene Konkurrenz betrifft, so dürfte es kein Problem sein, sie exakt zu identifizieren und zu analysieren.

„Wer seine Gegner kennt und auch sich selbst, wird hundert Schlachten ohne Risiko führen", sagte Sun Tsu. Darum ermitteln Sie die richtigen und wichtigsten Wettbewerber in Ihrem Zielsegment. Analysieren Sie die relevanten Wettbewerbsfaktoren und -codierungen. Klären Sie, wer Ihre wirklichen oder auch potenziellen Wettbewerber sind und in welcher Wettbewerbssituation Sie sich befinden oder befinden werden. Sammeln Sie systematisch alle verfügbaren Informationen über Ihren jetzigen und/oder zukünftigen Wettbewerb. Schränken Sie für die Wettbewerbsanalyse den jeweiligen Untersuchungsrahmen dadurch sinnvoll ein, indem Sie sich auf die wirklich relevant identifizierten oder anvisierten Marktsegmente konzentrieren, in dem Sie Ihre Innovation einführen wollen. Und noch etwas Wichtiges: Beschäftigen Sie sich persönlich mit der Wettbewerbsanalyse, damit Sie den vollen Durchblick hier haben. Es nutzt Ihnen nichts, wenn Sie sich von irgendjemanden über die Wettbewerbssituation unterrichten lassen. Hier kann immer gefiltert werden. Wichtiges weggelassen und Unwichtiges hervorgehoben werden und schon erfahren Sie nicht die wichtigen Details.

- Klären Sie erst die mögliche Wettbewerbssituation: Mit wem stehe ich in welchem Wettbewerb? Oft beschäftigt man sich ja mit Wettbewerber, die gar keinen Wettbewerb darstellen. Es kommt auch vor, dass man sich mit Wettbewerber beschäftigen muss, mit denen man überhaupt nicht gerechnet hat.
- Stellen Sie eine vollständige Bestandsaufnahme Ihrer möglichen Wettbewerber auf. Vergessen Sie dabei nicht, Ihr Produkt mit einzubeziehen.
- Teilen Sie das Marktsegment in verschiedene Leistungsfelder ein. Ordnen Sie sich und alle Wettbewerber (auch die potenziellen Wettbewerber) in eines dieser Felder ein. Sie sehen dann sehr rasch, wie alle Marktteilnehmer in dem Marktsegment platziert sind bzw. platziert sein werden.
- Finden Sie heraus, welche Wettbewerber mit Ihrer Innovation nicht im Wettbewerb stehen. Den verbliebenen Rest der Wettbewerber listen Sie in eine Rangreihe auf. Auch hier nehmen Sie wieder die Schwächsten heraus.
- Machen Sie einen Gefährlichkeits-Check und notieren Sie sich am Schluss die fünf möglichen härtesten/gefährlichsten Wettbewerber inklusive einer logischen Begründung zu Ihrer Bewertung.

Sehr schwierig ist es, sich über die potenziellen Wettbewerber Gedanken zu machen. Es gibt Anzeichen und Signale für potenzielle Marktteilnehmer:

- Unternehmen, die sich mit gleichen oder ähnlichen Produkten derzeitig noch auf ausländischen oder benachbarten Märkten erfolgreich behaupten. Sie könnten zum Unternehmensziel die Marktexpansion erklärt haben und in Kürze in Ihren Zielmarkt einbrechen. Ein gutes Beispiel dafür ist die Automobilbranche und hier das Unternehmen Toyota. Erst Japan, USA, Europa und dann sehr erfolgreich in Deutschland.

Ideen – bzw. Innovationsbeschreibung: Beschreibung der wichtigsten Leistungsmerkmale des Produkts, Beschreibung des Kundennutzens und der Kundenbedürfnisse, Patente und Markenschutz sowie rechtliche Bestimmungen usw

Beschreibung der drei wichtigsten Leistungsmerkmale der Innovation
Beschreibung der drei wichtigsten Kundennutzen
Beschreibung der drei tatsächlichen Kundenbedürfnisse
Stimmen die drei wichtigsten Leistungsmerkmale, Nutzen und Bedürfnisse überein? Leiten Sie daraus einen ersten Vorschlag für einen USP entsprechend der Positionierungsstrategie ab.

Abb. 20 Ideen- bzw. Innovationsbeschreibung

Marktbeschreibung: Beschreiben Sie die Marktcharakteristik, die Marktteilnehmer, Preise, Tendenzen, Innovationen, Kommunikation, Service, Distribution, Endzielgruppen, technische Rahmenbedingungen, wirtschaftliche Rahmenbedingungen, gesetzliche Rahmenbedingungen, Chancen und Risiken, Kundenstruktur, Absatzkanäle, Veränderungen, Rentabilitätsmöglichkeiten, Diversifizierungsmöglichkeiten, Marktexpansionsmöglichkeiten usw.

Marktbeschreibung für diese Idee / Innovation
Ist diese Idee / die Innovation in diesem Segment für uns zukünftig eine echte Innovation und somit eine Marke, Handelsmarke oder Commodities?

Abb. 21 Marktbeschreibung

Marktbeschreibung in Zahlen Marktwachstumsraten, Marktgröße, Marktpotential, Marktchancen und -Risiken, Marktteilnehmer, Kundenstruktur, Absatzkanäle, Veränderungen im Markt, Markttrends usw.

Zeitrahmen / Markt / Segment	2013			2014			2015 / Prognose		
	Menge	Wert	Veränderung %	Menge	Wert	Veränderung %	Menge	Wert	Veränderung / Chancen
Marktvolumen (M/W)									
Eigener Marktanteil (M/W)									
Eigene Rentabilität									
(1.) Wettbewerber Marktanteil (M/W)									
(2.) Wettbewerber Marktanteil (M/W)									
(3.) Wettbewerber Marktanteil (M/W)									
(4.) Wettbewerber Marktanteil (M/W)									
(5.) Wettbewerber Marktanteil (M/W)									

Ergebnisbeschreibung bzw. Fazit:

Wie sehen die Marktchancen für die Innovation in den nächsten 5 Jahren aus?

Abb. 22 Marktbeschreibung in Zahlen

Ermitteln Sie die fünf möglichen härtesten Wettbewerber im Geschäftsbereich
Am Ende der vorangegangen Untersuchung notieren Sie sich maximal fünf Wettbewerber, die Sie im Folgenden genauer untersuchen. Schreiben Sie auf, welche Wettbewerber Ihrer Innovation überlegen ein könnte bzw. diese substituieren könnte. Begründen Sie Ihre Wertungen. Damit schließen Sie weitgehend „Selbstbetrug" aus.

	Wettbewerber	**Gefahren und Wirkung die von diesen Wettbewerbern ausgehen könnten**	**Begründung**
Überlegene Wettbewerber			
Direkte Wettbewerber			
Unterlegene Wettbewerber			

Abb. 23 Die fünf härtesten/gefährlichsten Wettbewerber im Geschäftsbereich

- Andere Unternehmen haben sich zum Ziel gesetzt, ihre Produktpalette zu erweitern, und können so zu potenziellen Marktteilnehmern werden. Ein Beispiel dafür ist das Unternehmen Schwartauer Konfitüren. Das Unternehmen ist als führender Konfitürenhersteller bekannt. Heute ist es auch erfolgreich im Bereich der gesunden Ernährung mit dem Produkt „*Fruit 2 Day – Die tägliche Portion Obst*" tätig. Das Produkt ist als trinkbares Obst (Fruchtpüree, Fruchtstückchen und Fruchtsaft) positioniert. Die Schwartauer Werke haben technologische und vertriebliche Vorteile genutzt und so einen neuen Geschäftsbereich geschaffen.
- Lieferanten und Kunden können ebenfalls potenzielle Marktteilnehmer werden.
- Vermeintlich schwache Unternehmen/Marken könnten von finanzstarken Interessenten aufgekauft werden, die ihre Schwächen beseitigen und sie so zu einem starken Konkurrenten in Ihrem Zielmarkt machen.

Nehmen Sie solche potenziellen Konkurrenten ernst und genauestens unter die Lupe. Untersuchen und bewerten Sie solche Kandidaten. Die Abb. 20–23 unterstützen Sie bei dieser wichtigen Analysearbeit. Das Verhalten der (potenziellen) Wettbewerber erzeugt in vielfältiger Weise Signale. Manche sind Bluffs, andere sind Warnungen, wieder andere sind verbindliche Hinweise auf zukünftige Handlungsverläufe (Porter 1997). Die folgende Checkliste hilft Ihnen, Ihre potenziellen Wettbewerber genauer zu analysieren.

Der Wettbewerb wird zukünftig seine Aktivitäten verschärfen. Darüber hinaus werden Fusionen und Allianzen eine größere Rolle spielen als je zuvor. Diese Trends führen zu einem immer ruinöseren Preiswettbewerb, wobei sich die bisherigen Anstrengungen des Innovations-, Technologie und Servicewettbewerbs ebenfalls weiter verstärken werden. Auch die Austauschbarkeit der Produkte und Dienstleistungen, und somit auch der Anbieter, wird sich weiter rasant entwickeln. Es ist deutlich zu erkennen, wie das Innovations- und Wettbewerbstempo steigen.

Kleinere und flexiblere Unternehmen werden den größeren Unternehmen Wettbewerbsvorteile abjagen und an Bedeutung gewinnen. Der internationale Wettbewerbsdruck wird die inländischen Unternehmen mehr und mehr dazu zwingen, ihre Exportstrategien zu modifizieren, um die Einbrüche der inländischen Nachfrage ausgleichen zu können.

Die Kunden werden immer kritischer im Hinblick auf Qualität, Service und Kundenorientierung. Mittelmäßigkeit und Durchschnitt werden in Zukunft chancenlos bleiben. Die Kunden der Zukunft erwarten einen emotionalen Produktmehrwert beim Kauf von Produkten oder Dienstleistungen. Auf der anderen Seite werden diese emotionalen Produktmehrwerte immer widersprüchlicher.

Praxistipp

Sorgen Sie dafür, dass sich Ihr Unternehmen auf diese Trends früh einstellt, und überprüfen Sie, welche spezifischen Vorteile es gegenüber Ihrer Konkurrenz gibt.

Faktoren	verfolgen	nicht verfolgen	Bemerkungen
Beobachtete Ziele für die Zukunft und Annahmen			
Beurteilung der derzeitigen und vergangenen Strategie			
Wachstum und Profitabilität			
Größe des Unternehmens			
Fähigkeiten des Unternehmens			
Organisationsstruktur			
Kultur			
Geschätzter Umsatz und Marktanteil			
Kostenstruktur			
Zugang zum Kapital			
Qualität der Lieferanten			
Potenzielle Verhandlungsmacht			
Stärken und Schwächen			

Abb. 24 Checkliste Potenzielle Wettbewerber

Beantworten Sie die Fragen in der folgenden Checkliste (siehe hierzu Abb. 24 und 25). Sie werden Ihnen erkennen helfen, ob Sie wirkliche Wettbewerbsvorteile haben und welche das sind.

Besonders wichtig bei dieser Analyse sind die richtige Wahrnehmung und die richtige Interpretation der gesammelten Informationen über die potenziellen Wettbewerber. Abbildung 26 gibt Hilfestellung für die Erarbeitung eines detaillierten Konkurrenzprofils. Sie sollten das Konkurrenzprofil unbedingt auf die entsprechende Situation Ihrer Innovation und des Segmentes modifizieren.

Abbildung 27 hilft Ihnen, den Hintergrund der vorgefundenen Konkurrenzstrategien stärker zu durchleuchten, um sie noch besser zu verstehen.

Wenn Sie sich von den vorgefundenen Konkurrenzstrategien ein Bild gemacht haben, dann sollten Sie sich fragen, was Sie daraus entnehmen und lernen können. Machen Sie sich unbedingt Notizen darüber.

Mit der Abb. 28 können Sie die wichtigsten Inhalte der gesichteten Konkurrenzstrategien dokumentieren. Darüber hinaus haben Sie mit dieser Übersicht die Möglichkeit,

Fakten	Wahrnehmung	Prognose	Chance/Risiko für uns
Wurde die Qualität Ihrer Produkte/Dienstleistungen ständig weiterentwickelt?			
Ermöglichen Ihre Produkte/Dienstleistungen kundenindividuelle Lösungen?			
Wie sieht es mit dem technologischen Vorsprung aus? Ist Ihr Unternehmen technologisch immer auf dem neuesten Stand?			
Sind Ihre Produkte/Dienstleistungen austauschbar?			
Bieten Ihre Produkte/Dienstleistungen dem Kunden einen emotionalen Mehrwert?			
Haben Ihre Produkte/Dienstleistungen gegenüber dem Wettbewerb ein wettbewerbsfähiges Preis-Leistungs-Verhältnis?			
Besitzt Ihr Service herausragende Qualität?			
Setzen Sie in Ihrem Unternehmen ein Servicemanagement ein?			
Liegt eine professionelle Service-Strategie vor?			
Haben Sie in Ihrem Unternehmen ein Innovationsteam installiert, das ständig über neue Produkte, Technologien und Verbesserungsmöglichkeiten nachdenkt und Ihnen so den Wettbewerbsvorsprung absichern hilft?			
Sind das Innovations-Team und die Einführung neuer Produkte organisatorisch in Ihrem Unternehmen hoch angesiedelt, sind sie zur Chefsache erklärt worden?			
Wie viele neue Produkte haben Sie in den letzten drei Jahren mit Erfolg eingeführt?			
Zählt Ihr Unternehmen zu den schnellen und flexiblen Unternehmen, die auf kundenindividuelle Wünsche und Bedürfnisse sofort reagieren können?			
Sind die Arbeitsprozesse in Ihrem Unternehmen voll auf das „Massenmarketing“ ausgerichtet, so dass Sie nicht mehr kundenindividuell operieren können?			

Fakten	Wahrnehmung	Prognose	Chance/Risiko für uns
Haben Sie schon einmal darüber nachgedacht, strategische Allianzen einzugehen, um Ihre Wettbewerbsstärke auszubauen?			
Übernehmen und verbessern Sie Wettbewerbsideen, die Ihnen einen Wettbewerbsvorsprung garantieren können?			
Wie erfolgreich waren Ihre bisherigen Marketingaktivitäten?			
Analysieren Sie kontinuierlich Ihren Markt und den Wettbewerb?			
Registrieren und analysieren Sie Trends und ziehen Sie daraus für Ihr Unternehmen Kapital?			
Liegt in Ihrem Unternehmen eine eindeutige Marketingstrategie vor?			
Ist Ihr Management schnell, flexibel und bereit, auf die individuellen Markt- und Kundenwünsche einzugehen?			
Ist Ihr Management bereit, Unternehmensprobleme offen und gezielt anzugehen?			
Haben Sie schon einmal die Produkt-Qualität in Ihrem Unternehmen überprüft?			
Wie sieht der Führungsstil in Ihrem Unternehmen aus? Gibt es da noch immer den „Big Boss" und die nicht unternehmerisch denkenden Führungsebenen?			
Arbeitet Ihr Unternehmen eher auslastungsorientiert, d. h. produktionsorientiert, oder denken und handeln Ihre Mitarbeiter doch mehr markt- und kundenorientiert?			
Arbeiten Sie immer noch mit alten Produktionsmethoden, die zu Kostennachteilen gegenüber Ihrer Konkurrenz führen?			
Sind Sie bereit, gesellschaftliche Verantwortung (im Sinne von qualitativem Wachstum) zu übernehmen?			
Wie sieht es in Ihrem Unternehmen mit dem Input und Output von Informationen aus?			
Werden die Informationen in Ihrem Unternehmen genutzt, oder werden sie nur „gehortet" und abgelegt?			

Fakten	Wahr-nehmung	Prognose	Chance/Risiko für uns
Werden die Informationen ständig aktualisiert?			
Werden die Informationen allen Mitarbeitern zugänglich gemacht?			
Haben Sie schon einmal daran gedacht, eine Markt- und Kundendatenbank in Ihrem Unternehmen zu installieren, um dem Wettbewerb gegenüber immer eine Nasenlänge voraus zu sein?			
Haben Sie schon einmal daran gedacht, diese Informationen Ihren Kunden als Service anzubieten?			
Vergleichen Sie die herausgefundenen spezifischen Wettbewerbsvorteile mit der Konkurrenz. Nur so können Sie herausfinden, ob es sich um wirkliche Wettbewerbsvorteile handelt. Erarbeiten Sie dazu ein Polaritätsprofil, um eine bessere Übersicht für notwendige Entscheidungen zu erhalten.			

Abb. 25 Checkliste: Spezifische Vorteile gegenüber der Konkurrenz (Großklaus 2006a)

Prognosen über die zukünftigen Strategien Ihrer Konkurrenz zu entwickeln und Überlegungen zu Ihren eigenen Abwehrstrategien anzustellen.

Wichtige Punkte bei der Konkurrenzanalyse sind die Kosten- und Leistungsfaktoren des Wettbewerbs in kritischer Würdigung zu den eigenen Kosten- und Leistungsfaktoren. Dazu sollten Sie folgende Unternehmensbereiche genauestens unter die Lupe nehmen.

Anhand dieser Faktoren bewerten Sie Ihre Konkurrenz und Ihr eigenes Unternehmen bzw. Produkt. Stellen Sie fest, welche Unterschiede es gibt. Leiten Sie daraus eine Kosten- und Ergebnisdifferenz ab, die es Ihnen ermöglicht, Kostenvorteile, z. B. durch eine verbesserte Auslastung und höhere technische Leistungen, für Ihr Unternehmen zu errechnen, um Wettbewerbsvorteile herauszuarbeiten. Betrachten Sie diese Arbeit auch unter dem Aspekt Kundenmitarbeit und Kundenintegration. Finden Sie heraus, wie Ihre Kunden über Ihre möglichen Absichten denken und welche Empfehlungen sie dazu haben.

Praxistipp

Analysieren Sie die Stärken und Schwächen Ihrer Konkurrenz. Die Informationen über die Schwächen und Stärken der Konkurrenten geben Auskunft darüber, welche Strategien und Maßnahmen diese einsetzen, um ihre Unternehmens- und Marktziele zu erreichen. Die Schwächen Ihrer Konkurrenz können auch Hinweise auf mögliche eigene Produktverbesserungen und Innovationen sein, die Ihnen Wettbewerbsvorteile bescheren. Darüber hinaus können Sie mit den gewonnenen Informationen Ihre eigenen Strategien zu Ihrem Vorteil ausrichten.

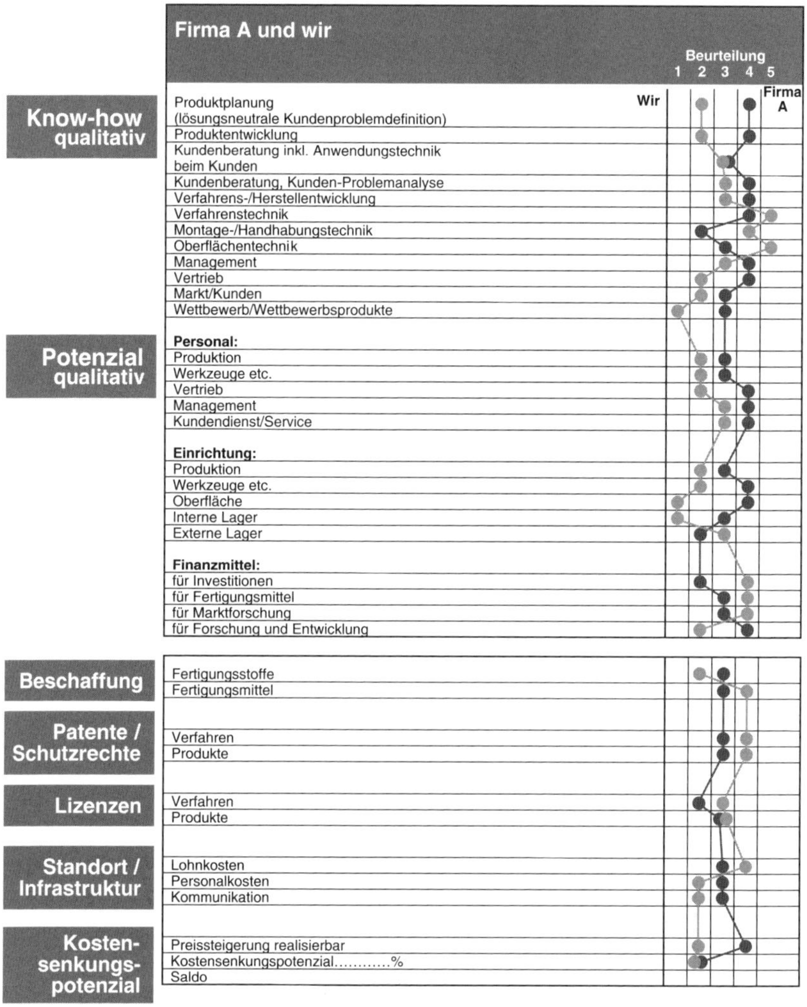

Abb. 26 Beispiel für ein detailliertes Kurzprofil (Kramer 1977)

Wichtig dabei sind, wie schon erwähnt, die richtige Wahrnehmung und die richtige Interpretation der Informationen. Prüfen Sie, wie Sie die Schwächen der Konkurrenz mit Ihren Unternehmensstärken ausnutzen können und wie Sie die Stärken der Konkurrenz umgehen bzw. kompensieren können. Um die Stärken und Schwächen der Konkurrenz herauszufinden, sollten Sie folgende Fragen beantworten:

- Warum sind die erfolgreichen Unternehmen erfolgreich?
- Was sind die Hauptmotive der Kunden, die zum Kaufakt führen?
- Wo haben wir gegenüber der Konkurrenz Kostenvorteile?
- Welches sind die Markteintrittsbarrieren für die Konkurrenz?

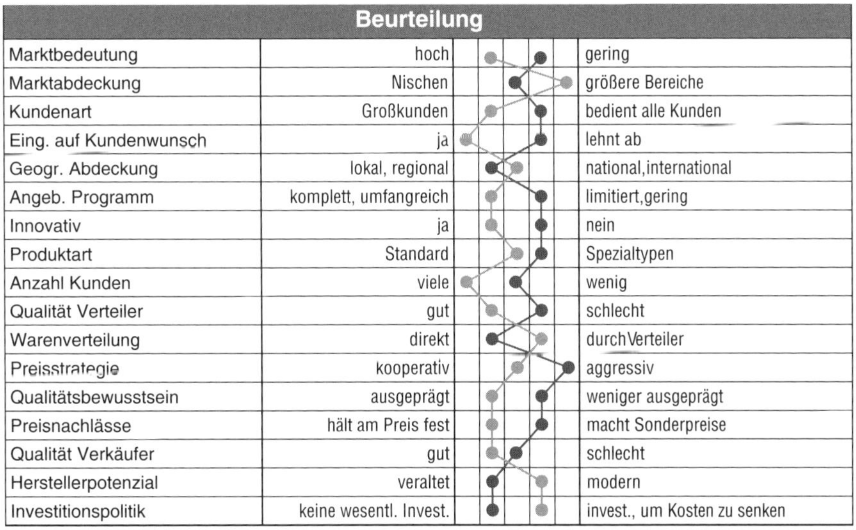

Abb. 27 Tiefergehende Analyse der eingesetzten Konkurrenzstrategien (Beispiel)

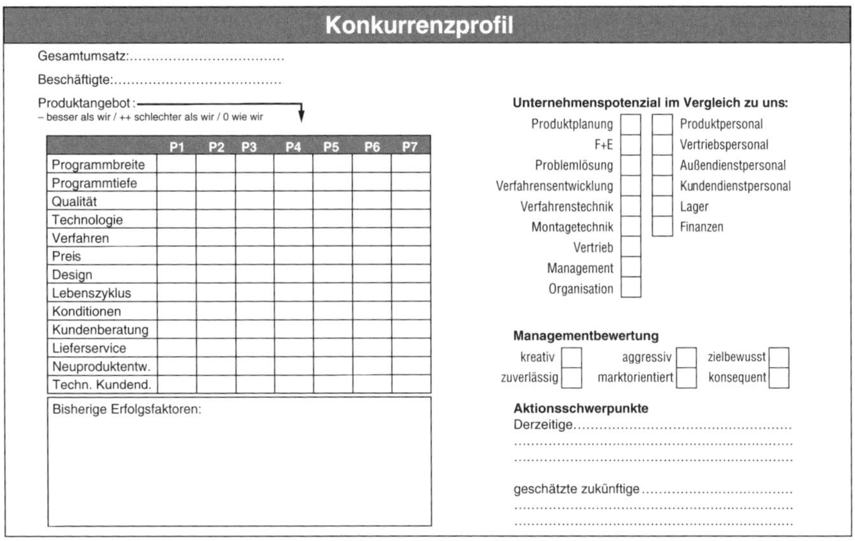

Abb. 28 Konkurrenzprofil (Kramer 1977)

Die Stärken und Schwächen der im Markt befindlichen Wettbewerber und der potenziellen Wettbewerber können Sie in den folgenden Bereichen analysieren. Diese Bereiche bilden erweitert die so genannte Wertschöpfungskette. Die Abb. 30 zeigt auf einen Blick die wichtigsten Bereiche, die zu analysieren sind.

	Konkurrent				
	A	B	C	D	Wir
Material – Preis – Menge – Qualität usw.					
Fertigung – Lohnkosten – Sozialkosten – Arbeitsstunden – Leistung – Ausstoß pro Stunde – Qualität – Anzahl Produkte usw. – Fertigung					
Maschinen – Abschreibung – Energiekosten – Zinskosten – Raumkosten – Instandhaltungskosten – Leistung usw.					
Distribution/Logistik – Verteilerorganisation – Lieferqualität – Lieferservice – Frachtkosten – Verpackungskosten – Verkäuferqualität – Anzahl Verkäufer usw.					
Service – Servicekosten – Miete – Herstellungskosten – Umsatz pro Verarbeitungsmaschine usw.					
Forschung und Entwicklung – Anzahl an Innovationen – Anzahl durchgesetzter Innovationen – Kosten und Umsatz					
Kapital – Lagerumfang – Lagerkosten – Zahlungsausfälle – Außenstände					

	Konkurrent				
	A	B	C	D	Wir
Verwaltung/Organisation/ Management – Steuern – Eigenkapitalquote – Zinsen vom Umsatz – Anzahl Beschäftigte in Verwaltung – Anzahl Beschäftigte in Produktion – Managementqualität – Innovationsfreudigkeit usw.					

Abb. 29 Checkliste: Konkurrenzanalyse der Kosten- und Leistungsfaktoren

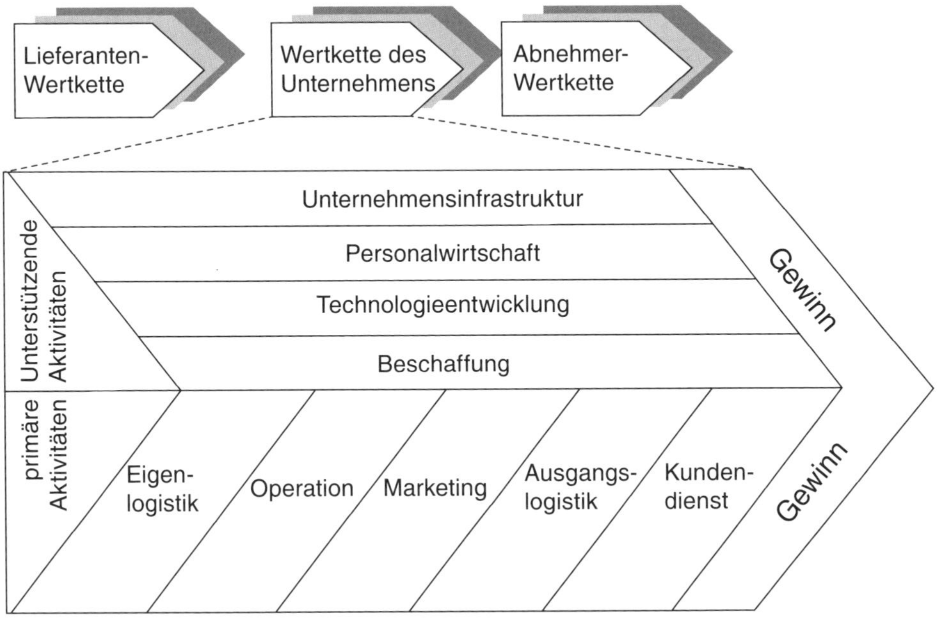

Abb. 30 Porters Value Chain (Wertschöpfungskette)

In diesen Bereichen können die Wettbewerber und Ihr Unternehmen Stärken und Schwächen aufweisen:

- Marketing
- Innovationsfähigkeit
- Vertrieb
- Produktion

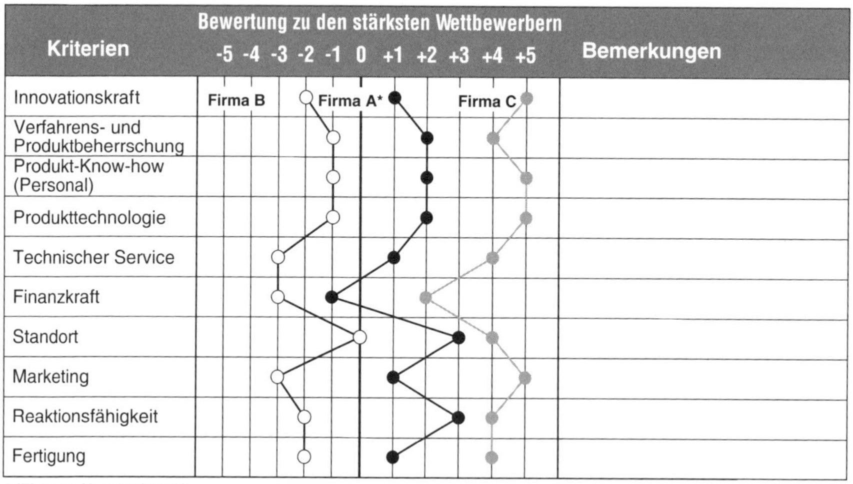

* (Eigenes Unternehmen)

Abb. 31 Beispiel eines Stärken- und Schwächenprofils

- Technik
- Service
- Management
- Finanzen
- Mitarbeiter
- Organisation

Nachdem Sie in allen diesen Bereichen die Stärken und Schwächen Ihrer Konkurrenz und der möglichen potenziellen Konkurrenz überprüft haben, überprüfen Sie mit der gleichen Vorgehensweise Ihr Unternehmen (Unternehmensdiagnose). Die Analyseergebnisse tragen Sie am besten in ein einfach hier dargestelltes Polaritätsprofil ab, das Sie entsprechend Ihrer vorhandenen Markt- und Wettbewerbssituation modifizieren. Abbildung 31 zeigt Ihnen, wie Sie relativ einfach ein solches Polaritätsprofil anlegen können. Hieraus können Sie dann ablesen, wo die Stärken und Schwächen Ihres Unternehmens in kritischer Würdigung zu den Wettbewerbsunternehmen liegen. Sie erkennen Vorteile und Fähigkeiten, die anschließend eindeutig und unmissverständlich zu beschreiben sind.

Abnehmer-/Kundenanalyse

Ein Unternehmen verkauft seine Produkte in der Regel an viele unterschiedlich strukturierte Kunden. Sie unterscheiden sich durch ihre Einkaufsmentalität, ihre Einkaufsmenge, den Einkaufsrhythmus usw. Sie unterscheiden sich aber auch durch ihre unterschiedlichen Bedürfnisse hinsichtlich der Qualität, der Technologie, des Services, des Kundendienstes,

Kriterien \ Bewertung	1	2	3	4	5	Gesamtwert (max. = 90 Punkte)
Umsatzvolumen				•		4
Zukünftige Entwicklung			•			3
Marktanteil (zum Wettbewerb)					•	5
Sortimentsbreite und -tiefe		•				2
Sortimentserweiterungs-möglichkeiten		•				2
Konditionen-Intensität				•		4
Einzugsgebiet			•			3
Standort		•				2
Organisatorische Bindung			•			3
Verkaufspolitik		•				2
Qualitätspflege			•			3
Lagerkapazität		•				2
Wettbewerber-Aktivitäten			•			3
Wettbewerbsbindung					•	5
Erforderliche Betreuungs-/ Service-Intensität				•		4
Kooperationsbereitschaft			•			3
Bonität			•			3
Preispolitik		•				2
Summe						**Punkte: (55 : 90 = 6,1)**

Abb. 32 Kundenattraktivität im eigenen Konkurrenzumfeld

der Produktlebensdauer usw. Für die Herstellerunternehmen sind das Wachstumspotenzial und die Position, die das Unternehmen bei dem Kunden innehat, ebenfalls ein wichtiges Merkmal für das Differenzieren. Aufgrund dieser heterogenen Differenzierungsmerkmale ist es für die Herstellerunternehmen besonders wichtig, dass sie ihre Kunden genauestens unter die Lupe nehmen. Ziel ist es, herauszufinden, welche Bedürfnisse die Kunden haben und welche davon in die Kaufentscheidungen einfließen. Überprüfen Sie besonders die folgenden wichtigen Faktoren, die das Kundenverhalten in der Regel beträchtlich beeinflussen:

Bewertung / Kriterien	1	2	3	4	5	Gesamtwert (max. = 80 Punkte)
Umsatz			•			3
Umsatzentwicklung			•			3
Sortimentsbreite				•		4
Lieferanteile			•			3
Deckungsbeitrag (€/%)			•			3
Konditions-Intensität			•			3
Produkt-/Sortimentspolitik				•		4
Preis-/Konditionspolitik		•				2
Werbung		•				2
Promotion			•			3
Service				•		4
AD-Betreuung			•			3
Logistik			•			3
Kooperationsbereitschaft				•		4
Kundenbindung rational			•			3
Kundenbindung emotional			•			3
Summe						**Punkte: (50 : 80 = 6,3)**

Abb. 33 Wettbewerbsvorteil im eigenen Konkurrenzumfeld

- Bedürfnisse der Kunden
- Einstellungen der Kunden
- Verwendungsverhalten
- Informationsverhalten
- Einkaufsvolumen des Kunden
- Das Wachstumspotenzial, das Ihre Kunden in ihrem eigenen Konkurrenzumfeld haben
- Das Wachstumspotenzial, das für Ihr Unternehmen bei diesen Kunden möglich ist
- Die Preisempfindlichkeit
- Die Verhandlungsmacht, die der Kunde aufgrund seines Einkaufsvolumens hat und auch ausübt
- Die Kosten der Kundenbedienung (Logistikkosten, Vertriebskosten, Lieferzeit, Kosten direkter Verkauf oder Verkauf über Händler usw.)
- Monetärer Wert des Kunden

Abb. 34 Kunden-GmbH im eigenen Konkurrenzumfeld gesehen

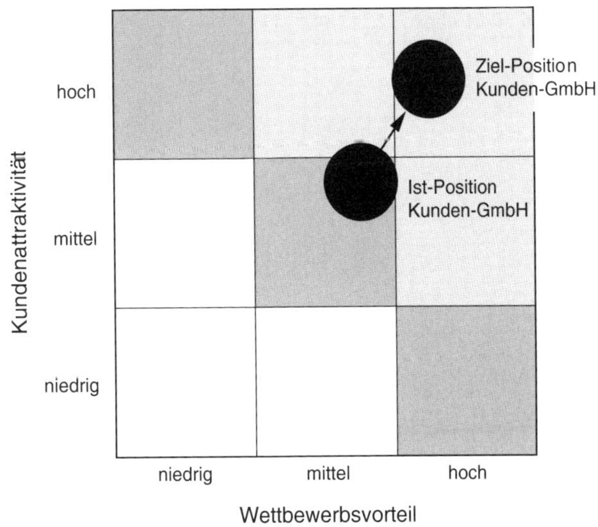

- Nicht-monetärer Wert des Kunden
- Wiederkaufsrate des Kunden
- Die Rolle des Kunden (Nutzer und/oder Partner)

	Kriterien \ Bewertung	1	2	3	4	5	Gesamtwert (max. = je 30 Punkte)
Kundenattraktivität	Umsatzentwicklung				●		4
	Regionale Marktposition			●			3
	Eigenkreativität/Sortimentspolitik/Marketingposition					●	5
	Preis-/Konditionspolitik		●				2
	Organisationsstruktur				●		4
	Listungsgelderzwang			●			3
	Summe						Punkte: (21 : 30 = 7,0)
Unsere Position beim Kunden	Umsatzanteil am Potenzial		●				2
	Umsatzentwicklung		●				2
	DB-Entwicklung			●			3
	Wachstumschancen					●	5
	Kooperationsbereitschaft				●		4
	Akzeptanz unseres Marketing-Konzeptes			●			3
	Summe						Punkte: (19 : 30 = 6,3)

Abb. 35 Position beim Kunden im Vergleich zum Wettbewerb

Abb. 36 Portfolio

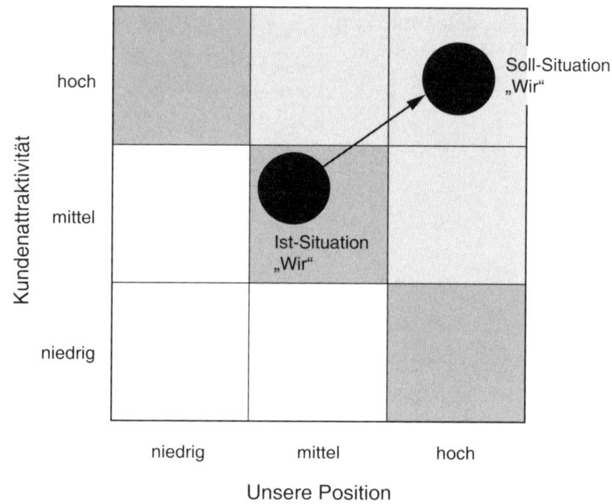

Die gesammelten Kundenbedürfnisse bringen Sie am besten in eine Rangfolge und stellen sie den eigenen Stärken, Schwächen und Erfolgsfaktoren Ihres Unternehmens gegenüber. Darüber hinaus können Sie sich ein Kunden-Ist- und Ziel-Portfolio anlegen. Es gibt Ihnen einen besseren Einblick in Ihre Kundenstruktur und die aktuellen Kundenprobleme. Bewerten Sie die Kundenattraktivität, die der Kunde aus Sicht Ihres Unternehmens bei Ihnen hat. Anschließend bewerten Sie den Wettbewerbsvorteil, den Ihr Kunde in seinem Konkurrenzumfeld hat. Benutzen Sie dazu die vorgegebenen Bewertungslisten (siehe hierzu die Abb. 32 und 33).

Die beiden Werte tragen Sie nun in das Portfolio/Modell ein und prognostizieren gleichzeitig die mögliche Ziel-Position Ihres Kunden. Die Abb. 33 und 34 geben Ihnen für diese Arbeit eine gute Hilfestellung.

Anschließend bewerten Sie Ihre eigene Position bei Ihrem Kunden in kritischer Würdigung zu Ihrem Wettbewerb. Auch hierfür erhalten Sie eine Bewertungsmatrix als Vorschlag (siehe Abb. 35).

Die Ergebnisse aus der Bewertungsmatrix tragen Sie dann in das nachstehende Portfolio-Modell ab (siehe Abb. 36).

Jetzt wissen Sie, wo Ihr Kunde in seinem eigenen Wettbewerbsumfeld platziert ist, wo er steht und welche Position Ihr Unternehmen bei diesem Kunden hat. Abbildung 37 zeigt Kundenkategorien und Kundenbearbeitungsstrategien. Diese Darstellung können Sie als einen möglichen Handlungsrahmen verstehen, der Hinweise zur Veränderung Ihrer jetzigen Position bei Ihrem Kunden gibt. Im Anschluss an diese Arbeit präsentieren und besprechen Sie Ihre Analyse sowie Ihre zukünftigen Zielvorstellungen mit Ihrem Kunden.

Die folgende Checkliste hilft Ihnen, die Position bei Ihrem Kunden zu verbessern (siehe Abb. 38).

Wenn Sie erfolgreich ein kundenorientiertes Wachstum mit Ihrem Unternehmen erzielen möchten, dann sollten Sie nach dem folgenden Leitfaden vorgehen.

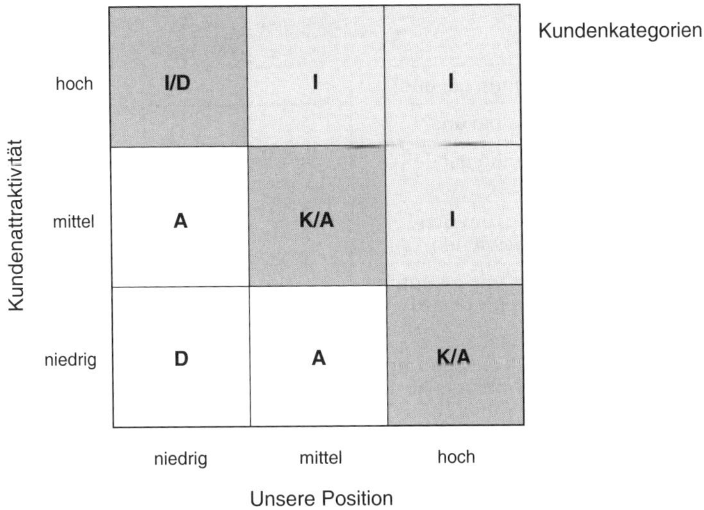

Abb. 37 Kundenkategorien und Kundenbearbeitungsstrategien. Zur Erläuterung Kundenkategorien: I = Investitionskunden; K = Konsolidierungskunden; A = Abschöpfungskunden; D = Desinvestitionskunden; Kundenbearbeitungsstrategien; I/D: Kunde wird aufgebaut (I) oder man zieht sich zurück, weil der Aufwand nicht zu vertreten ist; I: Kunde ist zukunftsträchtig, es lohnt sich zu investieren; K/A: Aufwand in Grenzen halten. Kunden gewinnträchtig stabilisieren (K) oder unter Nutzung der starken Position „holen, was zu holen ist" (A); A: Wenig Aufwand bei besten Konditionen; D: Rückzug vom Kunden. Bearbeitung einstellen, da sich die Anstrengungen nicht auszahlen

- Analysieren Sie Ihre Kunden und ziehen Sie hieraus den größten Nutzen. Die Kundendatenbank hilft Ihnen dabei.
- Erarbeiten Sie aus diesen Informationen kundenindividuelle Wertschöpfungsketten. Hierin tragen Sie alle relevanten Daten ab, wie z. B.:
  - Wer ist Ihr Zielkunde?
  - Wer ist die Person bei Ihrem Zielkunden, die Ihre Produkte kauft?
  - Wer sind die wichtigsten Lieferanten Ihres Kunden? Listen Sie die Lieferanten auf.
  - Wer sind die wichtigsten Zwischenkunden Ihrer Kunden?
  - Wer sind die wichtigsten Endabnehmer Ihrer Kunden?
- Diese Informationen helfen Ihnen, bessere Kundenbeziehungen aufzubauen und die Wünsche Ihrer Kunden besser zu verstehen.
- Erarbeiten Sie sich eine Kundenbeziehungs-Matrix. Sie zeigt Ihnen, wie Sie Ihre Kundenbeziehung besser analysieren. Hier gehen Sie am besten folgendermaßen vor:
  - Stellen Sie fest, wer die wirklichen Entscheidungsträger bei Ihren Kunden sind.
  - Versuchen Sie nun, die Ansichten der jeweiligen Entscheidungsträger hinsichtlich ihrer Kaufgewohnheiten, Kaufentscheidungen usw. festzustellen und zu bewerten. Die Bewertung könnte z. B. nach folgendem Muster stattfinden: 1 = sehr gut/2 = weniger gut/3 = sehr schlecht.

Fragen	verfolgen	nicht verfolgen	Bemerkungen
Warum kauft der Kunde bei uns?			
Was kauft der Kunde bei uns?			
Warum kauft der Kunde bei der Konkurrenz?			
Was tun wir derzeitig, um den Kunden für uns zu gewinnen?			
Was können/müssen wir zukünftig tun, um den Kunden für uns zu gewinnen?			
Welche Bedürfnisse, Anforderungen, Wünsche, Lösungsprobleme hat der Kunde, bei denen wir ihm helfen können?			
Können wir dem Kunden besser als unsere engere Konkurrenz helfen?			
Welche Konkurrenzprodukte könnten wir bei dem Kunden durch unsere Produkte ersetzen?			
Welche Schwächen haben die Konkurrenzprodukte?			
Welche Stärken haben die Konkurrenzprodukte?			
Welche Stärken haben unsere Produkte?			
Welche Schwächen haben unsere Produkte und wie können wir diese eliminieren und was kostet uns das?			
Sind unsere Produkte substitutionsgefährdet?			
Wenn ja, welche, wodurch und ab welchem Zeitpunkt?			
Was können wir tun, damit wir im Geschäft bleiben?			
Wie hoch ist der Bedarf des Kunden heute und in den nächsten drei bis fünf Jahren?			
Sind Neuproduktentwicklungen bei dem Kunden geplant und welche sind das?			
Können wir dem Kunden bei seiner Neuproduktentwicklung helfen, um eine festere Kundenbindung zu erreichen?			
Kann er uns bei unseren Innovationsbemühungen als „Partner" helfen?			

Abb. 38 Checkliste: Kundenproblem bewältigen

- Stellen Sie nun die kritischen Bereiche fest. Kritische Bereiche sind Bereiche mit geringen Werten, also kritische Kundenbeziehungen.
- Anschließend bewerten Sie die Gesamteinstellung der jeweiligen Entscheidungsträger, indem Sie die Werte addieren. Sie können nun feststellen, mit welchen Entscheidungsträgern Sie gezielter zusammenarbeiten müssen. Es handelt sich hierbei um die Entscheidungsträger, die die niedrigsten Werte ausweisen.
- Entwickeln Sie jetzt Ideen für Maßnahmen, um die Beziehung in den kritischen Bereichen zu verbessern.
- Sorgen Sie dafür, dass Ihre Mitarbeiter mit diesen Kunden optimal zusammenarbeiten. Überprüfen Sie bei Ihren Mitarbeitern dabei folgende Faktoren:
  - Die Fähigkeiten, die übertragene Aufgabe erfüllen zu können.
  - Die Gabe, Probleme und Schwierigkeiten zu erkennen, abzuwägen und Entscheidungen fällen zu können.
  - Die Fähigkeit, die richtigen Fragen zu stellen, aktiv zuzuhören, zu motivieren, ggf. Konflikte im Team zu schlichten und bestimmte Vorhaben im Unternehmen zu unterstützen.
  - Das Interesse und das Engagement
  - Die Beeinflussungsfähigkeiten.
- Bewerten Sie nun diese Faktoren und treffen Sie anhand dieser Werte Ihre Entscheidungen.
- Analysieren Sie die wichtigsten Wettbewerber, die sich auch um Ihre Kunden bemühen. Dabei orientieren Sie sich am besten an den Kaufkriterien, die der Kunde bei seiner Kaufentscheidung wählen wird. Berücksichtigen Sie auf jeden Fall die Stärken und Schwächen der Wettbewerber.
- Erarbeiten Sie hierfür eine Matrix, in der Sie alle Daten und Fakten übersichtlich abtragen und dann wieder bewerten.
- Sorgen Sie dafür, dass diese Matrix ein ständiges Werkzeug für die Aktivitätenplanung Ihrer Kunden wird.
- Schulen und trainieren Sie Ihre Mitarbeiter im Sinne der Kundenorientierung und Kundenzufriedenheit.
- Überprüfen Sie auch die Führungseigenschaften Ihrer Führungsmannschaft und bewerten Sie diese, um Verbesserungsmaßnahmen einleiten zu können.

• Anhand dieser Ergebnisse sind Sie nun in der Lage, Entscheidungen treffen zu können, wie z. B.:
  - Wie Sie mit Ihren Kunden zusammenarbeiten möchten/müssen:
    - Strategien
    - Techniken
    - Methoden
  - Wie die Bedürfnisse und Wünsche Ihrer Kunden besser erfüllt werden können:
    - Produkte
    - Technologie
    - Service

  - Logistik
  - Verkauf
  - Lieferbedingungen
  - Reklamationen und Beschwerden
  - Preise und Konditionen
  - Informationen usw.
- Wie die kundenindividuellen Maßnahmen gestaltet sein müssen, die Sie für die Zielerreichung einleiten möchten
- Wie Sie in welcher Größenordnung mit diesen Kunden möglicherweise weiter wachsen können/wollen:
  - Umsatz
  - Absatz
  - Deckungsbeitrag
  - Budget/Kosten.
- Erarbeiten Sie diese Gesamtplanung mit einem Team (!)

Lieferantenanalyse

Bei der Lieferantenanalyse werden in erster Linie Stabilitäts- und Wettbewerbsfähigkeitsfaktoren überprüft. Für viele Unternehmen ist die Lieferantenfrage heute ein wichtiger strategischer Bestandteil in der Unternehmensplanung. Bei Toyota z. B. werden Lieferanten zu langjährigen Partnern aufgebaut, geschult und in das gesamte Planungssystem von Toyota integriert. Zu den Lieferanten besteht hier ein sehr enger und sehr vertrauensvoller Kontakt. Lieferanten wollen wettbewerbsfähig sein und bleiben. Von daher müssen sie genauso wie die Herstellerindustrie die Qualität ihrer Zuliefererprodukte ständig verbessern und dabei die Profitabilität ihres Unternehmens im Auge haben.

Da Lieferanten im Innovationsprozess eine sehr wichtige Rolle spielen, kommt dem Auswahlprozess eine zunehmend hohe Bedeutung zu. Bei der Bewertung der Lieferantenauswahl können Sie die Analyse-Tools aus der Kundenanalyse verwenden. Achten Sie bei der Analyse, Bewertung und Auswahl der Lieferanten auch darauf, dass die Kosten bei einem möglichen Wechsel zu anderen Lieferanten deutlich herausgearbeitet werden, damit Sie die richtige Entscheidung für Ihren Innovationsprozess treffen können.

SWOT-Analyse

Die Buchstaben SWOT stehen für:

- Strenghts (Stärken)
- Weaknesses/Failures (Schwächen)
- Opportunities (Chancen)

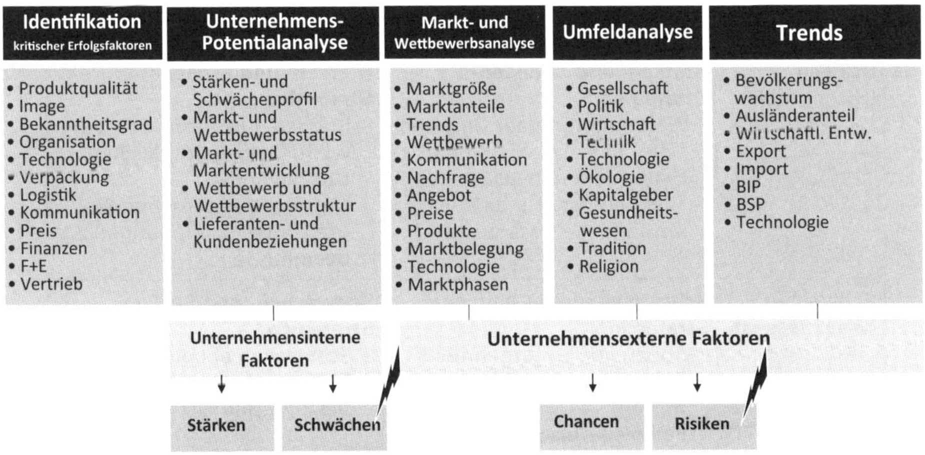

Abb. 39 Analysebereiche, die die SWOT-Analyse verdichtet

Threats (Risiken bzw. Gefahren). Die SWOT-Analyse ist ein zentrales Instrument zur Strategienbildung. Sie impliziert die Kombination aus Stärken/Schwächen (interner Prozess) und Chancen/Risiken (externer Prozess). Die SWOT-Analyse verbindet die Chancen- und Risikenanalyse der externen Umwelt mit der Stärken- und Schwächenanalyse der internen Unternehmenspotenziale. Ziel der SWOT-Analyse ist es, herauszufinden, inwieweit das Vorhaben des Unternehmens/Produkts (Strategie) bei den gegebenen Umwelteinflüssen erfolgreich zu sein verspricht. Weiterhin sollen die unternehmensspezifischen Stärken und Schwächen daraufhin untersucht werden, ob sie geeignet sind, um auf die Veränderungen der Unternehmenswelt reagieren zu können.

Die SWOT-Analyse verdichtet die Analyseergebnisse aus den fünf Bereichen Identifikation kritischer Erfolgsfaktoren, der Unternehmens- und Marktanalyse sowie der Umfeldanalyse und den Trends. Abbildung 39 verdeutlicht dies. Sie zeigt die internen Ressourcen und Fähigkeiten auf, mit den Anforderungen, die aus der Umwelt des Unternehmens gestellt werden, umzugehen.

Aus der Kombination der fünf Felder ergibt sich – ähnlich wie bei der Portfolio-Analyse – eine Vier-Felder-Matrix (siehe Abb. 40). Diesen vier Feldern können dann Normverhaltensweisen zugeordnet werden.

Die Unternehmenschancen bei Umfeldchancen ① bedeuten, dass Sie die aufgefundenen Marktchancen mit den entsprechenden Unternehmensstärken nutzen sollten. Die Unternehmensstärken bei den Umfeldrisiken ② bedeuten, dass Sie die vorgefundenen Marktrisiken mit den entsprechenden Unternehmensstärken zu kompensieren versuchen. Die Unternehmensschwächen bei den Umfeldchancen ③ bedeuten, dass Sie die Marktchancen aufgrund von Unternehmensschwächen nicht nutzen können. Die Unternehmensschwächen bei den Umfeldrisiken ④ bedeuten, dass die Marktrisiken durch die Unternehmensschwächen verstärkt werden. Suchen Sie nicht mehr als fünf bis sechs Stärken und

	Chancen (Opportunities)	Risiken (Threats)
Stärken (Strengths)	**Stärken- und Chancen-Strategien** – Wahrnehmung der Chancen unter Einsatz der Stärken – Expansionen/Investitionen – Nutzung von Trends durch vorhandene Ressourcen ①	**Stärken- und Risiken-Strategien** – Stärken ausnutzen, um Umweltrisiken auszugleichen bzw. zu lindern – Nutzung von Beziehungen, um Umweltbedingungen zu beeinflussen ②
Schwächen (Weaknesses)	**Schwächen- und Chancen-Strategien** – Abbau von Unternehmens-Schwächen, um Chancen zu nutzen – Beispielsweise Abbau eigener Bürokratie (Schwäche), um reaktionsschneller zu sein und Chancen des Marktes nutzen zu können ③	**Schwächen- und Risiken-Strategien** – Schwächen abbauen, um Risiko zu reduzieren – Desinvestitionsstrategien ④

Abb. 40 Vier-Felder-Matrix (Kerth und Pütmann 2005)

Schwächen sowie Chancen und Risiken aus. Was die Auswahl betrifft, so sollten Sie nur die Stärken und Schwächen sowie Chancen und Risiken herausfiltern, die Streufunktion besitzen und die sich später auszahlen. Streufunktion bedeutet, dass z. B. eine ausgewählte Chance gleichzeitig auch noch andere Chancen in sich birgt.

Ziele der SWOT-Analyse sind z. B.:

- Marktchancen aufspüren, in denen es sich lohnt zu investieren
- Innovationen aufspüren, mit denen die Stärken und Kompetenzen des Unternehmens ausgebaut werden können
- Prioritäten für Ziele setzen
- Konzentration auf Ziele legen
- Profilierung im richtigen Marktsegment
- Diese Ziele strategisch, taktisch und operativ ordnen
- Ableitung situationsbezogener Ziele, Strategien, Maßnahmen und Budgets.

Folgende Vorgehensweise sollten Sie einhalten, wenn Sie mit der SWOT-Analyse erfolgreich arbeiten möchten:

Sie beginnen am besten damit, die entscheidenden und marktbestimmenden Erfolgsfaktoren, die der Markt oder die Branche fordert, herauszuarbeiten.

In dem folgenden Beispiel wurde nur der Bereich Produkt ausgewählt, um den Rahmen der SWOT-Analyse hier nicht zu sprengen. Die Abb. 41 macht das Beispiel deutlich. In der Praxis gibt es jedoch in mehreren Bereichen entscheidende, marktbestimmende Er-

Beispielhaft werden hier folgende kritischen Erfolgsfaktoren im Bereich Produkt festgestellt:
- Produktqualität und -nutzen
- Service
- Produktlebenszyklus
- Preis und Image

Bereich	Erfolgsfaktoren/Bewertungskriterien
Marketing und Vertrieb	Leistungsangebot, Preisgestaltung, Image, Marktanteil, Marktwachstum, Absatzentwicklung, Distribution, Vertriebsnetz, Werbung, Beschwerdemanagement, Termintreue, Kundenstruktur, Auftragsbearbeitung, Konjunkturanfälligkeit, Kundenservice, Marktbeareitung, Außendienst, Marktforschung, Absatzplanung, Kundentreue etc.
Produkt	Produktportfolio, Qualität, Produktimage, Produktlebenszyklus, Preis-Leistungs-Verhältnis, Design etc.
Materialwirtschaft	Lieferanten, Abhängigkeiten, Einkaufskosten, Qualitätskontrollen, Lagerhaltung, Bestandsüberwachung, optimale Bestellmengen, Bestellrhythmen, Logistik, Kapitalbindung, Lagerumschlag, Lagersystem etc.
Produktion	Anlagen, Technologien, Standort, Produktivität, Kostenstruktur, Auslastung, Flexibilität, Termintreue, Qualitätsmanagement, Grad der vertikalen Integration, Rohstoffversorgung, Arbeitsplatzgestaltung etc.
Forschung und Entwicklung	Prozesse, Know-how, Innovationen, Forschungsaufwand, Kooperationen, Lizenzen, Entwicklungspotenzial etc.
Personal	Fachliche Qualifikation, Professionalität, Aus- und Weiterbildung, Altersstruktur, Anreizstruktur, Entlohnung, Motivation, Lernbereitschaft, Mitarbeiterfluktuation, Betriebsklima, Image als Arbeitgeber etc.
Organisation	Aufbauorganisation, Ablauforganisation, Anpassungsfähigkeit, Strategiekonformität, Informationsmanagement, IT-Einsatz, Projektmanagement, Wissensmanagement etc.
Führung	Qualität der Entscheidungen, Führungsstil, Teamfähigkeit, Ziele, Dynamik, Motivation der Mitarbeiter, Marktorientierung, Transparenz, Delegation, Führungskräftenachwuchs, Altersstruktur der Führungskräfte etc.
Finanzen	Eigenkapitalausstattung, Verschuldungsgrad, Finanzkraft, Liquidität, Gewinnentwicklung, -verwendung, Rentabilität, Cashflow, Finanzplanung, Investitionsplanung etc.
Rechnungswesen	Kostenzuordnung, -kontrolle, -planung, Gewinn- und Umsatzplanung, Frühwarnsysteme etc.

Abb. 41 Kritische Erfolgsfaktoren

folgsfaktoren. In dem ausgewählten Bereich Produkt wurden folgende marktbestimmende Erfolgsfaktoren des Marktes bzw. der Branche festgestellt:

- Produktqualität und -nutzen
- Service
- Produktlebenszyklus
- Preis und Image.

Diese hier beispielhaft gefundenen marktbestimmenden Erfolgsfaktoren werden von Branche, Markt und Kunden gefordert. Sie können aus unternehmerischer Sicht sowohl Schwächen als auch Stärken darstellen. Sie werden später zur Abklärung auf die Kernkompetenzen des Unternehmens hin überprüft.

Tragen Sie dann die marktbestimmenden Erfolgsfaktoren in eine Matrix ab. Bewerten (gewichten) Sie die marktbestimmenden Erfolgsfaktoren entsprechend der analysierten Marktsituation. Abbildung 42 zeigt beispielhaft, wie Sie die marktbestimmenden Faktoren bewerten und in die Matrix abtragen können.

Nachdem Sie nun die marktbestimmenden Erfolgsfaktoren für den Markt herausgearbeitet haben, vergleichen und bewerten Sie anschließend die marktbestimmenden Er-

Abb. 42 Beispiel marktbestimmende Erfolgsfaktoren nach Marktsituation gewichtet

Marktbestimmende Erfolgsfaktoren		GW Wie wichtig ist jeder dieser KEF
1.	Produktqualität, Produktnutzen	60%
2.	Preis und Image	25%
3.	Service	10%
4.	Produktlebenszyklus	5%
		100%

folgsfaktoren in kritischer Würdigung Ihres Unternehmens/Produkt zum Wettbewerb. Sie haben die marktbestimmenden Faktoren gewichtet. Anschließend bewerten Sie Ihr Unternehmen/Produkt und Ihre (potenziellen) Wettbewerber indem Sie für jeden Bereich Punkte (von 1 = niedrigste Punktzahl bis 10 = höchste Punktzahl) vergeben. Zum Schluss addieren Sie die Ergebnisse Ihres Unternehmens/Produkt und die Ihres Wettbewerbs. Das Unternehmen/Produkt, das die höchste Punktzahl erreicht hat, ist klar im Vorteil. Vergleichen Sie sich mit dem stärksten Wettbewerber und arbeiten Sie aus dem Ergebnis einen Handlungsrahmen aus. Fragen Sie sich was zu tun ist, um zukünftig die marktbestimmenden Erfolgsfaktoren die der Markt/Branche fordert besser zu bedienen, als es z. B. hier der Wettbewerber „A" tut? Die Abb. 43 gibt Ihnen für diese Arbeit Hilfestellung.

Praxistipp

Bleiben Sie bei der Beurteilung immer ehrlich. Interpretieren Sie auf keinen Fall Wünsche und Vorstellungen in die Stärken und Schwächen Ihres Unternehmens hinein. Die Stärken und Schwächen Ihres Unternehmens herauszufinden, ist relativ einfach. Schalten Sie einfach die Denkweise Ihrer Konkurrenz ein, versetzen Sie sich in deren Lage. Sie werden die Stärken und Schwächen objektiver bewerten.

Bekanntlich führen ja viele Wege nach Rom. Liegen Ihnen die marktbestimmenden Erfolgsfaktoren nicht vor oder lassen sie sich wirklich schwer in Ihrer Branche ermitteln, dann sollten Sie auf keinen Fall auf ein ausführliches Stärken- und Schwächenprofil verzichten. Die Abb. 44 zeigt Ihnen, wie Sie dennoch ein Stärken- und Schwächeprofil entsprechend dem Beispiel anlegen können, um einen Handlungsrahmen daraus ableiten zu können.

Anschließend untersuchen Sie die möglichen Chancen und Risiken, die sich Ihrem Unternehmen in diesem Marktsegment bieten bzw. ihm gegenüberstehen. Siehe hierzu auch die Abb. 45.

Tragen Sie alle Erkenntnisse der Stärken, Schwächen, Chancen und Risiken in die SWOT-Matrix ab. Sie verschaffen sich damit erst einmal einen guten Überblick über die ersten Ergebnisse Ihrer SWOT-Analyse (Abb. 46).

Wettbewerber / Kritische Erfolgsfaktoren	G-Faktor	„Wir“	Wettbewerber A	Wettbewerber B	Wettbewerber C
Produktqualität, Produktnutzen	60%	9 (x6,0) **54,0**	10 (x6,0) **60,0**	6 (x6,0) **36,0**	7 (x6,0) **42,0**
Preis und Image	25%	7 (x2,5) **17,5**	5 (x2,5) **12,5**	5 (x2,5) **12,5**	7 (x2,5) **17,5**
Service	10%	4 (x1,0) **4,0**	5(x1,0) **5,0**	2 (x1,0) **2,0**	5 (x1,0) **5,0**
PLZ	5%	5 (x0,5) **2,5**	7 (x0,5) **3,5**	7 (x0,5) **3,5**	5 (x0,5) **2,5**
	100%	**78,0**	**81,0**	**54,0**	**67,0**

Zu behandelnde zentrale Punkte vs. Wettbewerber A:

Handlungsrahmen (Was ist zu tun?): Produktqualität und Produktnutzen / Service / PLZ

Abb. 43 Analyse der Stärken und Schwächen hinsichtlich der marktbestimmenden Erfolgsfaktoren in kritischer Würdigung zum Wettbewerb

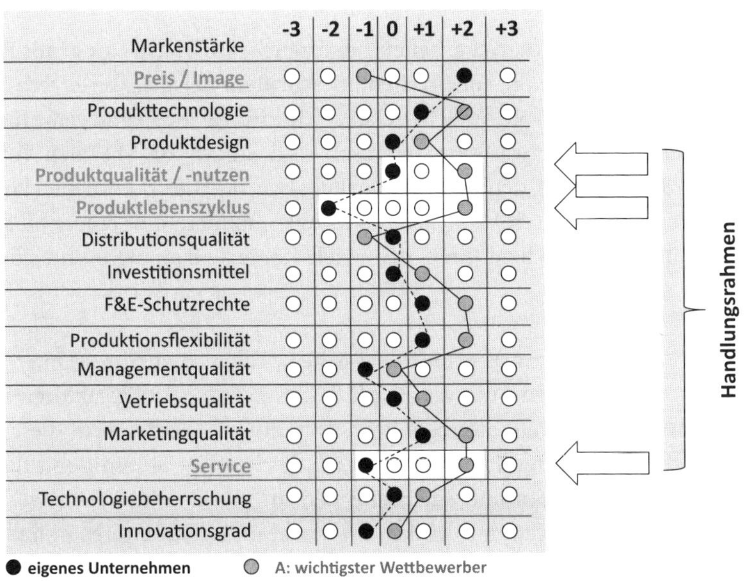

Abb. 44 Stärken- und Schwächeprofil/Ressourcen-Analyse

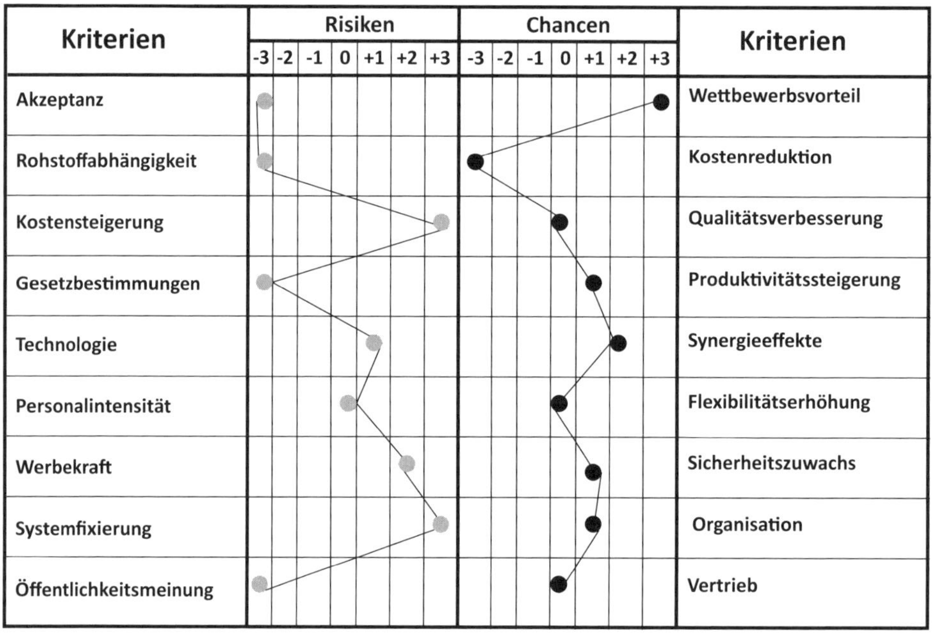

Abb. 45 Chancen und Risikenprofil

Praxistipp

Wenn Sie mit der SWOT-Analyse arbeiten, benutzen Sie am besten eine große Pinnwand und farbige Kärtchen, die Sie entsprechend beschriften. Beispielsweise verwenden Sie weiße Karten für Stärken, rote für Schwächen, grüne für Chancen und gelbe für Risiken. Diese Vorgehensweise ist zwar sehr „händisch" und einfach, hat aber den Vorteil, dass Sie immer in der Lage sind, den Überblick zu behalten, und flexibel arbeiten können. Sie haben die Möglichkeit, rasch zu variieren und zu kombinieren. Es empfiehlt sich auch, diese Arbeit im Team durchzuführen, denn viele Köpfe denken mehr und effektiver als nur einer.

Vergleichen Sie jetzt die Stärken und Schwächen (Fähigkeiten Ihres Unternehmens) sowie die Chancen und Risiken mit den marktbestimmenden Erfolgsfaktoren und -mechanismen im Markt- und Wettbewerbsumfeld. Abbildung 47 verdeutlicht diese Aufgabe. Wenn Sie alle wichtigen Fakten herausgearbeitet haben und sie stimmig mit den marktbestimmenden Erfolgsfaktoren und -mechanismen im Markt- und Wettbewerbsumfeld sowie die zukünftigen Chancen und Risiken im Markt und Wettbewerbsumfeld sind, erarbeiten Sie eine Zusammenfassung mit einem verbindlichen Handlungsrahmen (siehe Abb. 48 und auch Abb. 58). Dieser ist dann das Endergebnis der SWOT-Analyse.

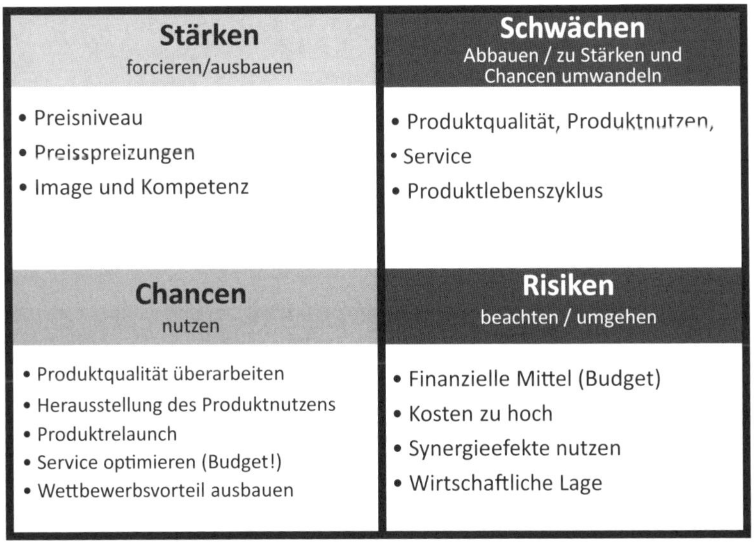

Abb. 46 Ableitung erster strategischer Schlussfolgerungen aus SWOT-Analyse

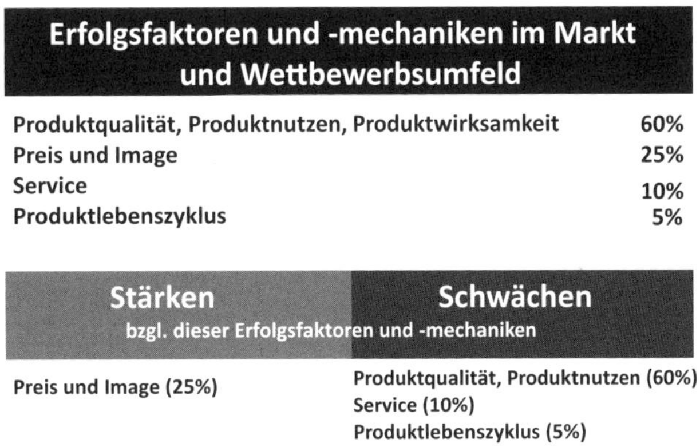

Abb. 47 Zusammenfassung Erfolgsfaktoren und -mechaniken im Markt und Wettbewerbsumfeld

Zusammenfassend gehen Sie bei der SWOT-Analyse so vor:

- Beschreiben Sie das Marktsegment und arbeiten Sie die wichtigsten marktbestimmenden Erfolgsfaktoren heraus. Fragen Sie sich, welche wenigen Faktoren bilden aus Kundensicht für jeden Anbieter im Markt den Schlüssel zum Erfolg?
- Gewichten Sie jeden marktbestimmenden Erfolgsfaktor. Fragen Sie sich, wie wichtig ist jeder einzelne marktbestimmende Erfolgsfaktor (Gewichtung 10 bis 100 Prozent).
- Erarbeiten Sie eine Stärken- und Schwächenanalyse. Bewerten Sie das eigene Unternehmen/Produkt sowie die der Konkurrenz mit einem Wert zwischen 1 und 10 Punkte für jeden marktbestimmenden Erfolgsfaktor. Anschließend multiplizieren Sie den Wert mit der Gewichtung.

Abb. 48 Zukünftige Chancen und Risiken im Markt und Wettbewerbsumfeld

- Erarbeiten Sie eine Chancen- und Risikenanalyse. Fragen Sie sich, welche wenigen Faktoren außerhalb Ihrer Kontrolle hatten bisher Auswirkungen auf Ihr Unternehmen/Produkt und werden dies auch in Zukunft haben?
- Erarbeiten Sie eine schlüssige Zusammenfassung bezüglich der gewichteten Erfolgsfaktoren und -mechaniken im Markt und Wettbewerbsumfeld und leiten Sie daraus die Stärken und Schwächen ab.
- Erarbeiten Sie die zukünftigen Chancen und Risiken im Markt und Wettbewerbsumfeld und leiten Sie aus der gesamten Zusammenfassung Schlüsselthemen mit einem schlüssigen Handlungsrahmen ab. Entwickeln Sie daraus Schlüsselziele und Schlüsselstrategien sowie die daraus resultierenden finanziellen Konsequenzen.

Arbeiten Sie bei der Erstellung Ihrer SWOT-Analyse mit Rückkoppelungen in den Bereichen Markt-, Wettbewerbs- und Unternehmensanalyse, da sonst die Gefahr besteht, die gegenwarts- und vergangenheitsbezogenen Daten und Fakten zu sehr in den Vordergrund zu stellen. Was Sie auf keinen Fall vergessen dürfen: Vor Abschluss Ihrer Chancen- und Risikoanalyse leiten Sie eine kritische Trendanalyse ein. Untersuchen Sie auf jeden Fall, welche Tendenzen unter den Aspekten Chancen und Risiken heute und in Zukunft eintreffen werden bzw. könnten. Die Abb. 49 zeigt, wie Sie eine zusammenfassende Stärken-/Schwächen- und Chancen-/Risikoanalyse mit Zukunftsperspektiven anlegen können. Sie verhindern so, dass gegenwarts- und vergangenheitsbezogene Fakten überbewertet werden und sich negativ auf Ihr Innovationsvorhaben auswirken.

Wie Sie einfach selbst eine Trendanalyse durchführen können, zeigt Ihnen Abb. 50. Sie kommt aus dem medizintechnischen Bereich.

Beurteilungskriterien	Stärken/Schwächen				Chancen/Risiken in den nächsten 5 Jahren			
		Stärke verteidigen/ ausbauen	weder – noch	Schwäche überwinden	Bemerkungen	Chance nutzen	weder – noch	Gefahren abwenden
Marktvolumen (Menge)	beachtl. 240 Mio. Stck.	■			steigt	■		
Absatzvolumen (Menge)	beachtl. 60 Mio. Stck.	■			steigt	■		
Marktanteil (Menge)	25 % (Menge)	■			MA wird erhöht	■		
Marktwachstum (Menge)	positiv	■			Gefahr durch Trend			■
Programm	kompl. Programm	■			Ergänzung	■		
Produkt-Qual./Nutzen	hoch	■			bleibt hoch		■	
Lieferungen	wie von Kund. gew.	■			bleibt gut		■	
Zuverlässigkeit/Service	ausgezeichnet		■		bleibt hervorragend		■	
Preisentwicklung	mittelmäßig		■		leicht verbessert	■		
Deckungsbeitrag	25 %		■		leicht verbessert	■		
Ergebnis	gut	■			bleibt		■	
Vertrieb	gut	■			keine Änderung		■	
Produktionskapazität	noch ausreichend			■	wird verbessert	■		
Produktivität	verbesserungswürdig			■	wird verbessert	■		

Abb. 49 Zusammenfassung Risiken/Chancen- und Stärken/Schwächen-Analyse

Kriterium	Wahrscheinliche Entwicklung		Optimistische Entwicklung		Pessimistische Entwicklung	
	Trend	Anzahl Patienten	Trend	Anzahl Patienten	Trend	Anzahl Patienten
– Bevölkerungswachstum – Überalterung – Geburten – Ausländeranteil	Stagnation starke Zunahme Stagnation Stagnation	0 + + 0 0	leichtes Wachstum starke Zunahme leichte Zunahme leichte Zunahme	+ + + + +	leichter Rückgang leichte Zunahme leichte Abnahme leichte Abnahme	– + – –
– Wirtschaftliche Entwicklung – Versicherungsleistungen – Arbeitstätigkeit Frau	Stabilität schlechter leichte Zunahme	0 – –	Aufschwung wie heute wie heute	+ 0 0	Abschwung viel schlechter starke Zunahme	– – – – –
– Sexualverhalten – Fortpflanzungsverhalten – Schwangerschaftsabbruch	Zurückhaltung stabil zustimmend	– 0 +	wie heute kinderfreundlich zustimmend	0 + +	Starke Zurückhaltung kinderfreundlich wie heute	– – – 0
– Diagnose – Therapie	stark verbessert verbessert	+ + +	stark verbessert stark verbessert	+ + + +	verbessert verbessert	+ +
– Gesundheitsbewusstsein – Gesundheitszustand	stark befriedigend	– – –	mittel schlecht	– – –	stark gut	– – 0
– Anzahl Ärzte – Ausbildung/Spezialisierung	stark steigend verbessert	+ + +	stark steigend stark verbessert	+ + + +	leicht steigend verbessert	+ +
– Bettenzahl – Komfort	abnehmend zunehmend	– +	gleich stark zunehmend	0 + +	stark abnehmend verbessert	– – 0

Abb. 50 Beispiel Trendanalyse medizintechnischer Bereich. – –, –, 0, +, + + kennzeichnen die Entwicklung bei der Anzahl der Patienten (Aumayr 2006)

Bei der Trendanalyse geht es immer darum, die Vergangenheit erkannt und verstanden zu haben und die Zukunft zu sehen und fest im Visier zu haben, um dann die richtigen Innovationen zu entwickeln. Fragen Sie sich selbst einmal, wie Sie sich vor 15 bis 20 Jahren Ihre Zukunft vorgestellt hatten und welche Abweichungen von diesen Vorstellungen sich zum heutigen Zeitpunkt ergeben haben. Wie groß ist der Unterschied zwischen Ihrer Einschätzung und der heutigen Realität? Was ist passiert? So wie in Ihrem Leben weichen auch in der Zukunftsplanung Ihres Geschäfts die Zielvorgaben von den erreichten Ergebnissen oft sehr weit ab. Welche Veränderungsfaktoren spielten eine wichtige Rolle und warum? Legen Sie sich einmal eine Matrix mit entsprechenden „Zukunftstreibern" an (Wettbewerb, Gesetze und rechtliche Rahmenbedingungen, Kosten, Technologie, Konsumenten, Kunden, Lieferanten usw.) und betrachten Sie dabei Ihren Markt. Schreiben Sie einmal auf, was Sie vor 15 bis 20 Jahren von jedem „Zukunftstreiber" erwartet haben und was heute diesbezüglich Realität ist. Schreiben Sie auf, was Sie nicht erwartet haben, was Sie von jedem „Zukunftstreiber" in den nächsten 10 Jahren erwarten bzw. welche „Zukunftstreiber" die Zukunft gravierend beeinflussen werden. Anschließend entwickeln Sie, aufbauend auf dieser Analyse, Zukunftsszenarien. So in die Zukunft zu sehen, ist weitaus realistischer, als mit Regressionsanalysen und mathematischen Extrapolierungsmethoden Vergangenheitstrends zu bearbeiten.

Es ist nicht sinnvoll, 10 bis 15 Jahre in die Vergangenheit zu blicken und mit der Bewertung dieser Erfahrungen eine Zukunftsplanung für die kommenden drei bis fünf Jahre zu erstellen. Leider ist das in vielen Unternehmen noch gang und gäbe.

Aus den Daten und Fakten der Chancen- und Risikenanalyse leiten sich grundsätzlich folgende Fragen zur Beantwortung und Bearbeitung Ihres Innovationsprojektes ab:

- Wie ist die Situation?
- Welche Untersuchungsergebnisse und Meinungen müssen wir für unsere Innovationsplanung zusätzlich recherchieren und berücksichtigen?
- Wo sind wir stark und warum?
- Wo sind wir kompetent und besonders glaubwürdig?
- Welche Stärken können wir erfolgreich einsetzen/nutzen?
- Welche Chancen bieten sich uns für die Lösung unserer Innovationsaufgabe?
- Welche Risiken müssen wir beachten?
- Welche Schwächen, Probleme und Defizite gibt es im Hinblick auf unsere Innovationsaufgabe?
- Welche Risiken und Schwächen können wir unter Nutzung bestehender Chancen und Stärken mindern oder sogar beseitigen?
- Wie kann dabei die Richtung der Problemlösung aussehen?

Portfolio-Technik

Die Portfolio-Technik hat eine weite Verbreitung gefunden. Für das Innovationsmanagement hat diese Technik eine große Bedeutung, weil sie u. a. relativ schnell deutlich macht, wo und warum dem Unternehmen Innovationen fehlen. In der Praxis haben sich zwei grundlegende Modelle, die ***Boston-Consulting-Matrix*** (*BCG*) und die ***McKinsey-Company-Matrix***, etabliert.

Da sich die SWOT-Analyse speziell auf die gegenwärtigen Unternehmensbereiche und Geschäftsfelder bezieht und dabei möglicherweise lohnendere Geschäftsfelder unberücksichtigt lässt, ist es empfehlenswert, dass Sie zusätzlich mit der Portfolio-Technik arbeiten. Sie verdichtet die Informationen über Einflüsse aus den Bereichen:

- Eigenes Unternehmen
- Wettbewerb
- Kunden
- Umfeld,

die für den Innovationsprozess relevant sein können.

Die Portfolio-Technik hat eine Doppelfunktion. Sie kann sowohl als Analyse- als auch als Entscheidungstechnik eingesetzt werden, weil Sie aus der Analyse sowohl Ihre Position im Wettbewerbsumfeld visualisiert darstellen, als auch erste mögliche Strategien daraus ableiten können.

Die BCG-Portfolio-Technik basiert auf dem Lebenszyklus-Konzept (siehe hierzu Abb. 51). Sie stellt vereinfacht die vielfach komplexen Zusammenhänge zwischen Markt und Unternehmen in einer zweidimensionalen Matrix dar, indem die errechnete Marktstellung des Unternehmens in der Matrix platziert wird. Mit entsprechenden „Normstrategien" werden dann zukünftig zu erreichende Zielpositionen anvisiert.

Die Matrix wird in vier Felder aufgeteilt, wobei die Achsen der Matrix eine für das Unternehmen durch entsprechende Aktivitäten beeinflussbare Größe darstellen. Hier handelt es sich um den „relativen Marktanteil" und das „Marktwachstum" (Abb. 52).

Was die Charakterisierung der Felder betrifft, so sind **Question-Mark-Produkte** (Fragezeichenposition) durch ein hohes Marktwachstum bei gleichzeitig niedrigem relativem Marktanteil gekennzeichnet. Der noch geringe Marktanteil hat in dieser Position geringe Erlöse zur Folge. Diese geringen Erlöse können wiederum den Finanzbedarf für das notwendige Wachstum nicht decken. Das Wachstum der Question-Marks muss durch die Cash-Cows finanziert werden. Schaffen die Question-Marks nicht den Durchbruch zum Ausbau des relativen Marktanteils, verzehren sie finanzielle Ressourcen und können unter Umständen in die Position der Dogs zurückfallen. Question-Marks sind Produkte in der Einführungsphase und bedürfen starker Segmentierungsstrategien, um sie zu Star-Produkten werden zu lassen. Investitionen in den Bekanntheitsgrad und in hohe Erstkäufe dieser Produkte stehen im Vordergrund.

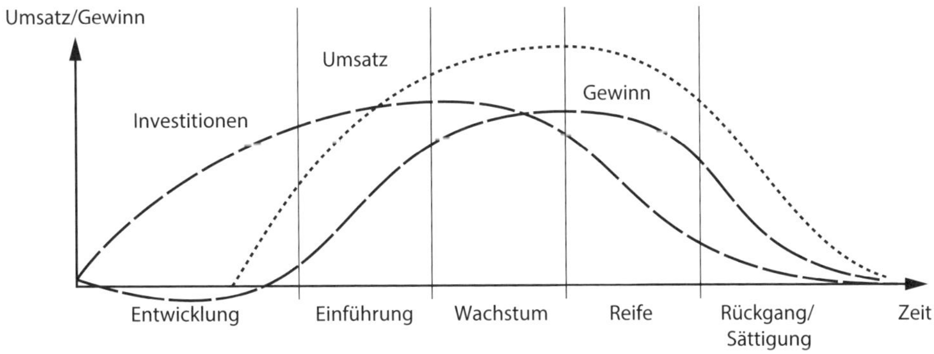

Abb. 51 Lebenszyklus-Modell

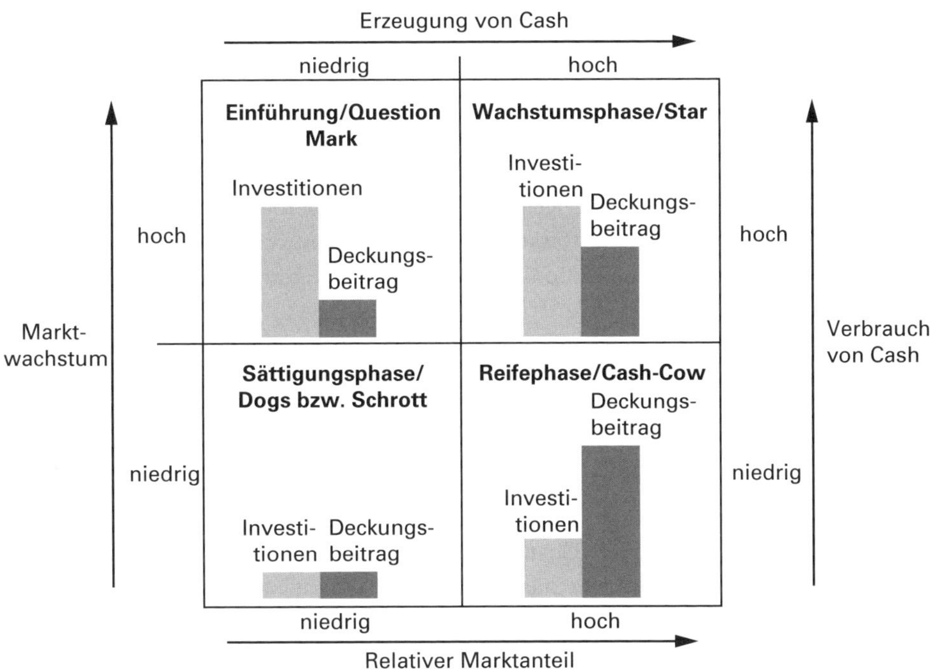

Abb. 52 BCG-Matrix

Star-Produkte zeichnen sich sowohl durch ein hohes Wachstum als auch einen hohen relativen Marktanteil aus. Sie sind Produkte mit starkem Wachstum in der Durchsetzungsphase. Es lohnt sich, die erwirtschafteten Erlöse wieder zu reinvestieren, um mit dem schnellen Marktwachstum mithalten zu können und am Marktwachstum auch überproportional partizipieren zu können. In Profilierungs- und Imagestrategien sollte investiert werden, um die Absicherung und den Ausbau der Marktposition voranzutreiben. Gelingt dies, dann können Star-Produkte bei abnehmenden Wachstumsraten zu Cash-Cow-Produkten werden. Das investierte Kapital kann in dieser Position zurückverdient werden. Gelingen die Absicherung und der Ausbau der Marktposition nicht, kann das Produkt in die Position Dogs zurückfallen. Das Unternehmen bzw. das Produkt fährt in dieser Position Verluste ein, weil das bisher investierte Kapital hier nicht zurückverdient wird.

Cash-Cow-Produkte sind Produkte mit einem hohen relativen Marktanteil bei allerdings nur noch niedrigem Marktwachstum. Aufgrund der zurückverdienten Investitionen in den Zeiten als Star-Produkt tragen sie jetzt als Cash-Cow-Produkte in besonderem Maße zu den Unternehmensüberschüssen bei. Cash-Cow-Produkte sind echte Cashflow-Lieferanten. Ein Teil der realisierten Überschüsse sollte wieder reinvestiert werden in konsequente Profilierungs- und ggf. in Relaunch-Strategien, um die Marktführerposition möglichst lange zu behaupten, da in dieser Marktposition sehr häufig knallharte Verdrängungs- und Preiswettkämpfe unter den Anbietern stattfinden. Der andere Teil der Überschüsse kann auch in Question-Marks- und Star-Produkte investiert werden, um ein ausgeglichenes und profitables Portfolio zu besitzen.

Dogs sind Produkte mit sehr niedrigem Wachstum und sehr niedrigem relativem Marktanteil. Die Rückgewinnung von Marktanteilen ist aufgrund der abnehmenden Wachstumsraten kaum möglich. Umpositionierungs- und/oder Relaunchmaßnahmen könnten eingesetzt werden, um einen erfolgreichen Produktlebenszyklus zu verlängern. Die Umpositionierung erfordert auf jeden Fall den Einsatz von Profilierungs-, Qualitäts- und Markenstrategien. Gelingt die Wiederbelebung nicht oder sind die Investitionen dafür zu risikoreich, bleiben nur noch Maßnahmen übrig, wie Kosten und Aufwand zu senken und die Mitnahme der noch eingespielten Deckungsbeiträge. Sind diese nicht mehr vorhanden, bleibt die Herausnahme des Produkts aus dem Leistungsangebot übrig.

In der McKinsey-Technik werden im Gegensatz zur BCG-Matrix mehrere Kriterien für die Bestimmung externer Chancen für das Unternehmen/Produkt und mehrere Kriterien zur Bestimmung interner Stärken berücksichtigt. Bei der Bewertung der gegenwärtigen und zukünftigen Marktposition Ihres Unternehmens gehen Sie ähnlich wie bei der SWOT-Analyse auf Basis der Unternehmens- und Wettbewerbsanalyse vor. In der Portfolio-Technik wird diese Dimension mit dem relativen Wettbewerbsvorteil beschrieben. Demgegenüber basiert die Dimension der zukünftigen Entwicklungsmöglichkeiten Ihres Unternehmens auf der Zusammenführung der Ergebnisse der Markt- und Umfeldanalyse. In der Portfolio-Technik wird diese Dimension mit Marktattraktivität bezeichnet. Die beiden Dimensionen Wettbewerbsvorteil und Marktattraktivität werden durch die Bewertung und Aggregation vieler Kriterien mittels einer Scoring-Technik fixiert. Anhand der Ergebnisse dieser beiden Dimensionen können Sie dann Ihre Unternehmensposition visuell im Portfolio-Raum platzieren und als Ist-Situation ausweisen und daraus dann erste mögliche Strategien für das Innovationsvorhaben ableiten.

Abb. 53 Portfolio-Bewertung Marktattraktivität (Großklaus 2006a)

Die **Marktattraktivität** setzt sich aus all jenen gegenwärtigen und zukünftigen Markt- und Umfeldfaktoren zusammen, aus denen die Zukunftschancen Ihres Unternehmens bzw. des Innovationsvorhabens beurteilt werden können. Es handelt sich um folgende Dimensionen (siehe hierzu Abb. 53).

Die zweite Dimension **„relative Wettbewerbsposition"** setzt sich zusammen aus der Ermittlung der relativen Stärke Ihres Unternehmens im Vergleich zum stärksten Wettbewerber. Hierbei ist es wichtig, die internen Gegebenheiten Ihres Unternehmens wie auch die Erkenntnisse der Wettbewerbsanalyse zu berücksichtigen. Listen Sie dabei nur die relativen Stärken bzw. Wettbewerbsvorteile auf, die als wirklich relevant anzusehen sind.

Kriterien der **Wettbewerbsposition**	Gewichtung: 1 Unbedeutend	2 Schwach	3 Stark	4 Sehr stark	Kurzcharakteristik	Bewertung in Punkten 1 sehr im Nachteil	2 eher im Nachteil	3 werder noch	4 eher im Vorteil	5 sehr im Vorteil	
Geschäftsposition a) Umsatz b) Marktanteil c) Image/qual. Marktposition d) Ertragslage e) Geschäftsverlauf f) Ertragslage			■		a) seit 1988 rückläufig/ca. 20,0 Mio. EURO b) ca.: 0,017 % bezogen auf 1,2 Mrd. EURO c) spontan relativ unbekannt/tradiert/nicht aktuell d) bei Produkt F LH_Geschäft-Erst-Marke gut e) leicht rückläufig/preisaggressiver Wettbewerb f) gut				■		12
Marketing-/ Vertriebsposition a) Produkt b) Sortiment c) Preis/Konditionen d) Vertriebskraft e) Distribution f) Kommunikation				■	a) Produkt F hat Alleinstellung b) viel zu breit (Bauchladen)/zu viele Verpackungsarten und -Größen c) kein System vorhanden/hohe Konditionen d) gering/keineVorteile e) breite Distribution/SBWH- und VM-lastig f) sehr schwach/kein s. o. v. vorhanden				■		16
F+E-Position a) F+E-Aufwand b) Innovationskraft c) Projektmanagement			■		a) kein b) kein c) Methoden- und Systemvorteile für Anbieter „A", „B" und „C"				■		12
Beschaffungs-/ Fertigungsposition a) Beschaffungsmanagement b) Stückkosten c) Prod.-Qualität d) Maschinenpark/ Technologie			■		a) nicht vorhanden b) relativ hoch/hoher manueller Anteil/keine Überkapazitäten c) in der Regel gut/außer ZRS keine verbraucherrelevanten Differenzen d) veraltet/erheblicher Nachholbedarf/bei Diversifizierungen ist Unternehmen kaum konkurrenzfähig/auch nicht im Bereich „X"				■		12
Management-/ Personalposition a) Organisation b) Qualifikation				■	a) Vorteile für starke Wettbewerbsanbieter durch Man-Power, Methoden, Systeme/nicht optimal, kein mittleres Management = kein guter Kommunikationsfluss b) deutliche Auswirkungen/verbesserungsbedürftig			■			12
	17				→ 3,8 ←						64

Abb. 54 Portfolio-Bewertung relative Wettbewerbsposition (Großklaus 2006a)

Die „relative Wettbewerbsposition" setzt sich aus folgenden Faktoren zusammen (siehe Abb. 54).

Da nicht alle Dimensionen und Kriterien für Ihr Unternehmen/Produkt gleich wichtig für die Beurteilung der Zukunftschancen sind, empfiehlt es sich, diese danach zu gewichten, wie stark sie die Marktattraktivität aus Ihrer Sicht beeinflussen:

1 = unbedeutend
2 = schwach
3 = stark
4 = sehr stark.

In einem weiteren Schritt überprüfen Sie, in welchem Ausmaß die jeweiligen Kriterien die Marktattraktivität der jeweiligen Unternehmensleistungen und ihre Zukunftschancen beeinflussen könnten:

1 = nicht attraktiv
2 = wenig attraktiv
3 = attraktiv
4 = sehr attraktiv
5 = äußerst attraktiv.

Die gleiche Vorgehensweise gilt dann auch wieder für die relative Wettbewerbsposition (Zukunftschancen):

1 = sehr im Nachteil
2 = eher im Nachteil
3 = weder im Nachteil noch im Vorteil
4 = eher im Vorteil
5 = sehr im Vorteil.

Bei der Bewertung Ihres Wettbewerbs bzw. der Wettbewerbsprodukte gehen Sie genauso vor.

Die Berechnung des Wertes für die Marktattraktivität ist relativ einfach. Multiplizieren Sie jetzt die Gewichtung mit dem Wert jedes Kriteriums. Anschließend addieren Sie die Punktwerte der einzelnen Kriterien zu einer Gesamtzahl. Danach dividieren Sie die Summe durch die Summe der Gewichte. Die gleiche Vorgehensweise nehmen Sie bei der relativen Wettbewerbsposition vor. Die beiden Ergebnisse zeigen Ihnen, wo Sie nun die Platzierung Ihres Unternehmens/Produkts in der Matrix eintragen. Sie haben jetzt ein Ist-Portfolio vorliegen (siehe Abb. 55), aus dem Sie erkennen, in welcher Situation sich Ihr Unternehmen/Produkt und das Ihres Wettbewerbs befindet.

Aufgrund Ihrer Marktkenntnis, der Stärken und Schwächen Ihres Unternehmens sowie der Risiken und Chancen, die Sie im Markt vorfinden könnten, und mit Hilfe der durchgeführten *Trendanalyse* können Sie nun in die Zukunft planen und ein Ziel-Portfolio mitsamt Ihren Innovationsvorhaben daraus ableiten bzw. entwickeln. Abbildung 56 zeigt Ihnen ein Ist- und Zielportfolio eines bekannten Schokoladenherstellers.

Zur Erläuterung von Abb. 56: Strategieoption

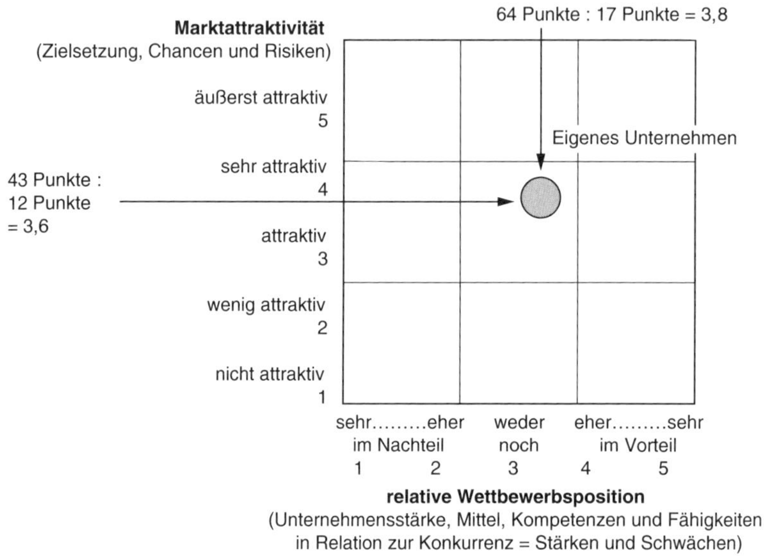

Abb. 55 Ist-Portfolio

Abb. 56 Ist- und Zielportfolio eines bekannten Schokoladenherstellers

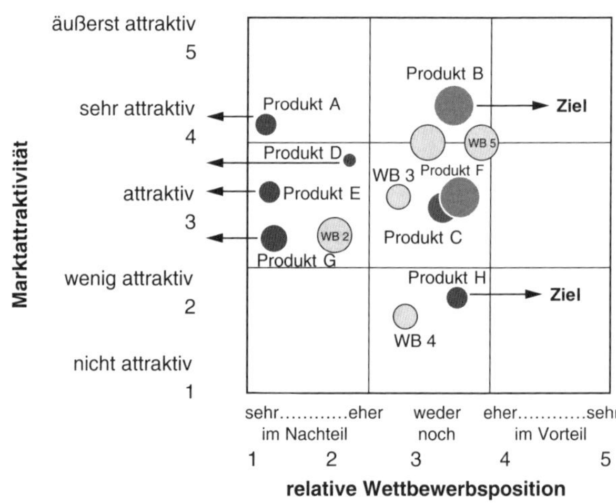

Ziele

- Stabilisierung des C-Absatzes auf 150 Mio. Euro
- Ausbau des B-Absatzes von 45 auf 180 Mio. Euro
- Ausbau des H-Absatzes von 5 auf 80 Mio. Euro
- Aufgabe bei A, D, E und G

Strategie: Präferenzstrategie

- Halten des C-Absatzes (Halten durch gesamtes Marketing-Mix, Dominanz: Promotion)
- Ausbau des B-Absatzes (Forcierung durch gesamtes Marketing-Mix, Dominanz: Media)
- Ausbau des H-Absatzes (Forcierung durch Marketing-Mix, Dominanz: Media)
- Abschöpfung/Rückzug der anderen Bereiche

Maßnahmen

- Differenzierung der bestehenden Produkte B vom Wettbewerb (Produktqualität, Kommunikation)
- Investitionsschwerpunkt ausschließlich bei B (Relaunch, Optimierung und Sicherstellung Produktqualität, Neuproduktentwicklungen)
- Starke Media-Werbung für B und H, starke Promotion für C

Literatur

Aumayr, Klaus J. 2006. *Erfolgreiches Produktmanagement*. Wiesbaden: Gabler Verlag.

Großklaus, Rainer H.G. 2006a. *Positionierung und USP*. Wiesbaden.

Kerth, Klaus, und Pütmann, Ralf. 2005. *Die besten Strategietools in der Praxis*. München, Wien.

Kramer, Friedhelm 1977. *Produktinnovation, Orientierung* Schweizerische Volksbank Nr. 66, 1977.

Porter, Michael E. 1997. *Wettbewerbsstrategie*, 9. Auflage. Frankfurt/Main, New York.

Analyse der Wertschöpfungskette (Interne Analyse von Stärken und Schwächen – Unternehmensressourcen)

6

▸ Der Ansatz der Wertschöpfungskette zeigt auf, welche Wettbewerbsvorteile ein Unternehmen hinsichtlich der Wertaktivitäten hat, die mit der Herstellung und Vermarktung eines Produktes bzw. Dienstleistung benötigt werden.

Analyse der Wertschöpfungskette

Die Planung und Umsetzung der Wertaktivitäten (Einkauf, Produktion, Marketing und Vertrieb, Kundendienst, Service usw.) sind richtungsweisend, ob Ihr Unternehmen im Markt Wettbewerbsvorteile hat, die über die bessere Befriedigung der Kundenbedürfnisse auch bessere Preise und Deckungsbeiträge einspielen. Abbildung 57 stellt ein Grobraster der Wertschöpfungskette nach Porter dar. Sie hilft, die Fakten der Wettbewerbsvorteile zu erkennen und hervorzuheben. Dem Management wird mit diesem Tool deutlich, welche Hebel es betätigen muss, um die Konkurrenzfähigkeit seines Unternehmens zu verbessern.

Die Wertkettenanalyse lässt sich in zwei Gruppen von Aktivitäten unterteilen. Die erste Gruppe besteht aus den Primäraktivitäten, die sich mit der Herstellung, dem Marketing und Vertrieb sowie dem Kundendienst und Service beschäftigen. Die Stützungsaktivitäten stellen dem Unternehmen Produktionsmittel, Arbeitskräfte, Technologien usw. zur Verfügung. Die Wertkettenanalyse zeigt im Bereich der Stützungsaktivitäten schon mögliche interne Wettbewerbsvorteile auf, die die eigene Leistungsstärke dokumentieren können. Im Analysebereich der Primäraktivitäten zeigt sie Möglichkeiten von externen Wettbewerbsvorteilen auf. Sie kann somit auch für die Innovationsplanung eingesetzt werden.

Für die Durchführung einer Wertkettenanalyse benötigen Sie Daten und Fakten über Ihre Wettbewerber, die Sie aus der externen Analyse entnehmen können. Folgende Vorgehensweise empfiehlt sich bei der Durchführung einer Wertkettenanalyse (Kerth und Pütmann 2005):

R. H. G. Großklaus, *Von der Produktidee zum Markterfolg*, DOI 10.1007/978-3-8349-4594-5_6,

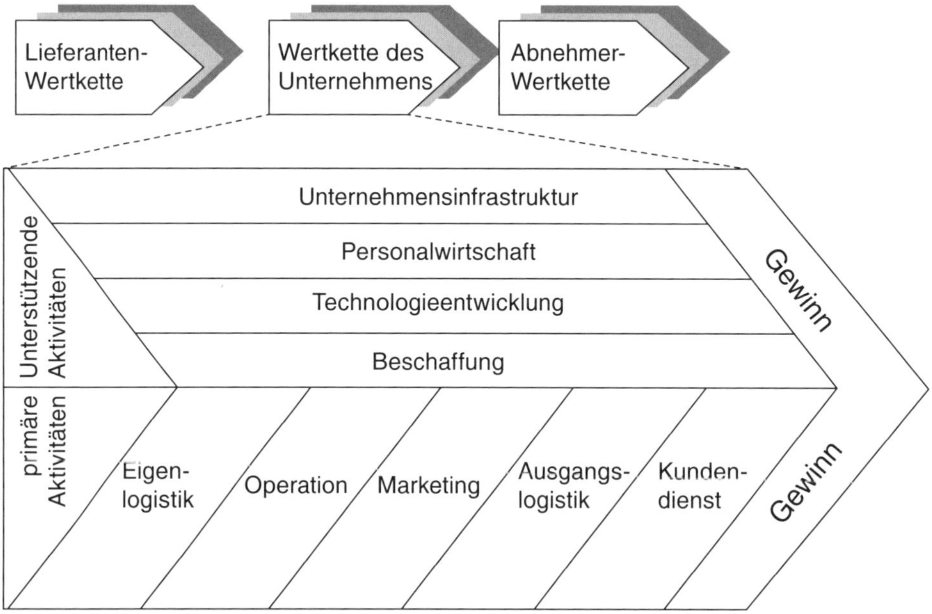

Abb. 57 Porters „Value Chain" (Wertschöpfungskette)

1. Beginnen Sie mit der Darstellung der primären Aktivitäten. Im Anschluss daran widmen Sie sich den sekundären Aktivitäten Ihres Unternehmens. Orientieren Sie sich bei der Bearbeitung der sekundären Aktivitäten an folgender Frage: „Was ist wichtig, um einen reibungslosen Ablauf im Unternehmen zu garantieren"?
2. Überprüfen Sie die einzelnen Kostenpositionen der Wertkettenaktivitäten. Sie spiegeln die Kosten des Produkts wider.
3. Ermitteln Sie die Differenzierungsmöglichkeiten jeder einzelnen Wertkettenaktivität. Jede Differenzierungsmöglichkeit bietet einen möglichen Wettbewerbsvorteil.
4. Analysieren Sie das vorherrschende Technologieniveau. Hier bieten sich insbesondere Möglichkeiten für Innovationsansätze.
5. Filtern Sie die erfolgskritischen Wertkettenaktivitäten heraus. Überprüfen Sie nochmals die Kostenpositionen gemeinsam mit dem Technologieniveau. Die dabei besonders herausragenden erfolgskritischen Wertkettenaktivitäten bieten häufig Wettbewerbsvorteile (Profilierung, Kostenvorteile, technologische Entwicklungsmöglichkeiten).
6. Leiten Sie aus den Ergebnissen einen Maßnahmenkatalog ab, der insbesondere auf die erfolgskritischen Wertkettenaktivitäten abzielt, um die Unternehmensressourcen darauf hin zu fokussieren.

Analyse der Erfolgsfaktoren Nachdem Sie nun die externe und intere Analysearbeit abgeschlossen haben, beginnen Sie mit der Analyse und dem Finden der wichtigsten Erfolgsfaktoren und -mechaniken Ihrer Branche. Hier geht es um die wichtigsten Codierungen des

Erfolgsfaktoren und -mechaniken im Markt und Wettbewerbsumfeld

- Technologie und Service
- Preisniveau
- Markenbekanntheit/Kompetenz/Sympathie
- Wettbewerbsdifferenzierung
- Intensive Kundenorientierung

Stärken | Schwächen bzgl. dieser Erfolgsfaktoren und -mechaniken

Stärken:

- Image
- Bekanntheitsgrad
- Kompetenz
- Markenbekanntheit
- Sympathie
- Preisniveau

Schwächen:

- Service
- Kundenorientierung
- Deckungsbeitragsrechnung
- Wettbewerbsdifferenzierung
- keine Kommunikation

Zukünftige Chancen | Zukünftige Risiken im Markt und Wettbewerbsumfeld

Zukünftige Chancen:

- Kundenorientierungskonzept einführen
- Kundenindividuelle Maßnahmen
- DB-Rechnung einführen
- Markenkompetenz dokumentieren
- Flexible und kundenindividuelle Fachberatung = betriebswirtschaftliche Beratung
- Neubelebung Stahlbaugeschäft
- Angedachtes Umweltkonzept durchsetzen
- Hervorragende Technologie

Zukünftige Risiken:

- Nicht ausreichender Kommunikationsauftritt
- zu geringe Kundenorientierung
- Fehlende Servicequalität
- nicht immer gegebene Zuverlässigkeit bzgl. Anlieferungstermine
- Fehlende Markttransparenz zur Steuerung der Unternehmensaktivitäten

Unsere derzeitigen strategischen Erfolgspotenziale

- Bekanntheitsgrad und Image
- Kompetenz
- Flexibilität
- Technologie

Abb. 58 Erfolgsfaktoren und -mechaniken und zukünftige Chancen und Risiken

Marktes bzw. Marktsegmentes. Prüfen Sie, wo die Stärken und Schwächen Ihres Unternehmens liegen, und stellen Sie diese den Erfolgsfaktoren und -mechaniken gegenüber. Jetzt leiten Sie aus den gewonnenen Erkenntnissen mögliche und zukünftige Chancen ab, die Ihr Unternehmen mit seinen Stärken nutzen sollte. Machen Sie sich auch über mögliche Risiken, die Ihrem Unternehmen im Markt begegnen können, ein genaues Bild, damit Sie auf möglichst viele Situationen, die eintreffen könnten, gut vorbereitet sind. Siehe hierzu die Abb. 58, die Ihnen Hilfestellung leistet.

Literatur

Kerth, Klaus, und Ralf Pütmann. 2005. *Die besten Strategietools in der Praxis*. München, Wien.

7 Gestaltung einer funktionierenden, innovativen Organisation

> Innovationsprojekte müssen optimal organisiert werden, um eine Beschleunigung und Effizienzverbesserung in der Produktentwicklung und Markteinführung zu erreichen. In vielen deutschen Unternehmen werden Innovationen jedoch schwach gemanagt. In diesem Kapitel erfahren Sie, wie eine funktionierende, innovative Organisation gestaltet sein sollte.

Managen des Innovationsprozesses

Den Managern vieler Unternehmen fehlt es häufig an Mut, sich mit echten innovativen Projekten zu beschäftigen, die stark in die Zukunft zielen. Das Risiko, einen Flop zu landen, ist ihnen zu groß, das schadet letztlich auch ihrer Karriere.

Die Innovationsbereitschaft ist da, allein es fehlt an Durchsetzungsvermögen in den Unternehmen. Innovationen sind gut und es wird darüber viel nachgedacht und geredet, nur ändern soll sich am besten nichts. In den Unternehmen ist noch heute festzustellen, dass Innovationen nach historisch gewachsenen Hierarchien geplant und eingeführt werden. Sehr häufig bilden die Fachbereiche selbstständige Einheiten im Unternehmen. Das führt zu isolierten Tätigkeiten und hat Schwerfälligkeit und somit nur unzureichend integriertes Vorgehen zur Folge.

Was den Unternehmen fehlt, ist der Mut, sich mit der Zukunft zu beschäftigen, sich mit Innovationen vertraut zu machen, anstatt in jeder neuen Innovationsidee immer nur Risiken zu sehen. Um langfristige Erfolge in den Unternehmen zu sichern, muss ein Umfeld geschaffen werden, in dem innovative Prozesse erfolgreich gemanagt werden können. Ein Prozess, der formelle und informelle Abläufe akzeptierbar und leicht und verständlich umsetzbar macht.

R. H. G. Großklaus, *Von der Produktidee zum Markterfolg*, DOI 10.1007/978-3-8349-4594-5_7,

Der Innovationsausschuss (Wilkes 2001 und Arthur D. Little International 1988, S. 78 f.)

Erfolgreiche Innovationsprozesse und die Verwirklichung einer innovativen Idee setzen nicht allein die Fähigkeit voraus, Probleme kreativ zu lösen und revolutionäre Ideen zu finden, sondern auch die Fähigkeit, einen gefundenen Lösungsansatz sowohl im Unternehmen als auch im Markt zu kommunizieren und ihm zur Akzeptanz zu verhelfen.

Häufig ist es schwieriger, eine Innovation im Unternehmen „einzuführen", als sie in den Markt einzuführen. In der Praxis zeigt sich immer wieder, dass nicht der Sachkonflikt, sondern vielmehr die Konflikte im zwischenmenschlichen Bereich die größte Hemmschwelle für Innovationen sind. Die Fähigkeit, innovative Ideen im Unternehmen zu entwickeln und durchzusetzen, ist somit nicht nur abhängig vom Ideenreichtum einer kreativen Gruppe. Genauso wichtig ist es deshalb für Sie auch, Methoden und Techniken zu beherrschen, mit denen Sie Widerständen und Konflikten begegnen, sie produktiv austragen können und Beteiligte motivieren, die innovative Idee mitzutragen und durchzusetzen. Diese Techniken, die helfen, emotionale Widerstände gegen Innovationen zu überwinden, werden in den Unternehmen sehr häufig unterschätzt. Die Folge sind Innovationsflops.

Wie können Sie den Innovationsprozess über ein modernes Produktmanagement organisatorisch in den Griff bekommen? Die Aufgaben der Produktmanager von heute bestehen nicht selten darin, Innovationen zu schaffen, sie einzuführen und sie im Markt neben vielen anderen Produkten zu betreuen. In der Praxis besitzen die Produktmanager herkömmlicher Art jedoch für die Entwicklung und Einführung einer Neuproduktidee kaum die Kompetenzen, die dafür notwendig sind. Meistens haben sie als Stabstelleninhaber die Möglichkeit, den Kommunikationsfluss zwischen Linien- und Stabsfunktion kraft ihrer Persönlichkeit und Argumentation zu führen und zu steuern. Doch gerade beim Aufspüren und Einführen einer Innovation werden ineinander greifende Entscheidungen getroffen, die entsprechend umgesetzt werden müssen. Eine entscheidende Wende brachte die Matrix-Organisation. Ihr ist es zu verdanken, dass horizontale Verknüpfungen mit dem vertikalen Liniensystem möglich wurden. Werden horizontale Belange vom Marketing – repräsentiert durch das Produktmanagement – wahrgenommen und gesteuert, dann kann man auch die Marketinggrundhaltung als unternehmerisch eingebettet betrachten. Die Marketingabteilung tritt als Korrespondent des Konsumenten und Kunden auf und kann gewonnene Erkenntnisse produktbezogen an die beteiligten Linienfunktionen der Fachbereiche weitergeben. Dabei bleibt allerdings die Weisungsbefugnis als praktische Durchsetzungskraft noch umstritten.

Praxistipp

Der Produktmanager zur Schaffung und Einführung von Innovationen ist die ideale Lösung. Muss er allerdings diese Aufgabe allein vertreten, so wird sie sicherlich von ihm nur schleppend wahrgenommen. Hilfe kann ein Innovationsausschuss bieten.

Zielsetzung:
Unkontrollierten in einen kontrollierten Planungs- und Steuerungsprozess überführen.
Sicherung der wirtschaftlichen Kontinuität.
Die Zusammensetzung aller Leiter der Funktionsbereiche bildet den Innovationsausschuss.

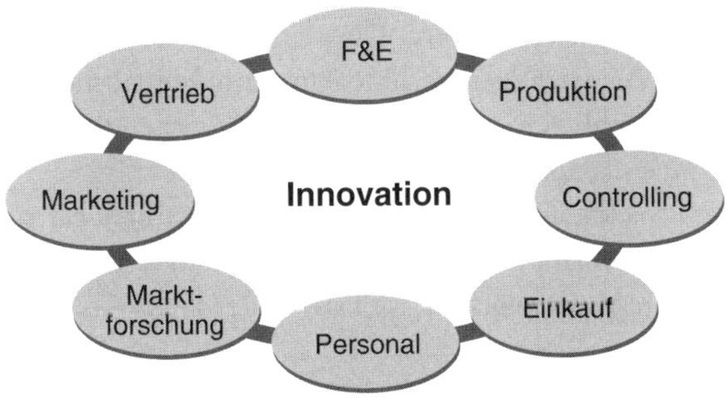

Funktionsleiter:
Erhöhung der Identifikation.
Übergeordnetes Bereichs- und Fachwissen sofort einsetzbar.

Abb. 59 Innovationsausschuss (In Anlehnung an Wilkes 2001)

Installieren Sie einen Innovationsausschuss (Abb. 59)! Er stellt im Unternehmen den Ideen-Anwalt und zugleich den Ideen-Makler dar. Ein abteilungsübergreifend arbeitender Innovationsausschuss ist für die Durchsetzung von Innovationen unentbehrlich und hat sich in der Praxis auch bestens bewährt. Gibt es einen Innovationsausschuss, bleiben innovationspolitische Entscheidungen keine Einzelmaßnahmen, denn wichtige Funktionsträger des Unternehmens werden zu Entscheidungsträgern. Der Innovationsausschuss trägt die Verantwortung für das Innovationsvorhaben und muss durch gemeinsam gefällte Entscheidungen den wirtschaftlichen Erfolg des Innovationsprojekts und des Unternehmens sicherstellen. Durch ihn wird ein bisher unkontrollierter Innovationsplanungs- und Markteinführungsprozess in einen kontrollierten Planungsprozess umgewandelt.

Den Innovationsausschuss bilden Führungskräfte der einzelnen Fachbereiche. Dadurch wird ein hohes Maß an Identifizierung mit der Aufgabenstellung erreicht. Bestens bewährt hat sich der Innovationsausschuss in folgender Besetzung:

- Geschäftsleitung/Vorstand
- Leiter der Fachbereiche:
  - Marketing
  - Forschung & Entwicklung
  - Produktion
  - Technik
  - Einkauf
  - Finanzen
  - Recht
  - Verwaltung
  - Personalwesen

- und der Projektleiter, der für die Innovation zuständig ist. Er wird vom Innovationsausschuss zum Projektleiter berufen.

Die Zusammensetzung des Innovationsausschusses gewährleistet, dass übergeordnetes Bereichs- und damit Fachwissen sofort einsetzbar wird. Die Teilnehmer des Innovationsausschusses sind „Pflichtmitglieder". Bei wichtiger Verhinderung zur Teilnahme an einer Innovationsausschusssitzung sind tatsächliche Stellvertreter mit entsprechender Entscheidungskompetenz und -vollmacht zu entsenden.

Zweckmäßigerweise sollte der Projektleiter auch der spätere Produktmanager für die Innovation sein. Seine tragende Verantwortung liegt in der Einhaltung des methodischen Konzepts der gesamten Planung. Seine Verantwortung umfasst weiter die:

- Vertretung der Marketingphilosophie in Bezug auf die Innovation
- Berichterstattung im Innovationsausschuss
- Vorgabe des Zeitrahmens
- Bearbeitung des gesamten Marketingbereichs (Analysen mit Rückkoppelung in die Planungsphasen, Erstellung von Prognosen, Erarbeiten eines Marketing-, Termin- und Kostenplans).
- Vorschlagspflicht für externe Mitarbeiter (Agentur, Institute usw.)
- Durchführungsüberprüfung innerhalb verschiedener Planungsphasen.

Die Aufgaben des Innovationsausschusses umfassen:

- Vertretung der Funktionsbereichsinteressen
- Einleitung oder Abbruch von Planungsmaßnahmen des Innovationsvorhabens
- Einleitung/Genehmigung von Kurskorrekturen
- Ernennung des Projektleiters
- Planungsmaßnahmen:
  - Innovationsplanung nach Prioritäten
  - Genehmigung der Ressourcen
  - Kontrolle (periodischer Soll-Ist-Vergleich der Planungsstufen).

Zentrale Fragen an den Innovationsausschuss hinsichtlich der Entwicklung einer Innovation sind z. B.:

- Welche Eigenschaften sollte eine Erfolg versprechende Innovation haben?
- Welche unterschiedlichen Marktsegmente existieren, die unterschiedliche Anforderungen an die Innovation stellen?
- Welchen Nutzen stiften die einzelnen Eigenschaften unserer Innovation aus Sicht der Nachfrager?
- Durch welche Eigenschaften ist eine spätere Differenzierung möglich?
- Welche Preisbereitschaft haben Nachfrager mit Blick auf einzelne Eigenschaften unserer Innovation?

Der Vorsitz des Innovationsausschusses bleibt dem Marketingverantwortlichen (Marketing-Direktor/Marketingvorstand) des Unternehmens überlassen, weil die Innovationsplanung vom Markt und vom Marketingdenken gesteuert wird. Er ist der bereichsspezifische Koordinator der Innovationsprojekte. Die bestellten Projektleiter sind zugleich dem Marketingverantwortlichen fachlich und disziplinarisch unterstellt. Die Sitzungen des Innovationsausschusses erfolgen periodisch (einmal im Monat). Über den Sitzungsverlauf wird ein Protokoll vom zuständigen Projektleiter angefertigt, das alle Beteiligten innerhalb von zwei Tagen nach der Sitzung erhalten. Bei eventuell aufkommenden Unstimmigkeiten zwischen den Fachbereichen entscheidet der CEO bzw. Vorstand oder Geschäftsführer.

Der Ideencampus

Der Ideencampus (Wilkes 2001) ist ein institutionalisierter Ideenausschuss sowie eine Ideenfindungs- und Ideenanlaufstelle. Er hat die vorrangige Aufgabe, Ideen zu kanalisieren. Hier werden Ideen „geboren", angenommen, gesammelt, selektiert, bewertet, dokumentiert, weiterverfolgt und gegebenenfalls konkretisiert. Er entwickelt Problemlösungen zu vorgegebenen Fragen. Abbildung 60 verdeutlicht die Zusammensetzung, Zielsetzung und die Arbeit des Ideencampus.

Im Ideencampus sind die Mitarbeiter der Funktionsbereiche Marketing, Forschung und Entwicklung, Produktion, Technik, Finanzen und Einkauf vertreten. Die dominierende Abteilung ist hier wieder das Marketing. Sie stellt auch den Leiter (Marketingleiter) dieser Institution aus den vorher schon genannten Gründen. Der Marketingleiter berichtet über die Aktivitäten viertel- bzw. halbjährlich im Innovationsausschuss.

Die Institution Ideencampus wird fallweise vom Vorsitzenden zusammengerufen. Er lädt die vorgesehenen Personen circa eine Woche vorher für diese Sitzung ein und formuliert die Problemstellung. Die Sitzung dauert etwa eine bis eineinhalb Stunden. Die Ideen werden mittels verschiedener Kreativitäts-Techniken (Brainstorming, Methode 6.3.5., Morphologischer Kasten usw.) produziert. Anschließend werden die Ideen einer ersten Grobauswertung unterworfen. Der Marketingleiter überprüft seinerseits, ob sich die Ideen mit den Unternehmens- und Marketingzielen decken. Wird ein positives Ergebnis erzielt, werden die entsprechenden Ideen konkretisiert. Der Marketingleiter berichtet über die Aktivitäten des Ideencampus innerhalb des Innovationsausschusses.

Die Kreativitätstechniken und die Bewertungs- und Auswahlmethoden von Ideen werden in den folgenden Kapiteln beschrieben.

Innovationsideen fallen einem nicht so einfach zu. Sie kommen von den Mitarbeitern und dem Markt (Kunden, Konsumenten, Lieferanten), und sie müssen darüber hinaus gezielt gesucht werden. Ein bekannter Markenartikler, der im B2C- und B2B-Geschäft weltweit tätig ist, nutzt alle Möglichkeiten zur Ideengenerierung, sowohl intern als auch extern (Abb. 61).

Die Institution „Ideencampus" ist die ideale Ideenanlaufstelle, damit die wertvollen Innovationsideen im Unternehmen nicht, wie es häufig der Fall ist, sang- und klanglos in

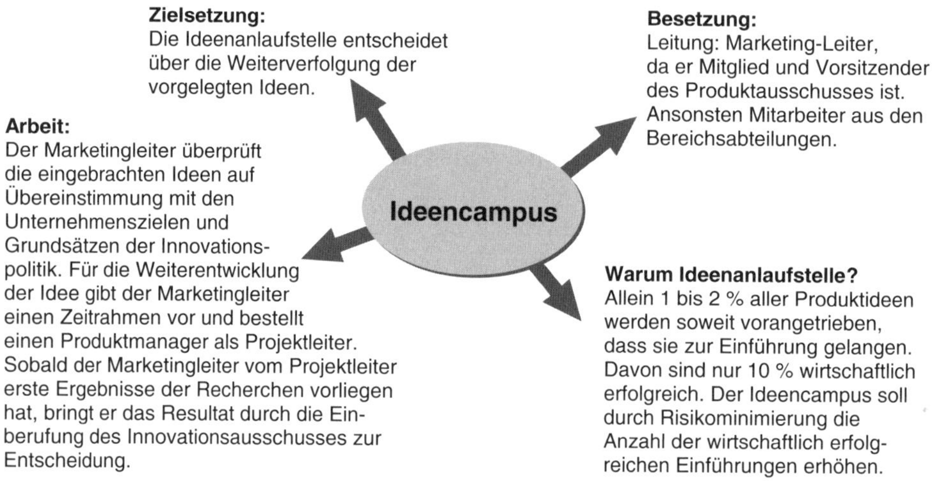

Abb. 60 Ideencampus (In Anlehnung an Wilkes 2001)

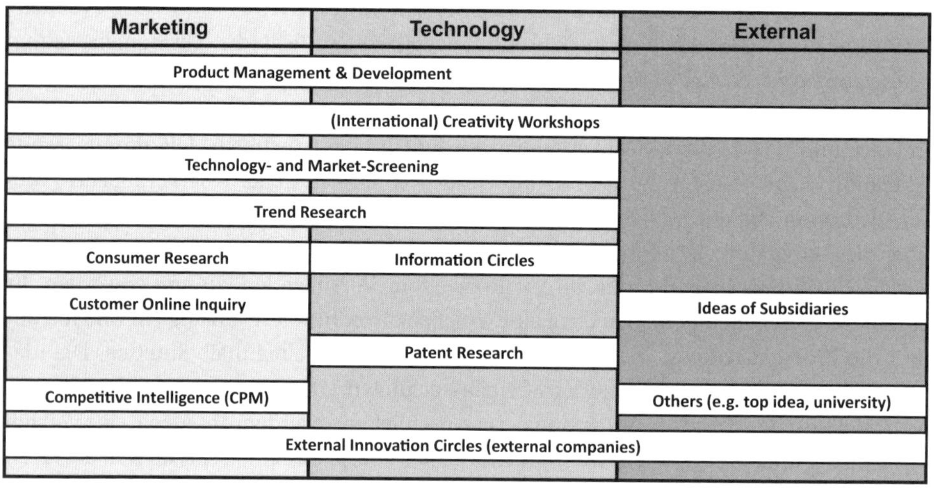

Abb. 61 Ideengenerierung aus allen möglichen Bereichen

irgendwelchen Schubladen der Fachabteilungen verschwinden. Abbildung 62 zeigt, wie das Zusammenspiel zwischen Ideencampus und Innovationsausschuss funktioniert.

Praxistipp

Für Ihren Planungs- und Steuerungsprozess von Innovationsvorhaben eignet sich der Innovationsausschuss. Er setzt sich aus den Führungskräften zusammen, die den verschiedenen Fachbereichen angehören. Der Innovationsausschuss überführt einen sonst unkontrollierten Prozess in einen kontrollierten und sichert den wirtschaftlichen Er-

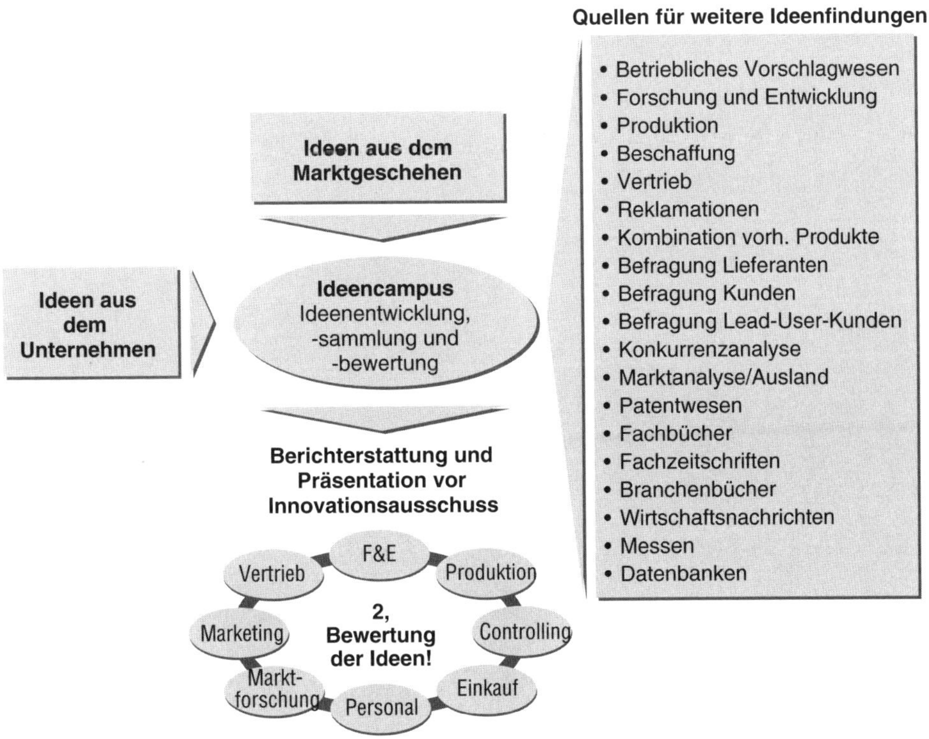

Abb. 62 Das Zusammenspiel zwischen Ideencampus und Innovationsausschuss (In Anlehnung an Wilkes 2001)

folg des Unternehmens. Jede einzelne Innovation wird von einem Projektleiter betreut. Soweit es die Kapazität der Produktmanager erlaubt, sollte der Projektmanager ein Produktmanager sein. Der Projektleiter verantwortet die Einhaltung des methodischen Konzepts bei der Innovationsplanung. Er vertritt als Marketingspezialist insbesondere die Marktsituation.

Der Ideencampus ist ein institutionalisierter Ideenausschuss sowie eine Ideenfindungs- und Ideenanlaufstelle. Er hat die vorrangige Aufgabe, Ideen zu kanalisieren. Mit der Installierung eines Innovationsausschusses in Verbindung mit dem Ideencampus können Sie die Zeiten für die Innovationsentwicklung und Markteinführung merklich reduzieren. Gleichzeitig unterliegen diese Arbeiten einer ständigen zielorientierten Kontrolle.

Literatur

Arthur D. Little International 1988. *Innovation als Führungsaufgabe*. Frankfurt.

Wilkes, Malte W. 2001. *Die Innovationsspirale*. Landsberg am Lech.

Techniken zur Ideengenerierung (marktorientierte Ansätze)

8

> Wie können Sie systematisch nach der richtigen Innovationsidee suchen? Dazu mehr in diesem Kapitel.

Erschließen interessanter Suchfelder

Damit eine systematische Innovationssuche erfolgreich vorangetrieben werden kann, muss zuerst einmal der Rahmen abgestimmt werden, in dem Sie sich betätigen möchten bzw. Ihre Innovation platzieren wollen.

Voraussetzung dafür ist jedoch, dass Sie auf alle wichtigen Erkenntnisse zurückgreifen können, wie z. B. auf die:

- Unternehmensziele,
- diversen Analyse und Diagnoseergebnisse,
- Kundenanalyse,
- SWOT-Analyse,
- Portfolio-Analyse,
- ermittelten Erfolgs- und Misserfolgsfaktoren und -mechaniken für Innovationen,
- Grundsätze/Rahmenziele der Innovations- und Marktpolitik.

Grundsätze bzw. Rahmenziele der Innovations- und Marktpolitik eines Unternehmens können z. B. sein:

- Mindestumsatzgröße,
- Langfristige Rentabilität,
- Erfahrung und Wissen der Mitarbeiter,
- Umweltfreundliche Produkte,
- Vertriebskraft,

R. H. G. Großklaus, *Von der Produktidee zum Markterfolg*, DOI 10.1007/978-3-8349-4594-5_8,

Risiko →

	Intensivierung	Arrondierung		Diversifikation
Produkte/ Kundengruppen Märkte/Branchen	**Stammgeschäft** Bestehendes Programm bestehende Kunden	Neue Kundengruppen (neue Anwendungen) für bestehende Produkte	Neue Produkte für bestehende Kundengruppen **Produktinnovationen**	Neue Produkte für neue Märkte und Kundengruppen
Heimatmarkt **Schaltanlagen**	• Kundenausbau • Service verbessern	2 neue Features für A-Kunden	——	——
Heimatmarkt **Maschinenbau**	• Kundenausbau • Service verbessern • Zielkostenkalkulation	——	derzeitige Generation otimieren	völlig neue Generation aufbauen
Heimatmarkt **Transformatoren**	• Service verbessern • Ersatzteilgesch. verb.	——	——	——
Angrenzende neue Branche **Elektronik**				Risikoarm in den **Markt eintreten,** Innovationssuche
Angrenzende neue Branche **Kunststoff**				Risikoarm in den **Markt eintreten,** Innovationssuche
Neue Branche **Chemie**				**Abwarten!**
Neue Branche **Pumpen**				**Abwarten!**

Risiko ↓

Abb. 63 Grundsätze für die Markt- und Produktpolitik festlegen und mit dem Unternehmenszweck konsolidieren (In Anlehnung an Grosche und Bothe 1985)

- Nutzung des vorhandenen Vertriebssystems,
- Vermeidung von hohen Anlagekapazitäten,
- Nutzung vorhandener Anlagen,
- Exportumsatzanteil,
- Beherrschung der Technologie,
- Innovativer Vorsprung,
- Möglichkeit der Serienfertigung usw.

Abbildung 63 zeigt beispielhaft die festgelegten Grundsätze und Rahmenziele, die mit den Unternehmenszielen konsolidiert werden. Hier wird schon einmal deutlich, welche Suchfelder für die Zukunft interessant sein können.

Erst diese Erkenntnisse ermöglichen Ihnen die Orientierungsrichtung, um zukunftsträchtige Suchfelder zu orten, um aussichtsreiche Aktionsfelder für die Innovationssuche festzulegen. Dies gilt auch dann, wenn Sie z. B. von Ihren Kunden Innovationsideen zugespielt bekommen. Auch hier müssen Sie trotz alledem und gerade deswegen auf die erwähnten Erkenntnisse zurückgreifen, um sicher sein zu können, dass die zugespielte

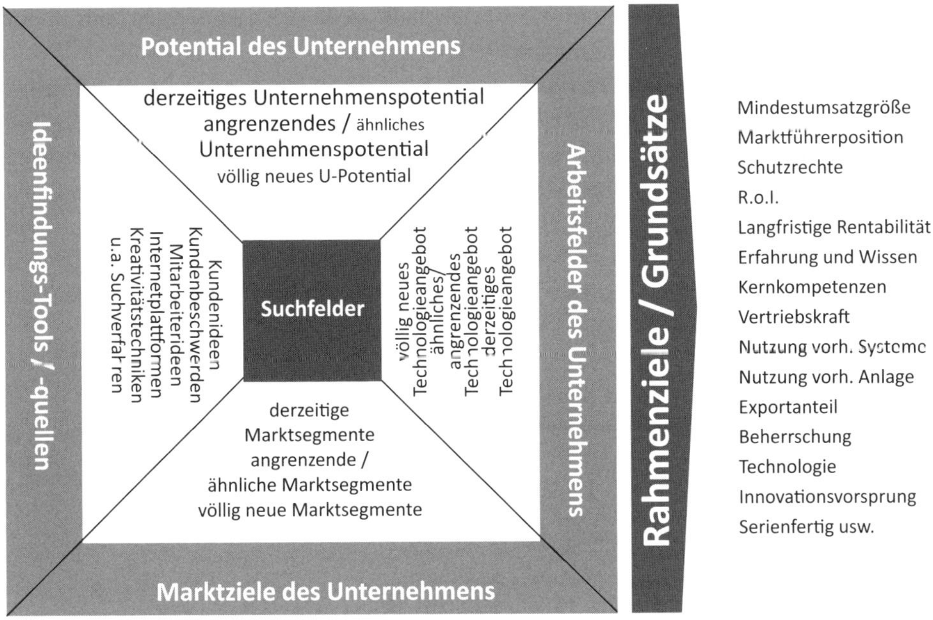

Abb. 64 Erschließung neuer Suchfelder entsprechend der Rahmenbedingungen und Grundsätze des Unternehmens (In Anlehnung an Kramer 1977)

Kundenidee und das entsprechende Aktionsfeld (Betätigungsfeld/Marktsegment) für Ihr Unternehmen aussichtsreich und zukunftsträchtig sind und kompetenzmäßig zu Ihrem Unternehmen passen. Abbildung 64 macht deutlich, von welchen Faktoren die Suchfeldrichtungen für das Unternehmen abhängig sind.

Ressourcen wie Finanzen, Personal, Technik, Know-how und Maschinen sollen von einem Unternehmen eingesetzt werden, um sie wirkungsvoll nutzen zu können. Ein weiterer Bereich ist der Markt bzw. sind die Marktsegmente, in denen das Unternehmen tätig ist bzw. tätig werden möchte, um die geplanten Ziele zu realisieren. Die Arbeitsfelder, auf denen das Unternehmen mit dem geforderten Technologieangebot den Markt begeistern will, sind ebenso wichtig. Ein weiterer wichtiger Punkt sind die Kunden- und Mitarbeiterideen sowie der aktive Einsatz von Internetplattformen (Toolkits, Ideenwettbewerbe, Communities, Lead-User-Kunden und -konsumenten) und nicht zuletzt die vielen praxiserprobten Kreativitätstechniken, die zur Ideengewinnung ebenfalls mit herangezogen werden. Mit der Abb. 64 wird deutlich, dass es viele Möglichkeiten für Suchrichtungen gibt.

Bei der Festlegung der Suchfelder sollten Sie darauf achten, möglichst konsumtive und/oder produktive Felder zu suchen, die für das Unternehmen von strategischer Bedeutung sind. Suchfelder, die sich letztlich auch in der Unternehmensstrategie und in den vorgegebenen Grundsätzen (Rahmenbedingungen) sowie der Kernkompetenzen und der Innovations- und Marktpolitik widerspiegeln. Denn: Jedes Innovationssystem sollte sich in den Kernkompetenzen des Unternehmens widerspiegeln und letztlich auch in die Unternehmensstrategie integriert sein. Sie ist der übergeordnete Orientierungsrahmen für die Innovationspolitik eines Unternehmens.

Die Grundsätze für die Innovations- und Marktpolitik sind als übergeordnete, zwingend einzuhaltende Fakten zu betrachten. Sie werden bei der Innovationsentwicklung und -planung unter Berücksichtigung aller anderen Marktinformationen mit herangezogen. Die Innovationspolitik eines Unternehmens wird durch die festgelegten Grundsätze und Rahmenbedingungen für die Innovations- und Marktpolitik besonders beeinflusst. Von daher muss die Formulierung und Festlegung der Grundsätze und Rahmenbedingungen mit viel Fingerspitzengefühl vollzogen werden. Solche Grundsätze für die Innovations- und Marktpolitik können beispielsweise lauten:

- Innovationen, die schnell zur Marktführerposition heranwachsen,
- Innovationen, die hohe Preise und hohe Deckungsbeiträge zulassen,
- Innovationen mit hohem Know-how-Anteil in Sachen Schutzrechten, Fertigungstechnik, Montagetechnik, Entwicklungstechnik usw.,
- Innovationen mit einem hohen Qualitätsstandard und einem hohen Gebrauchs-/Konsumwert,
- Innovationen mit einem hohen Nachfragepotenzial,
- Innovationen für Wachstumsmärkte,
- Innovationen mit geringer Substitutionsgefährdung,
- Innovationen, die mit den vorhandenen Fertigungsmöglichkeiten hergestellt werden können,
- Innovationen, die das investierte Kapital schnell zurückverdienen usw.

Der Innovationsausschuss kann aus der Unternehmensstrategie und den Grundsätzen für die Innovations- und Marktpolitik (Rahmenbedingungen) sogenannte „Missions“ als komprimierte Aussagen für die Suchfeldrichtung ableiten, um für alle Beteiligten deutlicher zu machen, wo die Reise hingehen soll. Solche „Missions“ können lauten:

- Wir entwickeln innovative Systeme und Prozesse für unsere elektronisch gesteuerten Maschinen und sorgen so stets für sauberes Wasser und saubere Luft.
- Wir verstehen uns als Innovationsführer im Automarkt und sorgen mit innovativen Motoren für eine saubere Umwelt.
- Unsere Kompetenz liegt in der Entwicklung elektronischer Geräte für den Haushaltsbereich.
- Wir verstehen uns als Innovations- und Marktführer im fruchthaltigen Getränkemarkt und entwickeln Produkte mit höchstem Genuss, bester Qualität und nachweislich gesunder Zutaten.

Sowohl die Grundsätze/Rahmenziele der Innovations- und Marktpolitik des Unternehmens als auch die formulierten und anschließend positiv bewerteten „Missions“ können dann die Grundlage für die Entwicklung einer Suchfeldmatrix bilden (siehe Abb. 65).

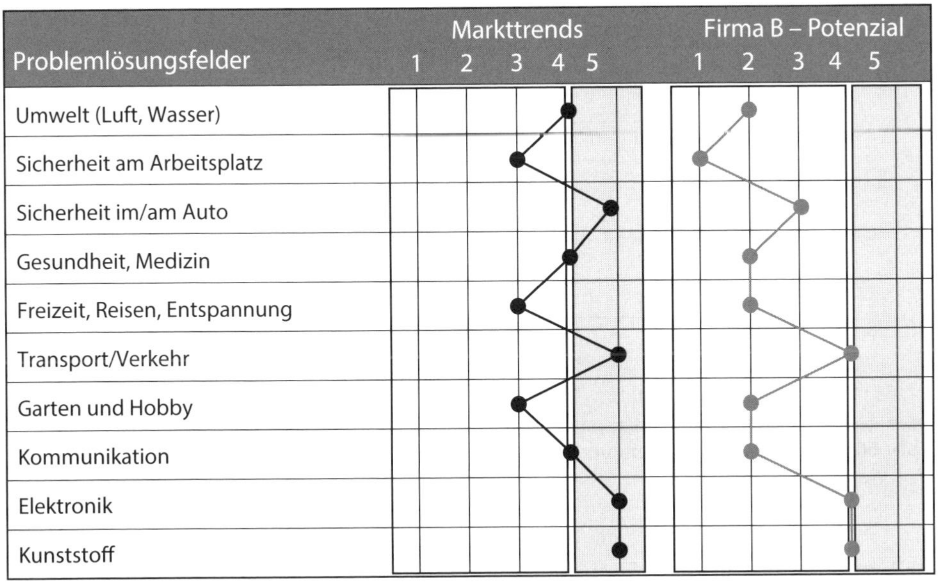

Abb. 65 Beispiel einer Innovationsfeldmatrix

Die Matrix wird unter Berücksichtigung der vorhandenen Unternehmensressourcen und -kernkompetenzen (Technik, Know-how, Personal …) sowie zukunftsträchtiger Problemlösungsfelder (Umwelt – Luft, Wasser, Sicherheit am Arbeitsplatz usw.) entwickelt.

Die Zukunftschancen und Markttrends dieser Problemlösungsfelder sowie die Potenziale des Unternehmens (Kernkompetenzen) werden von den Mitgliedern des Ideencampus bewertet und anschließend mit dem Innovationsausschuss diskutiert und abgestimmt. In der Abb. 65 sind vier Bereiche als sehr interessant einzustufen:

- Sicherheit im/am Auto,
- Transport/Verkehr,
- Elektronik,
- Kunststoff.

Die Potenziale (Kernkompetenzen) des Unternehmens liegen in den Bereichen:

- Elektronik,
- Kunststoff.

Diese wichtige Bewertungsarbeit wird vom Ideencampus durchgeführt. Die daraus resultierenden Ergebnisse werden dem Innovationsausschuss in einer Präsentation durch den Ideencampus vorgestellt und mit ihm diskutiert und abgestimmt. Diese Vorgehensweise hat den Vorteil, dass es nicht zu einer einseitigen Entscheidung der Bewertung durch

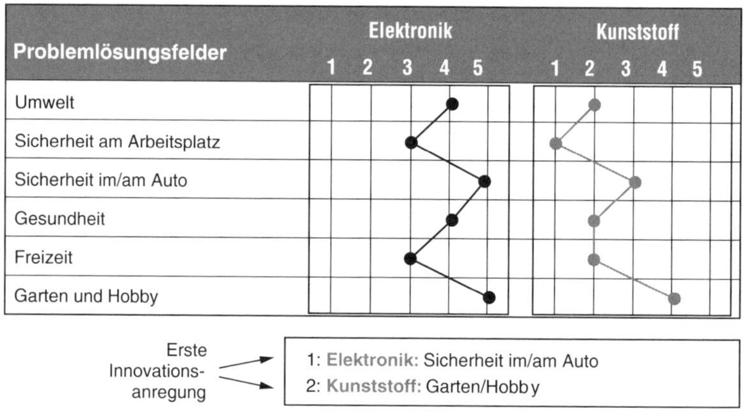

Abb. 66 Beispiel für die Gegenüberstellung von Kernkompetenzen mit zukunftsträchtigen Problemlösungsfeldern

die Institution Ideencampus kommt. Die letzte Instanz, der Innovationsausschuss, wertet unter Berücksichtigung der Unternehmens- und Rahmenziele sowie der Ressortziele mit. Damit wird gewährleistet, dass die Bewertung auf einer breiten und hoch kompetenten Basis (geballtes Wissen an einem Tisch) durchgeführt wird und somit im Unternehmen auf große Akzeptanz stößt.

In einem weiteren Schritt wird dann eine zweite Matrix von der Institution Ideencampus in Abstimmung mit dem Innovationsausschuss erstellt, in der die Kernkompetenzen „Elektronik" und „Kunststoff" den interessantesten Problemlösungsfeldern gegenübergestellt und bewertet werden. Bei dieser Bewertung sollten gleich erste Innovationsideen bzw. -anregungen entwickelt werden. Erste Ideenanregungen sind die Kombinationen „Elektronik" und „Sicherheit im/am Auto" sowie „Kunststoff" und „Garten/Hobby". Abbildung 66 verdeutlicht dies.

Mit dieser Vorgehensweise können Sie sicherstellen, dass die Potenziale (Kernkompetenzen) Ihres Unternehmens unter Berücksichtigung zukunftsträchtiger Problemlösungsfelder „getroffen" werden.

Im Anschluss hieran sind die spontan gefundenen Ideenansätze mit Kreativitätstechniken zu bearbeiten, um sie konkreter machen zu können.

Ein weiteres interessantes Tool für die Festlegung der Suchfelder ist eine Auswahlliste relevanter Faktoren, die Sie selbst entwickeln können. Abbildung 67 dient Ihnen als Leitfaden.

Innovationsidee/Problemlösung/Anforderungen/potenzielle Kaufmotive:

Faktoren des Leistungsprogramms	Verfolgen	Nicht verfolgen	Bemerkungen
Was soll die Innovation tun? – Transportieren – Teilen – Verbinden – Zählen – Stoppen – Verlangsamen …			
Mit welcher Technik soll die Innovation ausgestattet sein? – Optik – Mechanik – Elektronik – Hydraulik – EDV – Laser-Technik – Wasserdruck …			
Wie soll die Innovation gestaltet sein? – Ergonomie – Lebensdauer – Design – Platzbedarf – Standort …			
Aus welchem Stoff soll die Innovation hergestellt werden? – Stahl – Kunststoff – Eisen – Zink – Kupfer – Gas – Flüssigkeit …			
Mit welchem Verfahren soll die Innovation arbeiten? – Walzen – Kleben – Verflüssigen – Schrumpfen – Verklumpen – Verdampfen – Verpulvern …			

Faktoren des Leistungsprogramms	Verfolgen	Nicht verfolgen	Bemerkungen
Für welche Branchen/Abnehmer soll die Innovation gefertigt werden? – Schiffsverkehr – Haushalte – Kraftfahrzeuge – Flugverkehr – Bundeswehr – Bau ...			
Marketing-Mix-Faktoren			
Preis/Konditionen/Deckungsbeitrag – Hohes Preisniveau – Niedriges Preisniveau – Mittleres Preisniveau – Hoher Stückdeckungsbeitrag – Hohes Deckungsbeitragsvolumen – Niedrige Konditionen – Nur Naturalrabatt ...			
Distribution/Absatzwege – Über eigenen Außendienst – Über Leasing-Außendienst – Über Spedition – Über eigenes Lager – Über Handel – Niedrige Konditionen – Über Niederlassung			
Verkauf/Vertrieb – Exklusivkunden – Großabnehmer – Kleine Unternehmen – Internetverkauf – Telefonverkauf – Niedrige Konditionen – Regionaler Verkauf ...			
Kommunikation – Direktansprache – TV-Werbung – Funkwerbung – Direct-Mail-Aktion – E-Mail – SMS – Internet-Werbung – Verkaufsaktionen direkt am Verkaufsort – Internet-Verkaufsförderungs aktionen			
Weitere Bemerkungen			

Abb. 67 Auswahlliste relevanter Faktoren

Ideen finden mit Hilfe von Kreativitätstechniken

Ziel dieser Phase ist die Entwicklung von Innovationsideen, die sich aus der Kombination von technischen Möglichkeiten (Machbarkeit) und Zielgruppenbedürfnissen zusammensetzen. Innovationsideen können auch entstehen, indem neue Ideenansätze mit den bestehenden Leistungsangeboten kombiniert werden, aber auch dadurch, dass z. B. das Leistungsangebot neu definiert und/oder positioniert wird.

Die Entwicklung von innovativen Ideen setzt Mut und insbesondere Kreativität (kreative Fähigkeiten) voraus. Es gibt kein praxisübliches Routineverfahren dafür. Was ist nun Kreativität? Was sind kreative Fähigkeiten?

Das Wort Kreativität hat seinen Ursprung im lateinischen „creare", was so viel wie schaffen, erzeugen, erschaffen bedeutet. Aus dieser Herleitung kann entnommen werden, dass Kreativität ein dynamischer Prozess ist, der sich fließend entwickelt und entfaltet und gleichzeitig Ursprung und Ziel in sich trägt. Kreativität wird als schöpferisches Denken beschrieben, etwas Neues zu kreieren, das es vorher noch nicht gegeben hat. Kreativität überschreitet die Grenzen des bis dahin Gekannten und revolutioniert. Kreativität bedeutet, Differenzierung schaffen, Rücksichten aufgeben und Regeln verletzen.

Kreativität erfordert Mut und Risiko. Kreativität bedeutet die Fähigkeit, neue nützliche Ideen als Reaktion auf Probleme oder Bedürfnisse zu „produzieren". Sie bedeutet das Ausbrechen aus verfestigten Denkstrukturen. Eine kreative Leistung ist eine Neukombination von vorhandenen Erkenntnissen, die auf den ersten Blick nichts gemeinsam haben.

Ein kleines **Beispiel** dazu: Die Erfindung des elektronisch gesteuerten Brotschneidens. Das Brot gab es schon, es musste nicht erfunden werden. Das Messer zum Brotschneiden gab es ebenfalls, auch das musste nicht neu erdacht werden. Um Brot elektronisch gesteuert schneiden zu können, musste eine neue Technologie entwickelt werden. Der Fokus heißt: „Brot schneiden". Zwischen „Brot schneiden" und „einfach, bequem und schnell schneiden" ist die Lücke. Sie erscheint als Problem und ist eigentlich der Reiz für die Erzeugung von Kreativität. Durch die Kombination (Schließung der Lücke) von „Brot schneiden" und „einfach, bequem und schnell schneiden" wurde eine neue Technologie (elektronisch gesteuerte Brotschneidemaschine) entwickelt, die Brot einfach, bequem und schnell schneidet (Kotler und Trias de Bes 2005). Solche Brotschneidemaschinen werden z. B. im gewerblichen Bereich erfolgreich eingesetzt.

Kreativität vollzieht sich auf fünf Stufen: auf einer expressiven, einer produktiven, einer erfinderischen, einer erneuernden und einer revolutionären Stufe. Abbildung 68 verdeutlicht dies (Linneweh 1973).

Zur Erläuterung der Pyramide des kreativen Denkens:

- Die **emergentive Kreativität** ist die höchste Stufe der Kreativität, d. h. hier finden epochale Leistungen statt, die Produktion von revolutionär Neuem. In dieser Ebene aufgenommene Erkenntnisse sind von ihrem Niveau so überragend, dass sich dies außerhalb des Verständnisses der vorherigen Ebenen vollzieht.

Abb. 68 Pyramide des kreativen Denkens

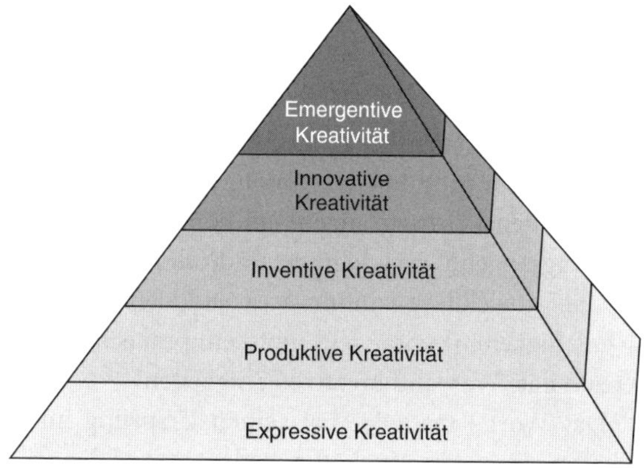

- Unter **innovativer Kreativität** sind Neuleistungen zu verstehen, die Bestehendes in elementarer Form verändern bzw. überwinden.
- **Inventive Kreativität** bedeutet: Umfunktionieren, Verfremden, Modifizieren von vorhandenen Gegenständen mit dem Ziel, dass Altes neue Funktionen, Zielgruppen und Bedürfnisse deckt.
- **Produktive Kreativität** bezieht sich auf die Produktion neuer Ideen auf Basis von schon Vorhandenem (Modifikation, Verbesserung von Produkten).
- Unter **expressiver Kreativität** versteht man spontane, situationsbedingte Produktion von Einfällen, Gags. Das ist die einfachste Form der Kreativität.

Immer dann und überall dort, wo kreatives Denken erforderlich oder zwingend notwendig ist, stellt sich die Frage, wie dieses Denken beschaffen sein muss, damit es kreativ ist und somit in der Tat etwas noch nicht Dagewesenes als Denkresultat entsteht. Um zu solchen Denkresultaten zu kommen, spielt die Kenntnis und Arbeitsweise unseres Gehirns eine wichtige Rolle. Unser Gehirn besteht aus zwei Hirnhälften, der rechten und der linken. Beide sind mit einem dicken Balken verbunden, den man „Corpus Callosum“ nennt. Dennoch führen beide Gehirnhälften ein selbstständiges „Dasein“ (Abb. 69).

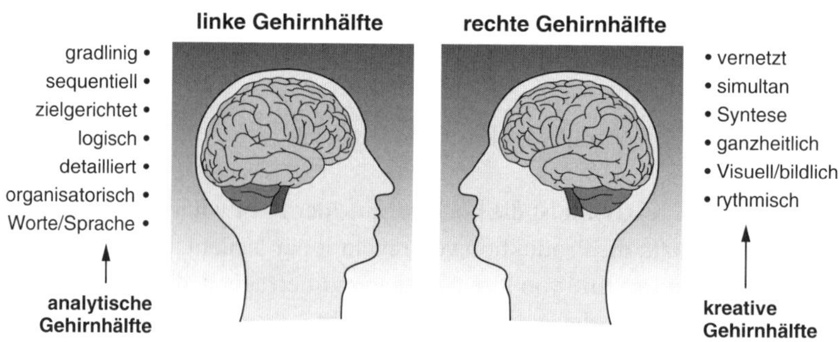

Abb. 69 Das menschliche Gehirn und seine Funktionen (In Anlehnung an Malorny et al. 1997)

Sie haben bekannterweise unterschiedliche Aufgaben zu bewältigen. Die linke Gehirnhälfte ist für das „digitale Denken" zuständig, das das analytische und logische Denken unterstützt, wohingegen die rechte Gehirnhälfte mit dem analogen, bildhaften Denken ausgestattet ist. Dieses Denken unterstützt die Fähigkeit, kreativ zu arbeiten. Diese Gehirnhälfte begreift und verarbeitet Informationen sehr schnell. Sie sorgt für Kreativität und kreatives Verhalten. Das „Corpus Callosum" ist sozusagen die Informationsautobahn zwischen beiden Gehirnhälften. Es sorgt dafür, dass bei unseren Aktivitäten immer beide Gehirnhälften tätig werden und miteinander kommunizieren können. In der Regel wird jedoch die linke Gehirnhälfte stärker beansprucht, weil hier die Routinearbeiten im Alltag gesteuert werden. Dadurch wird die rechte Gehirnhälfte vernachlässigt und ist weniger trainiert. So ist es nicht verwunderlich, dass innovative Lösungen meistens mit der linken Gehirnhälfte entwickelt werden, diese aber nicht sehr kreativ und somit oft auch nicht erfolgreich sind.

Hinzu kommt, dass das Kreativitätspotenzial zum einen mit zunehmendem Alter und zum anderen mit dem Absolvieren bestimmter Ausbildungsstufen abnimmt. Am kreativsten sind unsere Kinder. Ihnen ist der Grundstein zur Kreativität in der Kindheit mitgegeben worden. Allerdings ist die mutige Kreativität durch die Erziehung der Eltern (das macht man nicht, das darfst du nicht, so wird das nicht gemacht, du musst erst mal logisch überlegen ...) und durch unser Schul- und Ausbildungssystem, wo Kreativität kaum oder überhaupt nicht gefördert wird, langsam aber stetig abhandenkommt. Konformität und Anpassung werden belohnt, abweichende Denk- und Verhaltensweisen stellen die Tradition in Frage und werden gescholten.

Kreativität ist nicht Gott gegeben, sie fällt niemandem in den Schoß. Kreative Ideen kommen nicht oder nur sehr selten per Eingebung. Immer steckt schwere und schwerste Denkarbeit dahinter, wobei die Schwere nicht allein durch das inhaltliche Problem gekennzeichnet ist, sondern darüber hinaus dadurch, dass der Kreative sich von traditionellen und bekannten Denkmustern entfernen muss. Diese Distanz oder der Bruch mit dem üblichen Denken und den üblichen Denkstilen ist nicht oder sehr selten Gegenstand schulischer Bildung und nur selten in den Hörsälen der Universitäten zu finden, denn die Lehre an sich ist nicht kreativ, sondern in aller Regel bewahrend.

Das Altersproblem und die schulische Ausbildung dürfen jedoch auf keinen Fall verallgemeinert werden, zumal durch Sensibilisierungs- und Denktrainings sowie die Beherrschung von Kreativitätstechniken die kreative Denkfähigkeit in jedem Alter trainiert werden kann. Dies gilt natürlich auch für Absolventen einer einfachen schulischen Ausbildung. Jüngere Menschen sind sicherlich tendenziell aufgeschlossener, geistig beweglicher, aber auch risikofreudiger als ältere. Festgestellt wurde jedoch, dass kreative Menschen auch im Alter kreativ bleiben. Nur ihre Kreativität ist eine andere. Sie entwickeln sicherlich weniger Ideenansätze als jüngere Menschen. Ihr Anteil an brauchbaren Ideen ist jedoch höher.

Heute sind Intelligenz und Ratio gefragt. Im Routinealltag wird für gefällte Entscheidungen nach Ursachen, Wirkung und Folge sowie Begründungen und logischen Herleitungen gesucht. Für Kreativität sind dies gerade die größten Hemmschwellen. Gerade das sind die Killer für Fantasie und Mut. Genau diese Hemmschwellen töten jeden innovativen

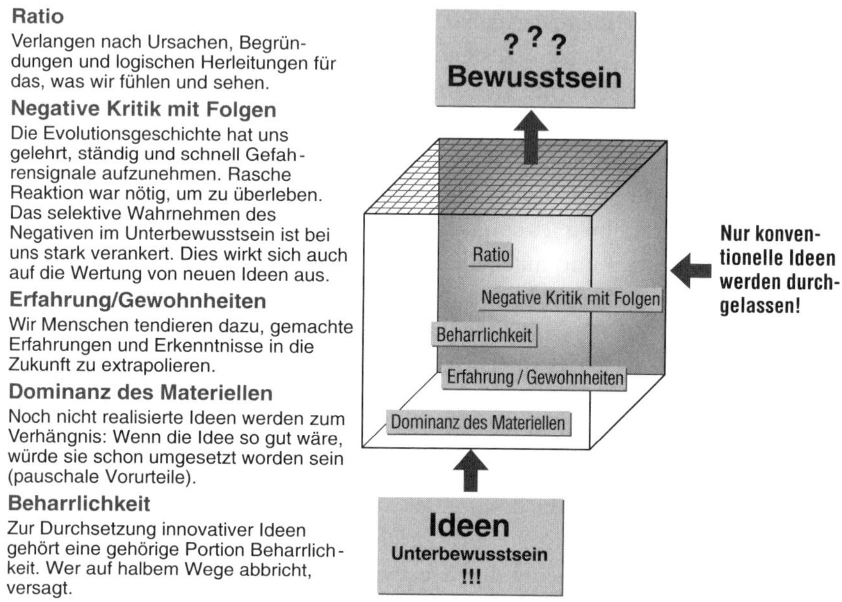

Abb. 70 Ideenfilter – Kreativitätskiller (In Anlehnung an Linneweh 1973)

Ansatz und fördern dafür häufig unbefriedigende Lösungen. Hoch innovative Lösungsansätze werden in unseren Überlegungen ausgeklammert. Dafür sorgt ein Filter, den wir uns selbst auferlegt haben. Er lässt eine hoch innovative Lösung nicht in unser Bewusstsein dringen. Sie wird herausgefiltert, weil sie uns zu visionär erscheint. Siehe hierzu die Abb. 70, die aufzeigen soll, wie Ideen im Kopf des Menschen gefiltert werden.

Hinweise, die den kreativen Prozess fördern:

- Genienähe und Intelligenz haben nicht immer etwas mit Kreativität zu tun.
- Superintelligent bedeutet nicht superaktiv und umgekehrt.
- Kreativität ist eine Fertigkeit, die wie Autofahren geübt und gelernt werden kann.
- Kreativität resultiert aus methodischen Denkprozessen, die allen Menschen in gleicher Weise zugänglich sind.
- Sie erfordern keine besondere Begabung oder einen überdurchschnittlichen Intelligenzquotienten. Jeder von uns kann kreativ sein!
- Kreatives Denken muss die Grenzen formallogischer Denkmechanismen (Deduktion und Induktion) überschreiten. Anzuwenden sind: Inspiration und Visionen.
- Kreativität bedeutet Differenzen schaffen, Rücksichten aufgeben, Regeln verletzen und Moral suspendieren.
- Kreatives Denken ist stets ein Denken im dunklen Raum.
- Kreatives Denken ist nicht die Auseinandersetzung zwischen System- und Problemdenken.

- Kreative Argumente werden nicht nach den Kriterien wahr oder falsch, sondern überzeugend und nützlich ausgewählt.
- Kreativität ist auf Dissens angewiesen.
- Kreatives Denken entsteht in leidenschaftlichen Auseinandersetzungen und weniger in sachlichen Diskussionen.

Wer nicht nur alte Hüte am Lager haben will, der muss mit Mut und Risikobereitschaft seine kreativen Denkergebnisse umsetzen. Zweifel an dem, was wir wissen und können, sind nicht nur erlaubt, sondern dringend erforderlich. Nach Kreativität und innovativem Denken muss nicht immer verzweifelt gesucht werden, wenn einem das Wasser bis zum Hals steht. Erfolgszwang und Entscheidungsdruck erzeugen Angst, aber Angst war noch nie ein guter Berater in Problemsituationen. Sich neue Denkmuster und Kreativitätstechniken anzueignen, darf nicht aus der Not geboren werden, sondern aus dem Wunsch, sowohl die eigene Persönlichkeit als auch das Unternehmen in seiner Entwicklung voranzutreiben.

Es gibt heute mehr als 100 bekannte Kreativitätstechniken, die sich nur in Nuancen unterscheiden. In den 60er Jahren spielten sie in Deutschland kaum eine Rolle. Erst Ende der 70er, Anfang der 80er Jahre nahmen sie einen rasanten Aufschwung. Werbeagenturen und Unternehmen aus der Konsumgüter-Industrie waren die ersten, die nach neuen Produkten mit Hilfe dieser Techniken suchten, um den ständigen Bedarf nach neuen Produkten zu stillen. Sie waren es auch, die den heutigen Stellenwert dieser Instrumente vorantrieben. Heute haben viele Unternehmen aus allen Branchen so gute Erfahrungen mit den Methoden der Ideenfindung gemacht, dass diese regelmäßig bei Innovationsprojekten eingesetzt werden. Denn: Mit dem Einsatz von Kreativitätstechniken lassen sich Anzahl, Originalität und Qualität der Ideen erhöhen. Kreativitätstechniken erheben nicht den Anspruch, kreative Ideen automatisch zu erzeugen. Sie sind vielmehr ein wirksames und praxiserprobtes Hilfsmittel zum Finden von Ideen. Sie helfen Ihnen, Ihre eigene Kreativität ein wenig anzukurbeln.

Wichtige Ideenfindungsverfahren, die in der Praxis erfolgreich eingesetzt werden, sind:

- Brainstorming,
- Osbornsche Checkliste,
- Brainwriting-/6.3.5.-Methode,
- Morphologischer Kasten,
- Synektik,
- Reizwortanalyse,
- SIL-Methode*,
- Funktionsanalyse,
- Galerietechnik*,
- Umkehrtechnik*,
- Progressive Abstraktion,
- Prozessanalyse,
- Problemlösungsbaum,

- Semantische Intuition,
- Bionik,
- Attribute Listing,
- Delphi-Methode,
- Szenario-Methode.

* Diese Methoden und Techniken werden hier nicht behandelt, da sie in der Praxis nicht so oft eingesetzt werden.

Diese Techniken sollten immer dann eingesetzt werden, wenn Wissen aus verschiedenen Disziplinen gefordert wird und originelle Ideen benötigt werden. Die Kreativitätstechniken lassen sich aufteilen in intuitive und systematisch-analytische Ideenfindungsmethoden. Intuitive Methoden sind z. B. Synektik, Brainstorming, Osbornsche Checkliste und Methode 6.3.5. Sie fordern bei der Ideenfindung eine hohe Spontaneität, große Offenheit und die Abkehr von bisherigem Problemwissen von den Teilnehmern. Den analytischen Methoden sind z. B. die Techniken wie beispielsweise Morphologischer Kasten, die Prozessanalyse und die Funktionsanalyse hinzuzurechnen. Sie sind vorstrukturiert und bauen häufig auf bestehendem Wissen auf.

Brainstorming

Die Methode wurde von dem amerikanischen Werbeberater Alex F. Osborn entwickelt. Es handelt sich hierbei um eine besondere Art der Konferenztechnik („using the brain to storm a problem") (Osborn 1953). Eine Brainstorming-Gruppe sollte optimal aus 6 und maximal aus 12 Personen bestehen. Bei der Zusammensetzung einer Gruppe sollten Sie darauf achten, dass die Mitarbeiter folgende Eigenschaften mit sich bringen wie z. B.:

- Kreativität,
- Originalität,
- Schöpferische Fantasie,
- Intelligenz,
- Risikobereitschaft,
- Umfassende Ausbildung,
- Einfallsreichtum …

Ein weiterer wichtiger Punkt ist zumeist, dass sich die Gruppe aus gleichen betrieblichen Hierarchieebenen zusammensetzt und die Atmosphäre nicht durch persönliche Spannungen gestört ist.

Formulieren Sie das zu lösende Problem klar und geben Sie es der Brainstorming-Gruppe mindestens einen Tag vor der Sitzung bekannt, damit sich die Gruppenmitglieder konzentriert auf das Problem vorbereiten können. Die Teilnehmer treffen sich für circa

30 Minuten und versuchen zu dem anstehenden Problem möglichst viele Lösungsansätze zu produzieren. Für das Brainstorming selbst gelten folgende Grundsätze:

- Die Fantasie darf nicht eingeengt werden. Durch absurd erscheinende Lösungsvorschläge werden weitere Lösungsansätze produziert (Enthemmungseffekt).
- Die Quantität hat immer Vorrang vor Qualität. Je mehr Lösungsansätze produziert werden, desto größer ist die Möglichkeit, brauchbare Ansätze zu finden.
- Urheberrechte auf produzierte Ideen sind nicht möglich. Vielmehr sollen produzierte Gedanken wieder aufgegriffen und weitergesponnen werden.
- Jede Kritik an geäußerten Lösungsansätzen ist verboten! Logik, Vernunft und Erfahrungen sind nicht erwünscht.

Es ist sinnvoll, die Gedanken kurz und knapp zu formulieren. Lassen Sie die produzierten Lösungsansätze von einem Protokollführer nummerieren und stichwortartig fixieren oder halten Sie sie auf einem Tonträger akustisch fest. Anschließend werden die gesammelten Vorschläge niedergeschrieben und in das Intranet gestellt, damit jeder Teilnehmer sich später die produzierten Ideen als Protokollkopie herunterladen kann. Die Bewertung und Beurteilung der Durchführbarkeit der Lösungsansätze nimmt die Institution Ideencampus vor, sie werden anschließend dem Innovationsausschuss präsentiert. Auch diese Informationen werden ins Intranet eingegeben, damit jedem Teilnehmer diese Auswertungsergebnisse zur Verfügung stehen.

Die Lösungsansätze können Sie nach drei Kriterien gliedern:

1. sofort oder später realisierbare Ideen,
2. Ideen, die noch weiter bearbeitet werden müssen, um sie sofort oder später einzusetzen,
3. nicht realisierbare Lösungsansätze.

Osbornsche Checkliste

Um die Ideenproduktion zu steigern, hat Osborn modifizierende Fragen zu einer Checkliste zusammengestellt, die sich die „Osbornsche Checkliste“ nennt. Die Checkliste können Sie in einer Abschlusssitzung verwenden, indem Sie die Lösungsansätze nach den „Osbornschen Punkten“ überprüfen und erweitern. Abbildung 71 zeigt die „Osbornsche Checkliste“. Die Osbornsche Checkliste eignet sich besonders gut zur Produkt- und Verfahrensentwicklung auf Grundlage eines bereits vorhandenen Produkts bzw. Verfahrens. Die in der Checkliste enthaltenen Fragen motivieren das kreative Denken, lenken die Überlegungen in fremde und andersartige Bereiche und beleuchten neue Aspekte. Auf diese Art und Weise können Sie und Ihr Team Ansätze für Veränderungen im Produkt- und/oder Verfahrensbereich produzieren.

Die Vorgehensweise dabei ist folgende: Untersuchen Sie das Produkt/Verfahren mit Hilfe der Fragen in der Checkliste auf mögliche Veränderungsmöglichkeiten. Die dazu produzierten Ideen halten Sie ohne Kritik und Überprüfung fest. Die Protokollierung kann wie

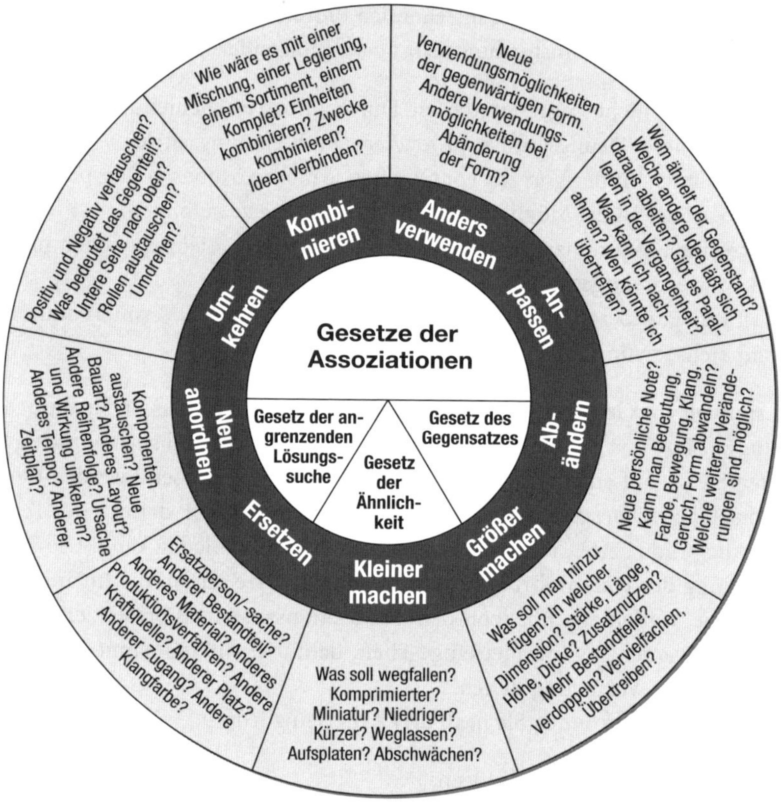

Abb. 71 Osbornsche Checkliste (Kramer 1977)

beim Brainstorming vor sich gehen. Eine Pinnwand oder ein Flipchart tun es auch. Danach wählen Sie interessante und umsetzbare Lösungsansätze aus.

Methode 6.3.5.

Diese Methode wurde von B. Rohrbach entwickelt und unterstützt die intuitive Ideenfindung. In der Praxis wird sie vor allem bei Suchproblemen erfolgreich eingesetzt. Die Methode ist relativ einfach anzuwenden. Ein eigens dafür entwickeltes Formblatt (Format DIN A3 Blatt) wird durch die Gruppe gereicht. Jeder Teilnehmer schreibt innerhalb von 5 Minuten 3 Lösungsansätze zu dem vorher erwähnten Problem stichwortartig in das Formblatt und reicht es nach dieser Zeit seinem Nachbarn weiter. Dieser entwickelt nun die ihm übergebenen drei Lösungsansätze weiter oder setzt drei neue hinzu, d. h. die eigentlich gewünschte Weiterentwicklung kann auch rein assoziativ gehandhabt werden. Im Anschluss daran gibt jeder Teilnehmer (nach 5 Minuten) sein Formblatt wieder an seinen

Nachbarn weiter, der die darauf fixierten Lösungsansätze vorliest, damit alle Teilnehmer neu inspiriert werden und ihre Ideen logisch und/oder assoziativ weiter entwickeln. Da an dieser Sitzung höchstens 6 Personen teilnehmen sollten, jeder Teilnehmer zuerst einmal 3 Lösungen niederschreibt und diese dann 5 mal von 5 verschiedenen Teilnehmern assoziativ weiterentwickelt werden, nennt man diese Methode 6. (Teilnehmer) 3. (Ideen) 5. (in 5 Minuten) 6.3.5.

Ein Beispiel aus der Beratungspraxis zeigt, wie diese Methode abläuft. Hier geht es um das Finden einer interessanten Müllpresse für private Haushalte. Die Aufgabenstellung dieses Projekts war: „*Erfinden Sie eine Methode, den Küchenmüll raumsparend und hygienisch zu verpacken bzw. zu entsorgen*" (Abb. 72).

Morphologischer Kasten

Der Morphologische Kasten wurde von dem Schweizer Astrophysiker Prof. F. Zwicky entwickelt. Das Wort Morphologie kommt aus dem griechischen und bedeutet enger übersetzt: „Die Lehre von den Gebilden, Formen, Gestalten, Strukturen" und deren Aufbau- bzw. Ordnungsprinzipien. Überträgt man das Merkmal Ordnung auf das Denken, dann bedeutet „Morphologie" so viel wie „Lehre vom geordneten Denken". Unter Morphologie versteht man auch die „vergleichende Betrachtung zweier Ordnungen, zweier Systeme mit ihren Aufbau- und Wirkungsprinzipien, um aus dieser Gegenüberstellung besondere Erkenntnisse zu gewinnen". Die Morphologie wird auch als „Diskursive Problemlösung" bezeichnet. Sie besteht aus folgendem Ablauf:

1. In der ersten Phase sind eine konkrete Definition sowie eine zweckmäßige Verallgemeinerung des Problems vorzugeben.
2. In der zweiten Phase wird eine genaue Bestimmung und Lokalisierung aller die Lösung des vorgegebenen Problems beeinflussenden Faktoren abgegeben. Das heißt Analysieren der Bestimmungslücke und der Parameter, wobei ein Parameter jeweils ein grundsätzlich auftauchendes Lösungselement allgemein definiert. Die Parameter werden in die erste Spalte des Formulars eingetragen. Das Herausarbeiten der Parameter ist schwerste Denkarbeit. Für diese Arbeit ist es empfehlenswert, sich einen Experten zu holen, der coacht, trainiert und die ersten Runden moderiert. Es gibt keine echten Regeln, wie ausgehend von einem Problem die entscheidenden Parameter herausgearbeitet werden können. Lediglich eine Reihe von Hilfsmethoden bieten sich an, wie z. B. Funktions- und Ablaufanalysen, W-Fragen, verallgemeinernde Rückschlüsse ausgehend von konkreten Einzellösungen sowie systematische Überlegungen und Visualisierungen jeglicher Art. Und noch etwas: Parameter müssen voneinander logisch unabhängig sein. Sie dürfen sich nicht wechselseitig bedingen, da sonst eine freie Kombination der ausgesuchten Ausprägungen zu möglichen Lösungsansätzen stark beeinträchtigt wird.

Produktion Müll zermahlen. Dafür Küchenmaschine mit Mühlwerk und Motor einsetzen.	Verrottbaren Müll aussortieren und ggf. durch Toilette spülen.	Brennbaren Müll zu Briketts formen und verheizen.
F & E Elektrische Müllpresse konstruieren, bestehend aus zwei Magnethälften.	Durch Einlegen von starker Folie in die Presse Müll verpacken. Folie elektrisch verschweißen.	Müll in Blechdose füllen und pressen. Die Presse verschließt gleichzeitig die Dose.
Einkauf Über Kleintransportband in Rohrleitung nach draußen führen und im Mülleimer pressen.	Durch Infrarotstrahlen pulverisieren.	Müll mit Zement- und Gipsmasse zu Paketen vergießen.
Marketing Müll mit Spindelpresse in Wurstform pressen.	Die Formbeständigkeit der Wurstform wird durch Zugabe von Klebstoff erreicht (... aushärtende Masse)	Aushärtende Masse wird außen zum Schlauch, der luftdicht abschließt.
Vertrieb Einen Müllwolf im Keller installieren.	Müllwolf wird durch Fallrohre bedient, die vom Schornsteinfeger gereinigt werden.	Den gemahlenen Müll in Chrombehälter zum Abtransport sammeln.
Assistent der Geschäftsleitung Müll in Kunststoffbehälter geben. Einwegbehälter.	Über Sprühdose im Behälter einschäumen. Schaum löst dann einen Schrumpfvorgang aus.	**Problemlösung: Wie vorher: Schaum schließt Müll hermetisch ein und härtet. Der gesamte Inhalt schrumpft auf ein Drittel.**

Abb. 72 Methode 6.3.5 (In Anlehnung an Dr. H. Geschka, Batelle-Institut e. V. Frankfurt/Main zum Thema Diversifikationsplanung und Realisierung)

3. Für die Strukturteile, genannt Parameter, werden Ausprägungen gesucht, das heißt konkrete Ausgestaltungen, die sie theoretisch und praktisch annehmen können. Die Ausprägungen der Parameter werden rechts in die Felder neben den Parametern eingetragen.
4. In der dritten Phase beginnt das Aufstellen des Morphologischen Kastens. Diese Arbeit erfordert fundiertes Wissen über die betreffenden Problembereiche. Folgende Erläuterung zum Begriff Parameter ist notwendig: Beim Aufstellen des Morphologischen

Kastens muss der Anwender die Grundstrukturen potenzieller Lösungen – zum Beispiel unter funktionalen Gesichtspunkten zergliedert – erfassen. Diese Strukturteile werden als Parameter bezeichnet (Schlicksupp 1985).

5. Jede mögliche Kombination von Ausprägungen, die mit einer Linie verbunden werden, kann einen Lösungsansatz darstellen. Das bedeutet, wenn Sie z. B. 6 Parameter und jeweils 10 Ausprägungen kombinieren, können Sie auf eine Million denkbare Lösungen stoßen.

Das Herausfinden geeigneter Lösungsansätze ist ein hoch kreativer Prozess, bei dem gedanklich sehr viele (Teil-)Kombinationen durchzuspielen sind.

Praxistipp

Sie können den Morphologischen Kasten auch an einer Pinnwand durchspielen. Die aufgefundenen Parameter und ihre Ausprägungen können Sie auf bunte Kärtchen schreiben. Diese Kärtchen stecken Sie an die Pinnwand und arrangieren alles zu einem Morphologischen Kasten. Der Vorteil der Pinnwand ist, Sie können Korrekturen durch Umstecken der Kärtchen vornehmen. In vielen bekannten, innovativen Unternehmen und kreativen Werbeagenturen wird neben dem Einsatz von Computern und entsprechender Software mit dem Morphologischen Kasten auf der Pinnwand gearbeitet.

Abbildung 73 zeigt, wie ein Morphologischer Kasten aufgebaut ist. Die mit der Linie verbundenen Ausprägungen stellen in der Kombination einen Lösungsansatz dar. Sie verbinden die optimalen Lösungen eines Problemelements mit der optimalen Lösung des nächsten Problemelements. Aus der Vielzahl der im Morphologischen Kasten enthaltenen Elemente lassen sich dann immer wieder neuartige Kombinationen ermitteln. Der in Abb. 73 gezeigte Morphologische Kasten mit $3 \times 8 \times 5 \times 4 \times 5 \times 3 \times 6 \times 3$ bietet insgesamt 129.600 konzeptionelle Ideenansätze

Mit dem Morphologischen Kasten lassen sich auch sehr gut neue Produktnamen für Ihre Innovationen entwickeln. Der Produkt-/Markenname stellt heute den Kapitalwert Ihrer Marke dar. Gleichzeitig unterstützt er die Positionierung Ihrer einzuführenden Innovation. Bevor Sie also eine Agentur damit beauftragen, sollten Sie Ihre eigene Kreativität einsetzen. Sie sparen viel Geld dabei. Häufig werden Produkt-/Markennamen hergeleitet aus:

- Herkunftsregion,
- Herstellungsverfahren,
- Anwendungsmerkmalen,
- Herstellernamen,
- Funktion,
- Produktsubstanz usw.

Das Finden von neuen Produkt-/Markennamen kann sich auch auf verschiedene Wortbedeutungsebenen bzw. Interpretationsmöglichkeiten beziehen wie z. B.:

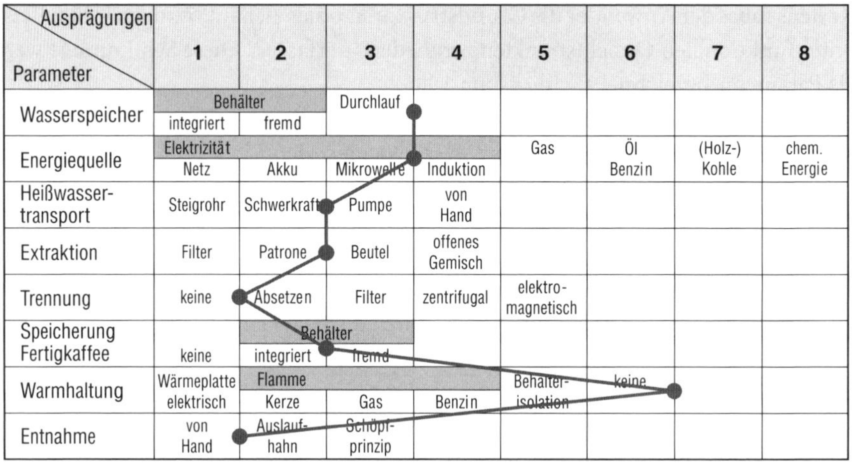

Abb. 73 Gestaltungsmöglichkeiten von Kaffeemaschinen (Schlicksupp 1979)

Genetischer Hintergrund	**Real-Interpretation**	**Symbol. Interpretation**	**Abstraktions-Interpretation**	**Fremdspr.-Interpretation**
Technik	Ton 1	Erde 8 Globus 9	Materie 17	Terra 23 Mondo 24
Herstellung	Gebrannt 2	Feuer 19 Sonne 11	Transformation 18	Burn 25 Sola 26
Funktion	Isolation 3 Schutz 4	Wehr 12	Anti 19	Protection 27
Analogie	Schirm 5	Panzer 13 Tresor 14	Convex 20	Parapluie 28
Anwendung	Auf allen Dächern 6 Oben 7	Himmel 15 Azur 16	Universal 21 Multi 22	Top 29
Vorschläge: 28 / 1 Paraton – 27 / 1 Protection – 21 / 29 Unitop				

Abb. 74 Produkt-/Markennamenentwicklung mit Hilfe des Morphologischen Kastens, Quelle: unbekannt

- Realinterpretation,
- Symbolinterpretation,
- Verniedlichungsinterpretation,
- Fremdspracheninterpretation.

Mit diesen und ähnlichen Auflistungen entwickeln Sie einen Morphologischen Kasten. Abbildung 74 zeigt, wie Sie mit dieser Matrix arbeiten können.

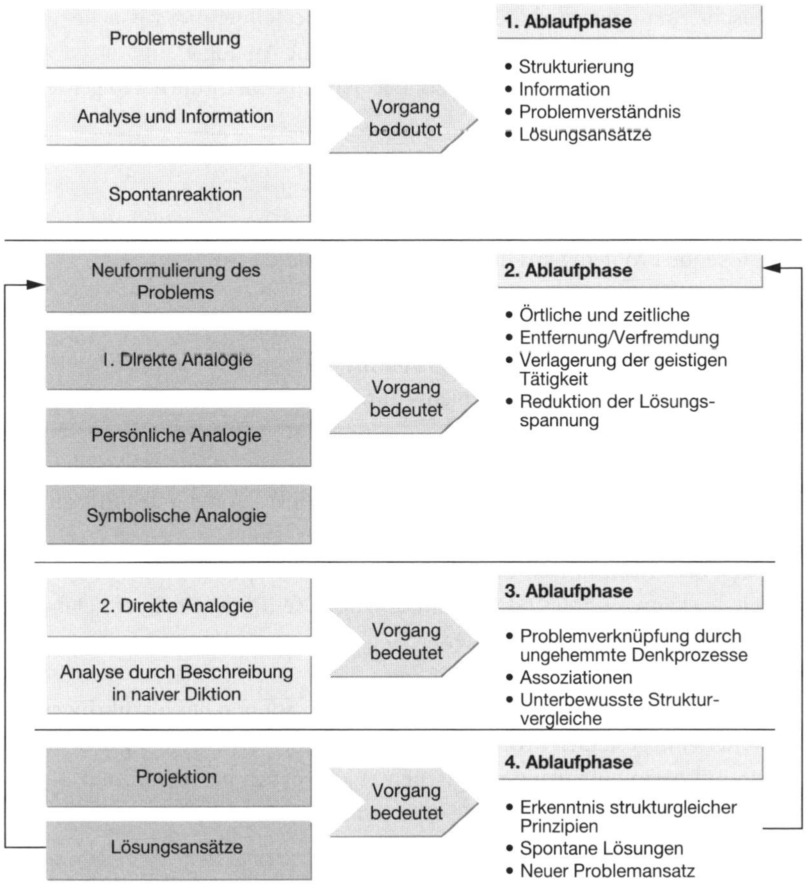

Abb. 75 Synektischer Ablauf (Nimmergut 1972, modifiziert nach Linneweh 1973)

Synektik

Die Synektik ist eine Kreativitätstechnik, die von dem Amerikaner William J.J. Gordon entwickelt wurde. Das wesentliche Merkmal der Synektik ist die stufenweise Verfremdung eines Problems mittels Analogien mit dem anschließenden Verbinden vorher völlig unzusammenhängend erscheinender Lösungselemente. Analogien werden verwendet, um Unbekanntes bekannt und Schwerbegreifliches leichter und schneller vorstellbar zu machen. Diese Methode legt besonderen Wert auf die Verwendung von besonders aus der Natur gewonnenen Metaphern und Gleichnissen. In ihrem methodischen Ablauf wird versucht, den unbewusst ablaufenden kreativen Prozess zu simulieren. Die Abb. 75 verdeutlicht bildlich, wie der Ablauf der Methode Synektik abläuft.

Eine Synektik-Gruppe besteht aus zwei bis sechs Personen. Einer von ihnen muss als Koordinator den Ablauf steuern. Die Gruppe sucht über spontane Einfälle und persönliche und symbolische Analogien nach Lösungsansätzen. Die Teilnehmer versuchen, sich spontan mit einem Teilproblem zu identifizieren (persönliche Analogie) und die dann empfundenen Gefühlsbewertungen zu beschreiben. Die Synektik-Methode hat folgenden Ablauf:

1. **Problemstellung**
   Das zu lösende Problem wird der Gruppe vorgestellt.
2. **Analyse und Information**
   Das zu lösende Problem wird definiert und analysiert.
3. **Spontanreaktion**
   „Abladen" von Spontanreaktionen der Gruppenmitglieder.
4. **Neuformulierung des zu lösenden Problems**
   Verfremdung des zu lösenden Problems durch Abstraktion.
5. **Direkte Analogie (1)**
   Das „Sich-vom-Problem-Entfernen" stellt sich hier ein. Hier hat sich der Analogiewechsel bewährt, wie z. B. von der Natur zur Technik – von der Technik zur Natur.
6. **Die persönliche Analogie**
   In dieser Phase müssen sich die Gruppenmitglieder spontan mit der vorgegebenen Analogie (es kann ein totes oder lebendes Objekt sein) identifizieren. Dabei wird die emotionale Durchdringung gefordert.
7. **Symbolische Analogie**
   Zweck der symbolischen Analogie ist, neue Assoziationen hervorzubringen, um sich noch weiter vom gestellten Problem zu entfernen. Eine Beschreibung darf nur aus zwei Wörtern mit darin enthaltenem logischen Widerspruch bestehen. Zum Beispiel: Rasierklinge gleich schneidende Glätte oder Sonne gleich grelle Finsternis.
8. **Direkte Analogie (2)**
   Ein aus der symbolischen Analogie enthaltenes Beispiel dient als Basis für die Bildung weiterer direkter Analogien. Beinhaltet die erste direkte Analogie den Bereich Natur, dann wird jetzt in den Bereich der Technik gewechselt und umgekehrt. Es bieten sich auch andere Bereiche an wie z. B. Geschichte, Politik, Mythologie, Wirtschaft, Kunst usw.
9. **Beschreibung**
   Eine aus dem Thema direkte Analogie gewählte Analogie wird jetzt in naiver Form analysierend beschrieben.
10. **Projektion**
    Alle Begriffe und Formulierungen werden vom Leiter/Moderator der Synektik-Gruppe mit dem zu lösenden Problem in Verbindung gebracht.

Ein **Beispiel** soll den Synektik-Ablauf verdeutlichen. Das Problem heißt: „*Wie kann verhindert werden, dass Autoscheinwerfer während der Fahrt verschmutzen?*" (Quelle: unbekannt).

- **Analyse und Information**
  Das Problem bedeutet: Wie kann die ständig volle Lichtdurchlässigkeit der Autoscheinwerfer garantiert werden, um damit die optimale Lichtquantität zu geben?
- **Spontanreaktion**
  Anordnung von Spritzdüsen um das Scheinwerferglas herum, spezielle Scheibenwischer, Anordnung an einer Stelle, wo sie keinem Schmutz ausgesetzt sind, schmutzverzehrender Belag auf dem Scheinwerfer.
- **Neuformulierung des Problems**
  Worum geht es eigentlich? Die gefundene Definition (als Überleitung zur Analogie-Batterie) lautet: Es geht um eine kontinuierliche Belagentfernung von (auf) Flächen.
- **1. Direkte Analogie**
  Die Gruppe einigt sich, Analogien aus dem Bereich der Natur zu wählen, da das Problem im Bereich der Technik liegt. Aufforderung: Wo in der Natur findet eine kontinuierliche Belagentfernung statt? Antworten:
  - durch das Augenlid
  - ein Hund, der sich leckt
  - Regen
  - Wind
  - Verdampfung
- **Persönliche Analogie**
  Die Gruppe einigt sich, aus den ersten direkten Analogien den Begriff „Wind“ auszuwählen. Nunmehr wird die Frage beantwortet: „Stellen Sie sich vor, Sie sind der Wind. wie fühlen Sie sich als Wind?“ Antworten sind:
  - ich bin sehr launisch,
  - manchmal bin ich gewalttätig (Sturm),
  - dann wieder sanft und lieb (Lüftchen),
  - ich schmiege mich an die Erdoberfläche,
  - ich halte alles eng umschlungen,
  - Hindernisse in der Landschaft bereiten mir Schmerz,
  - ich fühle mich mutig, mächtig, wichtig, ungebunden, herrschsüchtig,
  - ich bin gefürchtet,
  - Zerstören macht mir Spaß,
  - ich liebe die brausende Geschwindigkeit,
  - ich reiße alles ein,
  - ich bin der Größte.
- **Symbolische Analogie**
  Durch den Moderator werden die Stichworte aus den persönlichen Analogien nochmals gesammelt und den Teilnehmern vorgestellt, also: Stärke, Macht, Spiel, Schmerz oder launisch, umschlingen, sanft, mild. Die Gruppe entscheidet sich, symbolische Analogien für die Eigenschaft „umschlingen“ zu bilden. Diese Analogien dürfen nur aus zwei Worten bestehen und müssen in sich einen Widerspruch aufweisen. Die Antworten darauf:

  - begrenzte Freiheit,
  - erlösende Fessel,
  - freiheitliche Gefangenschaft,
  - sanfter Zwang,
  - haltlose Festigkeit,
  - weite Enge.
- **Direkte Analogie**
  Die Gruppe entscheidet sich zur Fortsetzung der Analogienbildung für den Begriff „sanfter Zwang". Sie wählt nunmehr im Gegensatz zur ersten Analogie den Bereich Technik aus. Frage: Welche Analogien gibt es in der Technik für den Begriff „sanfter Zwang"? Die Antworten sind:
  - Rolltreppen,
  - Bremsen,
  - Rasierklinge,
  - Fallschirm,
  - Segelflugzeug,
  - Windmühle.
- **Analyse durch naive Beschreibung**
  Die Gruppe entscheidet sich für den Fallschirm und beschreibt ihn in naiver Diktion (Hilfsmittel Funktionsanalyse = Die Funktionsanalyse erklärt den Sachverhalt. Sie erklärt die Einzelfunktionen z. B. eines Staubsaugers: Staub lösen, Staub entfernen usw.).
- **Beschreibung**
  Ein Fallschirm ist wie der Flügel eines Vogels. Er hält einen Menschen, der am Fallschirm hängt, in der Luft und verhindert, dass er herunterfallen kann. Das Tuch des Fallschirms spannt sich wie eine Halbkugel auf und setzt der Luft Widerstand entgegen. Widerstand ist, wenn man nicht gehen will, sondern gezogen und geschoben werden muss. Ein Fallschirm spannt sich plötzlich auf. Plötzlich ist, man drückt auf den Knopf und das Licht geht an.
- **Projektion**
  Nunmehr erfolgt die Rückkehr zum eingangs aufbereiteten Problem. Frage: „Was hat der Fallschirm mit unserem Problem zu tun?" Bei dem Versuch, Strukturgleichheit von Prinzipien herzustellen, wurden folgende Lösungsansätze von den Teilnehmern entwickelt:
  1. Rund um den Scheinwerfer angeordnete Druckluftdüsen, die ein Luftpolster vor dem Scheinwerfer erzeugen, und zwar in Halbkugelform, so dass sich der Schmutz nicht ablagern kann.
  2. Ein kugelförmiger Scheinwerfer, der so schnell rotiert, dass sich keine Schmutzablagerungen bilden können. Die Rotation ist so hoch, dass das Licht für das menschliche Auge als starr fixiert erscheint.
  3. Der Scheinwerfer hat eine zusätzliche durchsichtige Oberfläche, die sich ähnlich wie ein Fallschirm plötzlich aufspannt, dann wieder zusammenfällt. Dadurch wird der

Schmutz von der Scheinwerferscheibe in gewissen rhythmischen Abständen abgesprengt. Abbildung 75 verdeutlicht den synektischen Ablauf.

Progressive Abstraktion

Diese Technik beweist häufig, dass eine Lösung im Nachhinein anders aussieht, als zuerst angenommen. Sie zeigt auch die Grenzen der eigenen Fähigkeiten im Zusammenhang mit anderen Systemen auf, auf die man keinen Einfluss zu haben scheint. Ähnlich wie beim Brainstorming gilt es hier Rahmenbedingungen zu schaffen wie z. B. Gruppengröße, Einsatz des Moderators, Protokollführung usw.

Eine zentrale Bedeutung hat die Frage „Worum geht es eigentlich?" Durch die Anwendung der Frage, die sich an das Ursprungsproblem richtet, erreichen Sie stufenweise ein sehr hohes Abstraktionsniveau des Problems. Diese Technik trennt schnell das Wesentliche vom Unwesentlichen. Die Lösung von Innovationsproblemen setzt eine gründliche Analyse des Problems voraus. Der Ablauf dieser Technik stellt sich folgendermaßen dar:

- Formulierung des Problems
- Sammlung aller Lösungen (wie beim Brainstorming)
- Die gefundenen Lösungen werden kritisiert (anders als beim Brainstorming).
- Die alles entscheidende Frage: Worauf kommt es eigentlich an? Hier sollten Sie eine abstrahierte Lösungsformulierung finden.
- Sammeln Sie die gefundenen abstrahierten Problemformulierungen und finden Sie Lösungen dazu.
- Diese Lösungsvorschläge werden wieder kritisiert.
- Wieder die alles entscheidende Frage: Worauf kommt es eigentlich an?
- Diese Vorgehensweise wird so lange fortgeführt, bis die Problemlösungen außerhalb des Einflussbereichs der Lösungsgruppe liegen.

Hierzu ein konkretes **Beispiel**: *Wie kann der Durchsatz des Kaffees in Filtertüten aus Papier verbessert werden?* (Schlicksupp 1985, mit freundlicher Genehmigung von Dr. Helmuth Schlicksupp)

- Lösungen:
  - Verändern der Tütengeometrie
  - Während des Filtrierens umrühren
  - Unterdruck im Aufguss usw.
- Frage: Worauf kommt es eigentlich an?
  - Extraktionsgrad soll erhöht werden
  - Zeit beim Extrahieren einsparen usw.

Problemformulierung des 1. Abstraktions-Niveaus: Nach welchen anderen, möglichst überlegenen Verfahren kann man Kaffee extrahieren und trennen?

- Lösungen:
  - Verwendung von Filterpatronen
  - Zentrifugale Trennung
  - Andere Filtermembranen entwickeln usw.
- Frage: Worauf kommt es eigentlich an?
  - Der Kaffeetrinker möchte schnell und problemlos guten Kaffee aufbereiten können

Problemformulierung des 2. Abstraktions-Niveaus:

- Lösungen:
  - Verbesserte Instant-Kaffee-Qualitäten
  - Schnellerhitzer für heißes Wasser
  - Flüssiges Kaffeekonzentrat entwickeln usw.
- Frage: Worauf kommt es eigentlich an?
  - Der Kaffeetrinker schätzt die anregende Wirkung des Kaffees und möchte nach Belieben darauf zurückgreifen können.

Problemformulierung des 3. Abstraktions-Niveaus: Wie kann man dem spontanen Bedarf nach Kaffeegenuss jederzeit gerecht werden?

- Lösungen:
  - Neue Techniken aromaschützender Fertig-Kaffeespeicherung
  - Neue Formen des Kaffeegenusses, z. B. als Bonbon usw.
- Frage: Worauf kommt es eigentlich an?
  - usw.

Prozessanalyse

Neue Ideen für neue Produkte ergeben sich auch aufgrund einer genauen Analyse von Prozessen. In der Prozessanalyse werden alle einzelnen Schritte eines Prozesses und deren mögliche Probleme dargelegt. Anschließend werden für die Probleme Lösungen z. B. mit Hilfe der Methode 6.3.5. oder dem Brainstorming erarbeitet. Wichtig bei dieser Methode ist, dass Sie den Prozessvorgang neben Ihren gedanklichen Vorstellungen dazu auch unter realistischen Bedingungen durchgehen, Erkenntnisse sammeln und daraus ableitend die Probleme feststellen. Ein **Beispiel** soll die Prozessschritte beim Start einer Autofahrt bildhaft darstellen (Litfin 2006, S. 32 ff.). Siehe hierzu Abb. 76 am Beispiel Vorbereitung Autofahrt.

Problemlösungsbaum

Diese Methode ist ein Ordnungsschema. Es bildet Einflüsse und Abhängigkeiten zwischen Ereignissen und Entwicklungen der Zukunft ab. Die grafische Darstellung des Relevanz-

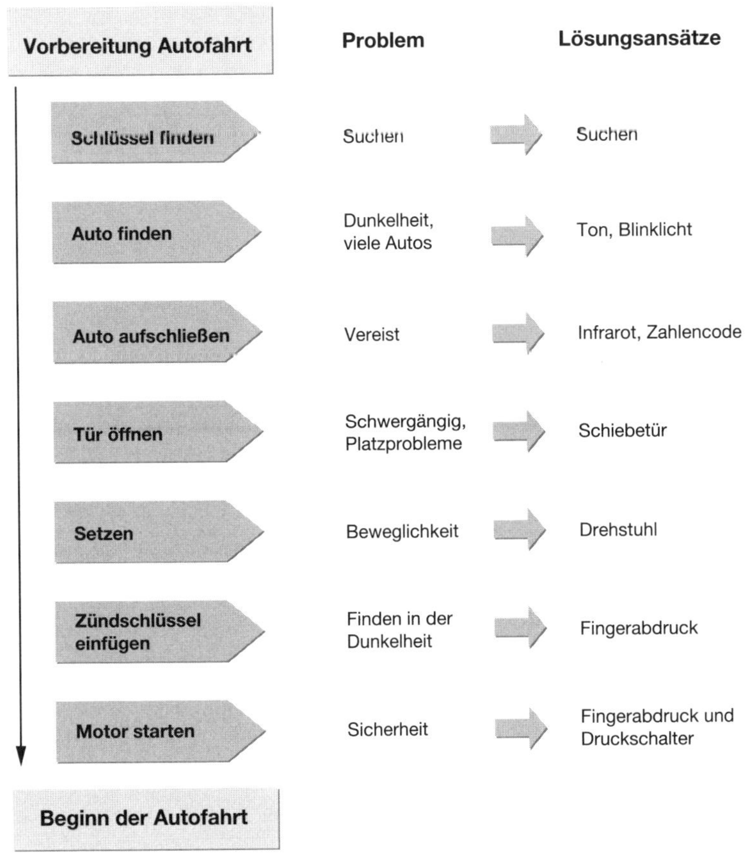

Abb. 76 Autofahrt als Beispiel für eine Prozessanalyse (Prof. Dr. Thorsten Litfin in Anlehnung an König und Volker, S. 82)

baums vermittelt Ihnen einen hohen Informationsgehalt durch das Aufzeigen logischer Verknüpfungen. Anhand dieser Verknüpfungen lässt sich die Bedeutung jedes einzelnen Mittels (Einflüsse) zur Verwirklichung der Zielerreichung darstellen. In einer weiteren Phase wird im Relevanzbaum eine logische Abstufung der einzelnen Einflüsse entsprechend ihrer Bedeutung für die Erreichung des Ziels umgesetzt. Die Relevanzbaum-Methode eignet sich für die Lösung komplexer Problemstellungen, meist bei einer vorgegebenen Zielstellung. Die Methode läuft folgendermaßen ab:

1. Schritt: Prognose über bestimmte Situationen (wirtschaftliche Situation, politische Situation …)
2. Schritt: Mögliche Vorhersagen über die zukünftige technische Entwicklung
3. Schritt: Formulierung von Zielen und Mitteln und die Herleitung eines hierarchischen Systems zwischen diesen

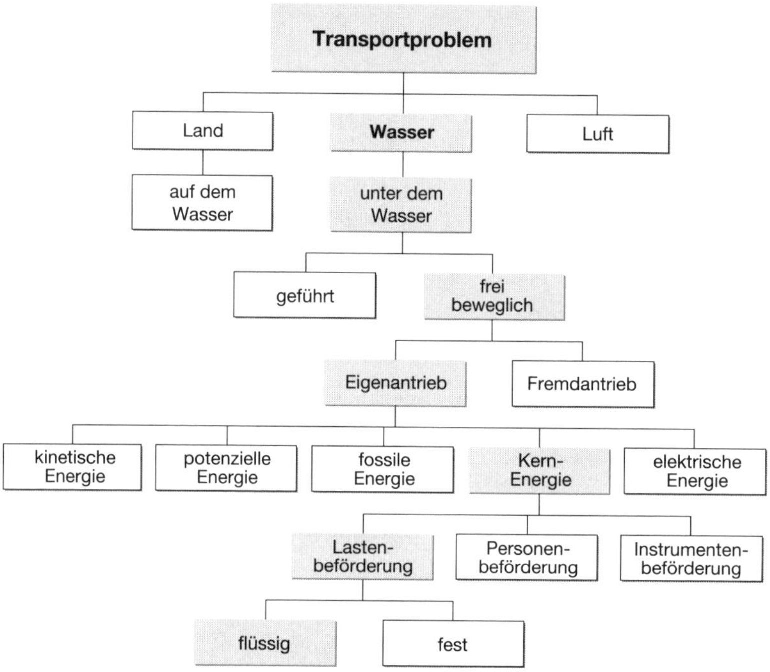

Abb. 77 Problemlösungsbaum für Transportprobleme (Schlicksupp 1985)

4. Schritt: Bewertung der ermittelten Ziele und Mittel
5. Schritt: Auswertung

Abbildung 77 verdeutlicht die Vorgehensweise beim Problemlösungsbaum.

Semantische Intuition

Die Methode Semantische Intuition (semantisch = hören, intuitiv = gedankliche Vorstellung) (Schlicksupp 1985) „lebt" sozusagen vom Hören und der daraus erlebbaren Vorstellung. Wenn Sie zum Beispiel das Wort Liebe oder das Wort Italien hören, dann sehen Sie wahrscheinlich sofort ein Bild zu den gemachten Erfahrungen hinsichtlich Liebe oder Italien. Das Gleiche passiert auch, wenn Sie völlig neue Begriffe (Wörter) hören. Auch hier machen Sie sich (neuartige) Vorstellungen, neue Bildvorstellungen. Und genauso arbeitet die Methode Semantische Intuition. Mit dieser Methode werden je nach Problemstellung bekannte Gegenstandsbereiche miteinander zufällig kombiniert. Die Kombination führt häufig zu überraschenden neuen Ideen, die konkretisiert werden müssen. Die Semantische Intuition eignet sich ganz besonders für das Auffinden neuer Produktideen. Ein kleines

Beispiel soll die Methode illustrieren (Schlicksupp 1985, in gekürzter Version wiedergegeben). Die Problemstellung: *Es werden Ideen für neues Küchen- und Speisezubehör gesucht.*

1. Spontanes Assoziieren von bereits vorhandenem Zubehör und Begriffen aus dem Umfeld „Küche/Speisen". Zerlegen zusammengesetzter Hauptwörter in ihre Wortbestandteile.

1. Herd	a) Deckel
2. Dampf	b) Messer
3. Platte	c) Mixer
4. Kartoffel	d) Teller
5. Stampfer	e) Öffner
6. Reibe	f) Sieb

   Die Vielzahl und Originalität der erzielbaren Ideen kann beträchtlich angehoben werden, wenn auch Begriffe aus „küchenfremden" Gegenstandsbereichen in die Kombination einbezogen werden.

2. Aus zufälligen Kombinationen der aufgelisteten Begriffe ergeben sich u. a. diese Anregungen und Ideen:
   1/c: Mixer mit Wärmeabgabe, um bestimmte Mixvorgänge unter erhöhter Temperatur ablaufen lassen zu können.
   6/a: Topfdeckel mit erweiterten Funktionen, zum Beispiel mit einer Reibstelle für Muskatnüsse.

Bionik

Die Bionik arbeitet wie die Synektik mit Analogien. Sie ist besonders zur Lösung von Analyse-, Konstellations- und Suchproblemen geeignet. Die Basisidee der Bionik ist die direkte Übertragung von Systemen und/oder Strukturen der Natur auf umsetzbare technische Lösungen. Die Vorgehensweise beinhaltet folgende Stufen:

- Interessante Problemlösungen der Natur werden geprüft. Dabei ist darauf zu achten, dass Sie die Problemdefinition nicht zu einengend formulieren, um mögliche Lösungsmöglichkeiten nicht von vornherein auszuschließen.
- Geeignete Lösungsmöglichkeiten werden auf menschlich-technische Probleme übertragen.

Ein kleines **Beispiel** soll die Methode der Bionik verdeutlichen (Knieß 1995): Jeder weiß, dass Delfine schnell schwimmen können. Sie sind wahre Weltmeister im Schwimmen. Ein physikalisches Gesetz besagt, dass ein sich bewegender Körper im Wasser Reibungswiderstände zu überwinden hat. Auf den Delfin bezogen bedeutet das, dass er aufgrund seiner

Statur nur maximal 10 km pro Stunde schwimmen könnte. Tatsächlich schwimmt er bis zu 40 km/h schnell. Es scheint so, als ob physikalische Gesetze hier nicht gelten. Warum nicht? Eine genaue Analyse zeigt, woran es liegt. Unser physikalisches Gesetz trifft nur für starre Körper zu. Der Delfin kann aber beim Schwimmen seine Haut ununterbrochen vibrieren lassen. Dadurch verringert sich der Reibungswiderstand und der Delfin kann Fahrt aufnehmen. Die Frage ist nun: Wie kann dieses interessante Naturprinzip des Delfins in technisch umsetzbare und wirtschaftlich vertretbare Ideen übertragen werden? Wie kann ein Schiff so konstruiert werden, dass die Außenhaut vibriert, so dass es hohe Fahrt aufnehmen kann und dabei weniger Energie verbraucht? Zum Beispiel durch Ultraschall oder mechanische Bewegungen …

Es gibt noch viele andere Ideen (Innovationen), die ihren Ursprung in der Natur hatten. Wie orientieren sich Fledermäuse, Fische, Bienen? Die Lösungen sind heute längst umgesetzt in Kompassen, Ultraschall und Radar.

Attribute Listing

Die Methode Attribute Listing steht in enger Verwandtschaft zu der Methode Morphologischer Kasten. Ihr Anwendungsbereich ist jedoch enger gezogen, da diese Methode in der Regel nur eingesetzt wird, wenn bestehende Produkte/Dienstleistungen oder Verfahren weiterentwickelt oder aber optimiert werden sollen. Sie eignet sich auch hervorragend für die Verlängerung des Produktlebenszyklusses, indem dem bestehenden Produkt/Dienstleistung oder Verfahren Neues hinzugefügt wird. Die Ablaufschritte dieser Methode sind:

- Produkt/Dienstleistung/Verfahren wird in seine Einzelteile (Merkmale) zerlegt
- Beschreibung des derzeitigen Ist-Zustands hinsichtlich der Merkmale
- Suche nach neuen Lösungsansätzen
- Auswahl und Umsetzung interessante Lösungsansätze.

Ein kleines **Beispiel** (siehe Abb. 78) soll die Methode Attribute Listing verdeutlichen. *Problem: Suche nach Verbesserung für die Gestaltung eines Romans.*

Delphi-Methode

Mit der Delphi-Methode können Sie zu bestimmten Fragestellungen Zukunftsbilder entwickeln, die von komplexer Natur sind und für die eine Vorhersage mit größeren Unsicherheiten verbunden sind. Sie findet ihren Einsatz häufig zur Vorhersage technischer Veränderungen. Für die Anwendung der Delphi-Methode empfiehlt es sich, viele Experten in den Ideenfindungsprozess einzubeziehen. Sie werden in mehreren Stufen zu den zu erwartenden Zukunftsbildern befragt. Anschließend werden die Ergebnisse ausgewertet.

Merkmal	Derzeitige Lösung	Neue Lösung
Format	Rechtecke, Großoktav	Riesenformat, Miniformat, Trapezformat
Heftung	Fest gebunden	Loseblatt, Endloszieh-harmonika, Ringheft, Nieten
Einband	Fest geschlossen	Durchbrochener Einband, ohne Einband, teilseitiger Einband, Textil, Kork, Kunstleder, Metallfolie, Emaille
Material	Karton	
Wendefolge der Seiten	Blättern von rechts nach links	Blättern von unten nach oben, bedruckte Rolle
Darbietung	Reine Schriftform	Zusatzbilder, Sprechbilder
Inhalt	Nur Romantext	Zusätzlich: Werbung, Rätsel, Leseblätter für Notizen usw.

Abb. 78 Attribute Listing für die Gestaltung eines Romans (Schlicksupp 1985)

Die Befragung läuft durch die getrennte und formalisierte (auch per Internet) mehrmalige Versendung von Fragebögen an die Experten ab. Die Ergebnisse werden anschließend durch eine Monitorgruppe analysiert und ausgewertet. Sie können nach der Auswertung auch noch mit anderen Kreativitätstechniken weiter bearbeitet und konkretisiert werden.

Das Ziel der Delphi-Methode sind Schätzungen und Prognosen zur Zukunft. Die Methode wurde nach dem klassischen Orakel in Delphi benannt und wurde in den 60er Jahren von der RAND Cooperation entwickelt.

Im Regelfall läuft die Delphi-Methode folgendermaßen ab:

- Entwicklung des **Fragebogens**. Dieser sollte maximal 40 bis 45 geschlossene und offene Fragen beinhalten. Eine geschlossene Frage ist mit „ja“ oder „nein“ zu beantworten. Offene Fragen beinhalten Gedankengänge und weiterführende Anmerkungen.
- Bei der **Auswahl der Teilnehmer** sollten Sie darauf achten, dass sie auf den zu untersuchenden Gebieten hoch spezialisierte Experten sind. In der Praxis werden zwischen 30 und 60 und manchmal auch 100 Experten befragt.
- Die **Antworten** aus der ersten Befragungsrunde werden von der Monitorgruppe gesammelt und ausgewertet. Ergibt sich in dieser Phase schon eine Übereinstimmung der Experten, kann die Delphi-Befragung abgeschlossen werden. Im anderen Fall wird eine zweite Befragungsrunde eingeleitet.
- Anschließend werden die Antworten wieder von der **Monitorgruppe eingesammelt** und ausgewertet.

- Gegebenenfalls wird eine **weitere Befragungsrunde** eingeleitet, wenn die Abweichungen der Expertenmeinungen immer noch stark abweichend voneinander sind. In der Regel führen **3 bis 4 Befragungsrunden** zu guten Ergebnissen.

Szenario-Technik

Die Szenario-Technik erhebt keinesfalls den Anspruch, die Zukunft vorhersagen zu wollen. Vielmehr erzeugt sie Bilder über nicht einfach einzuschätzende und vorhersagbare Zukunftsalternativen, die hier durchgespielt werden. Diese Technik wurde vom Frankfurter Batelle-Institut entwickelt. Die Szenario-Technik hat jedoch militärische Wurzeln. Anfang der 50er Jahre entwickelte der amerikanische Futurologe und Militärwissenschaftler Herman Kahn militärstrategische Planspiele, die er Szenarien nannte. Anfang bis Mitte der 70er Jahre wurden solche Planspiele dann auch in der Wirtschaft eingesetzt. Die Ölkrise führte dazu, dass diese Technik in den Mineralölkonzernen weiter an Bedeutung gewann. Heute wird die Szenario-Technik in allen Wirtschaftsbereichen erfolgreich eingesetzt.

Die Szenario-Technik hat drei Möglichkeiten, Szenarien (Zukunftsbilder) zu entwickeln. Sie unterscheiden sich zwar untereinander, haben in sich jedoch einen festen gedanklichen Zusammenhang:

- Der Weg des optimistischen Extremszenarios, genannt auch „Best-Case“ = günstigste Zukunftsmöglichkeit.
- Der Weg des pessimistischen Extremszenarios, genannt „Worst-Case“ = schlechteste Zukunftsentwicklung.
- Der Weg des Trendszenarios. Hier wird die Normalsituation als Hochrechnung der Zukunftsentwicklung dargestellt.

Die weite Öffnung des Trichters macht die zukunftsbezogene Unsicherheit deutlich. Je weiter man sich vom Heute in die Zukunft entfernt, desto unsicherer ist sie einzuschätzen. In der Szenario-Technik werden die Störereignisse durch aufkommende nicht vorhersehbare Ereignisse mit in die Entwicklung einbezogen. So kann sich das Unternehmen auf eventuelle Störereignisse besser einstellen und mit Gegenmaßnahmen darauf reagieren.

Und so funktioniert die Szenario-Technik:

Schritt 1: Problemanalyse

In dieser Phase wird ein wirtschaftliches oder unternehmensrelevantes Problem formuliert. Das Problem wird sachlich, zeitlich und räumlich abgegrenzt. Mit der sachlichen Abgrenzung ist der Umfang des Problems angesprochen (Gesamtbereich oder nur Teilbereich). Die zeitliche Abgrenzung deutet auf die Analysegröße hin. Was soll wie gemessen werden (Umsatz, Deckungsbeitrag usw.)? Die räumliche Abgrenzung legt die geografische Zuordnung fest (national oder international oder weltweit). Eine durchgeführte Stärken- und

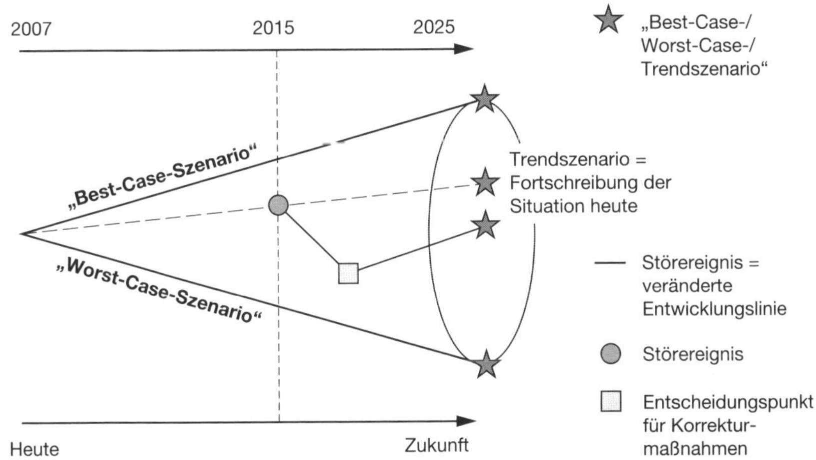

Abb. 79 Der Szenariotrichter mit den Szenariogrundformen (In Anlehnung an Simon 2005)

Schwächenanalyse soll anschließend aufzeigen, welche Probleme gefunden wurden und wie sie kurz-, mittel- und langfristig beseitigt werden können.

Schritt 2: Einflussanalyse- und Deskriptorenbestimmung

In dieser Phase werden Bereiche (Segmente aus der Unternehmenswelt) identifiziert, die auf das Untersuchungsfeld einwirken (Politik, Technologie, Personal, Gesetzgebung, Gesellschaft, Märkte). Damit die Entwicklungsdynamik der identifizierten Einflussfaktoren beschrieben werden kann, sind Kenngrößen (Deskriptoren) festzulegen. Diese können sowohl qualitativ (direkt messbar) als auch quantitativ (sind eher schwer messbar) beschrieben sein. Anschließend werden für jeden einzelnen Einflussfaktor kurz-, mittel- und langfristige Trendprojektionen entwickelt.

Schritt 3: Trendexploration

In dieser Phase wird mit der Entwicklung verschiedener Szenarien begonnen. Hier werden die Einflussfaktoren in drei Gruppen zusammengefasst, die sich gegenseitig verstärken. Die eine Gruppe beinhaltet die „Best-Case“-Faktoren, die die positiven Entwicklungen verstärken. Die andere Gruppe beinhaltet die „Worst-Case“-Faktoren. Sie bestimmen die negativen Entwicklungen. Die dritte Gruppe beinhaltet die „normalen“ (Trend-) Entwicklungen. Zusätzlich können mögliche Störereignisse entwickelt werden, die keinen langfristigen Trend aufzeigen. Sie können einen Trend unterbrechen, stören oder aber völlig zerstören. Diese Störereignisse sind bei allen drei Szenarien mit einzuplanen.

Schritt 4: Interpretation der Szenarien

Die gefundenen Extremszenarien „Best-Case“, „Worst-Case“ und Trendszenario (Normalentwicklung) erhalten zu besseren Charakterisierung einen Namen wie z. B.:

Stärken/Schwächen	
„Best-Case"	
„Worst-Case"	
Konsequenzen für uns?	
Maßnahmen	
Chancen/Risiken	
Chancen	
Gefahren/Risiken	
Chancen nutzen bzw. Risiken vermeiden	
Maßnahmen zur Umsetzung	

Abb. 80 Zukunftsszenario mit Handlungsrahmen

- progressives Szenario,
- Harmonie-Szenario,
- aggressives Szenario usw.

Schritt 5: Auswertung

In dieser Phase werden die entwickelten Szenarien auf Herz und Nieren geprüft. Eine Stärken- und Schwächenanalyse findet statt. Die Ausgangssituation für die Stärken- und Schwächenanalyse ist das Unternehmen. Führen Sie eine Analyse durch: Welche Stärken können wir nutzen und welche Schwächen müssen wir abbauen?

Diskutieren Sie im Team auch darüber, welche Auswirkungen die ausgewählten Szenarien auf Ihr Unternehmen haben:

- Welche Chancen können wir nutzen?
- Welche Herausforderungen müssen wir annehmen?
- Welche Risiken/Gefahren werden uns begegnen?

Chancen sind möglichst schnell zu nutzen. Risiken hingegen müssen minimiert bzw. in Chancen verkehrt werden. Aus den Ergebnissen der Stärken- und Schwächen- und Chancen- und Risikenanalyse (SWOT-Analyse) können Sie nun Handlungsstrategien (Leitstrategie und Maßnahmenpläne) ableiten, um an der mit der Szenario-Technik erarbeiteten und gewünschten Entwicklung möglichst stark zu partizipieren. Die Abb. 80 und 78 zeigen, wie Sie die Szenario-Zukunft skizzieren können.

Ein etwas vereinfacht dargestelltes Zukunftsszenario könnte folgendermaßen aussehen:

	Positives Extremszenario	Normale Entwicklung	Negatives Extremszenario	Stärken/ Schwächen	Chancen/ Risiken
Wirtschaftliche Entwicklung					
Technologie					
Personalbeschaffung und -qualifikation					
Kredit- und Kostenentwicklung					
Beschreibung Zukunftsbild					

Abb. 81 Zukunftsszenario

Literatur

Grosche, Clemens, und Bernd Bothe. 1985. *Von der Idee zum Markterfolg*. Stuttgart.

Knieß, Michael. 1995. *Kreatives Arbeiten*. München.

König, Volker. 2002. *Innovationsmanagement in der Industrie*. München, Wien.

Kotler, Philip, und Trias de Bes, Fernando. 2004. *Laterales Marketing für echte Innovationen*. Frankfurt/New York.

Kramer, Friedhelm. 1977. *Produktinnovation, Orientierung Schweizerische Volksbank* Nr. 66, 1977.

Linneweh, Klaus. 1973. *Kreatives Denken*. Karlsruhe.

Litfin, Thorsten. 2006. Der Produktmanager. In: Innovationsmanagement – von der Idee zum marktfähigen Produkt, Schriftlicher Lehrgang, Lektion 8, Management Circle-Edition 2006.

Malorny, Christian, Wolfgang Schwarz, und Hendrik Backerra. 1997. *Die sieben Kreativitätswerkzeuge K7*. München.

Nimmergut, Jörg. 1972. *Kreativitätsschule*. München.

Osborn, Alex F. 1953. *Applied Imagination*. New York.

Schlicksupp, Helmuth. 1985. *Ideenfindung*. Würzburg.

Simon, Walter. 2005. *Management-Techniken*. Offenbach.

9 Techniken zur Ideengenerierung aus Kundensicht

> Innovationsprozesse sind immer mit großen Risiken verbunden. Die Risiken sind einerseits auf fehlende Informationen in der Technologie zurückzuführen und andererseits in der Marktunsicherheit zu suchen. Die Frage ist nun: Wie können Sie diese Risiken verringern? Eine Antwort darauf ist Kundeneinbindung. Es ist die Öffnung für externe Quellen durch das Mitwirken von Marktpartnern. In diesem Kapitel erfahren Sie, welche Techniken und Methoden Sie nutzen können, um Ideen aus Kundensicht zu generieren.

Die frühzeitige Einbindung externer Quellen in den Innovationsprozess steigert dessen Erfolg erheblich. Allerdings, die Kunde von der Integration externer Quellen ist noch nicht in alle Unternehmen vorgedrungen. Diese erfolgreiche Ressource für Innovationen wird nur von wenigen Unternehmen genutzt.

Der systematischen Kooperation mit Kunden, Lieferanten und Forschungspartnern kommt im Prozess der Neuproduktfindung, -entwicklung und -einführung eine bedeutende Rolle zu. Sie stellt heute eine zeitgemäße Reaktion auf die veränderten Marktbedingungen dar und stärkt langfristig die Wettbewerbsfähigkeit. Die Integration externer Quellen in den betrieblichen Innovationsprozess setzt jedoch voraus, dass sich die Unternehmen vom herkömmlichen Innovationsprozess verabschieden und sich der Interaktion mit Kunden und Lieferanten öffnen.

Es ist wird immer deutlicher, dass sich in den letzten Jahren die Rolle des Kunden geändert hat. Neben der bekannten Käuferposition hat er sich zu einem aktiven und kompetenten Ideengeber „gemausert". Er ist zu einem wichtigen Erfolgsfaktor für das Gelingen neuer Produkte geworden und aus dieser Position nicht mehr wegzudenken.

Sie können zwischen fünf Kundenbeiträgen unterscheiden (Brockhoff 1998; Trommsdorff und Steinhoff 2007). Die Abb. 82 macht die Wandlungen der Kunden deutlich.

- Kunden als Nachfrager, die Bedürfnisse erkennen lassen, indem sie sich an Marktforschungsstudien beteiligen und Ideen liefern.

R. H. G. Großklaus, *Von der Produktidee zum Markterfolg*, DOI 10.1007/978-3-8349-4594-5_9,

	Kunden als passiv eingestellte Abnehmer			Kunden als aktive Gestalter
	Überzeugen von vorab definierten Käufergruppen	**Eingehen auf einzelne Kunden**	**Lebenslange Bindung zu einzelne Kunden**	**Kunden als Mitschöpfer von Wert**
Zeitrahmen	70er und frühe 80er Jahre	Späte 80er und frühe 90er Jahre	90er Jahre	ab 2000
Art der Geschäftsbeziehung	Der Kunde wird als passiver Käufer betrachtet, in der vorab bestimmten Rolle eines Verbrauchers			Kunden sind Mitwirkende, Mitentwickler und Mitbewerber
Einstellung des Managements zum Kunden	Kunde gilt als statistische Durchschnittsgröße; Käufergruppen werden im Voraus bestimmt	Kunde stellt bei Geschäftsvorgängen eine individuelle statistische Größe dar	Kunde wird als Individuum wahrgenommen; Vertrauen und enge Beziehungen werden gepflegt	Kunde wird nicht nur als Individuum, sondern auch als Teil eines sich neu entwickelnden Gefüges gesehen
Interaktion des Unternehmens mit Kunden	Herkömmliche Marktforschung und Kundenbefragung. Produkte werden ohne großes Kunden-Feedback kreiert	Wechsel von reinem Verkauf zur Unterstützung der Kunden z. B. durch Kundendienst	Sorge um Kunden auf Basis von Beobachtung des Nutzenverhaltens/Suche nach Problemlösungen	Kunden sind Mitentwickler, gemeinsame Ausformungen von Erwartungen und Schaffung von Marktakzeptanz
Kommunikation	Ein-Weg-Kommunikation	Zwei-Wege-Kommunikation	Zwei-Wege-Kommunikation und enger Umgang	aktiver Dialog

Abb. 82 Wandlungen der Rolle des Kunden (Trommsdorff und Steinhoff 2007, S. 172)

- Kunden als aktive Mitgestalter im Produktentwicklungsprozess, die Ideen liefern, anregen und ggf. selbst Probleme lösen.
- Kunden als Innovatoren, deren bereits fertige Problemlösung entwickelt und vermarktet wird.
- Kunden als Quellen von Anwendungswissen, das durch realitätsnahe Ersterprobung generiert wird, bzw. durch Kunden, die bei der Markteinführung Referenzkunden sind.
- Kunden als Helfer bei der Überwindung innerbetrieblicher Innovationswiderstände beim Hersteller, indem sie Unsicherheiten reduzieren.

Die Kundeneinbindung sollte schon in der Phase Ideenfindung und Konzeptentwicklung stattfinden. Neben den vielen Vorteilen der Kundeneinbindung gibt es auch Gefahren, die den Vorteilen gegenüber stehen. Siehe hierzu die Abb. 82.

Um die Kundenkompetenz erfolgreich nutzen zu können, sollten Sie folgende Überlegungen anstellen:

- Wer sind unsere Kunden?
- Welche Probleme sind aktuell und sollen gelöst werden?
- Welches Problem wird gesucht bzw. soll gelöst werden?

Vorteile/Ziele u. a.	Nachteile/Gefahren u. a.
Unsicherheitsaspekt – Detaillierte Einblicke in den Anwendermarkt – Gewinnung komplementärer Ressourcen – Synergieeffekte – Reduzierung von Überperfektionierung – Reduktion des Risikos einer mangelhaften Berücksichtigung der Kundenbedürfnisse **Absatzaspekte** – Gewinnung neuer Marktpotenziale über Referenzkunden – Informationen über (potenzielle) Konkurrenten – Verstärkung der Partner-/Kundenbindung – Beschleunigung der Diffusion **Ressourcenaspekt** – Zeitersparnisse – Kostenreduzierung	– Kunden orientieren sich an vorhandenen Problemlösungen und beurteilen unbekannte Eigenschaften ggf. entsprechend kritisch – Kunden haben z. T. Schwierigkeiten bei der Artikulation ihrer (unbewussten) Bedürfnisse – Abhängigkeiten von den Zielkunden – Rechtliche Probleme bzgl. des Eigentums an generierten Lösungen – Abfluss wettbewerbsrelevanter Informationen

Abb. 83 Vorteile und Nachteile der Kooperation mit Zielkunden (Trommsdorff und Steinhoff 2007, S. 173)

- Können wir das Problem lösen?
- Können wir die Lösung zu einem vernünftigen Preis und Service anbieten?

Wenn Sie die Kunden beim Finden von neuen Produktideen einbinden, entsteht zwangläufig ein intensives Vertrauensverhältnis und damit einhergehend auch eine enge Kundenbindung. Während des Innovationsprozesses ist ein Unternehmen vielen Unsicherheiten ausgesetzt, die oft unter anderem auf marktbezogenen Informationsmangel zurückzuführen sind. Kundeneinbindung und die Nutzung von Wissen, Fähigkeiten und Kompetenzen dieser Kunden sowie die Ermittlung ihrer Bedürfnisse sind Merkmale eines kundenorientierten Innovationsprozesses.

Wie Sie vorgehen können, um interessante Kunden in den komplizierten Innovationsausschuss erfolgreich einzubinden, verdeutlicht das folgende **Beispiel**. Ein weltweit bekanntes deutsches Unternehmen, das qualitativ sehr hochwertige Druckmaschinen herstellt, hatte über seinen Kundenbetreuer von einem seiner Kunden eine hoch interessante Idee erhalten. Diese Idee wurde über den Innovationsideencampus zur Prüfung an die technische Abteilung zur eventuellen Weiterverfolgung und -entwicklung weitergegeben. Es war keine einfache Idee. Vielmehr war sie so umfassend, dass alle Abteilungen des Unternehmens, die an der Wertschöpfungskette beteiligt waren, zu dieser Idee befragt wurden. Die Idee wurde also an den Innovationsausschuss weitergegeben, Seine Kompetenz und seine hohe Ansiedlung in der Unternehmenshierarchie übten enormen Druck auf die Weiterverfolgung der Idee aus. Heute ist die vom Kunden initiierte Idee ein Welthit in dieser Branche. Wie dieser Ablauf darstellbar ist, zeigt Abb. 84.

Abb. 84 Der Weg von der (Kunden-)Idee bis zur Markteinführung

Mit der Installation des Ideencampus und des Innovationsausschusses werden Voraussetzungen in Unternehmen geschaffen, (Kunden-)Innovationsideen zu sammeln und anschließend zu bewerten. Darüber hinaus werden interessante (Kunden-)Ideen zielorientiert forciert. Eingelaufene Verhaltensroutinen im Innovationsprozess werden eliminiert. Von Kunden initiierte Produktideen finden raschen Eingang ins Unternehmen und landen immer auf dem Tisch des Innovationsausschusses.

Unternehmen, die mit einer aktiven Einbeziehung von Kunden in den Innovationsprozess arbeiten, sind erfolgreicher als andere. In diesen Unternehmen ist die Innovationsstrategie fester Bestandteil der Unternehmensstrategie. In sehr innovativen Unternehmen ist die Innovationsstrategie sogar die Unternehmensstrategie. Daher ist es nicht verwunderlich, dass sie ihrem Wettbewerb, der weniger mit Kundeneinbindungsmaßnahmen arbeitet, sehr häufig den Rang ablaufen, da sie überlegen sind.

Häufig ist in den Unternehmen zu beobachten, dass die Abteilung Forschung und Entwicklung die Kundenwünsche nicht besonders gut kennt bzw. auf die Wünsche und Probleme der Kunden nicht eingeht. Vielmehr ist zu beobachten, dass die Innovationen sehr komplex weiter entwickelt werden, um etwas ganz Besonderes zu „schaffen". Dies führt häufig zu einem „Overengineering", zur sogenannten „Technologiefalle" von Innovationen und letztlich auch zu Lösungen, die vom Markt nicht angenommen werden.

Es gibt verschiedene Methoden, um aus dem externen Bereich Innovationsideen zu generieren, mit denen viele innovative Unternehmen heute sehr erfolgreich arbeiten. Es handelt sich hier um die Lead-User-Methode, die Funktionsanalyse, die Arbeit mit einem Pflichten- und Lastenheft, die Produktklinik, die Conjoint-Analyse sowie Quality Function Deployment. Diese Methoden werden im Folgenden vorgestellt.

Lead-User-Methode

Wenn es um die permanente, aktive und ausgewählte Kundeneinbindung im Innovationsprozess geht, greifen Unternehmen zunehmend mehr auf das Lead-User-Konzept zurück. Insbesondere dann, wenn es um außergewöhnliche (radikale) Produktideen geht. Lead-User sind besonders interessierte und qualifizierte Anwender. Sie nehmen hier eine Vorreiterrolle ein, weil sie ein Gespür haben für Anforderungen und Anwendungsprobleme und somit früher als alle anderen Marktteilnehmer an attraktiven Innovationen für ihren Markt interessiert sind. Von daher ist es auch verständlich, dass gerade sie einen persönlichen Nutzen aus diesen Innovationen ziehen. Nicht zuletzt schon deswegen, weil sie häufig auch die „Erfinder" solcher Innovationen sind. Sie sind innovative „Tüftler" und besonders neugierig. Sehr häufig sind sie Trend- und Meinungsführer in ihren Zielmärkten. Durch die aktive Einbindung von Lead-Usern in den Innovationsprozess nimmt die Erfolgsgarantie eines Innovationsprojekts deutlich zu. Die Lead-User-Methode ist ein Prozess, der sich aus vier Hauptstufen zusammensetzt:

1. **Start und Definition des Lead-User-Projekts**
   In dieser Stufe wird der Innovationsausschuss zusammengestellt, der unter anderem auch für die Vorgehensweise und Durchführung des Lead-User-Prozesses verantwortlich zeichnet. Dieser Ausschuss setzt sich aus Führungspositionen der Unternehmensabteilungen zusammen. Er legt fest, für welchen Zielmarkt und welches Produktfeld neue Ideen gefunden werden sollen und welche Grundanforderungen und Ziele dem Innovationsprojekt zugrunde gelegt werden.
2. **Analyse Bedürfnisse und Trends**
   In dieser Stufe werden per Desk-Research Daten und Fakten gesammelt (Scanning von Literatur, Datenbanken, Studien und Veröffentlichungen) sowie Interviews mit Markt- und Technologieexperten zum Thema Bedürfnisse und Trends durchgeführt und analysiert. Mit der „Delphi-Methode" und/oder der „Szenario-Analyse" werden Trends festgestellt. Danach folgt eine Selektion der Trendszenarien. Hier wird festgestellt, welche gesellschaftlichen, wirtschaftlichen und/oder technischen Entwicklungen in der Zukunft eintreten können und wie sie sich auf das Innovationsprojekt auswirken.

3. **Finden der Lead-User und von deren Ideen**
   In dieser Phase werden die Lead-User in einem sich wiederholenden Suchprozess identifiziert. Hier handelt es sich in der Regel um Lead-User, die die gefundenen Trends vorantreiben. In der Diskussion mit diesen Lead-Usern werden erste Ideen diskutiert und ggf. bewertet. Nicht alle Lead-User sind jedoch in der Lage, innovatives Verhalten zu entwickeln und selbst Ideen hervorzubringen. Ziel ist es in dieser Phase, die Kreativität der Kunden an der Gesamtheit aller Kunden zu messen, um innovative von weniger innovativen Kunden trennen zu können. Diese Lead-User werden dann zu einem Innovations-Workshop eingeladen. Die Abb. 85 zeigt den Lead-User-Prozess.
   In der Praxis werden verschiedene Auswahlverfahren, kreative Kunden zu identifizieren, angewandt. Neben Ideenwettbewerben finden das „Pyramiding" bzw. „Networking" und das „Screening" Eingang in das Auswahlverfahren. Bei der Screening-Methode werden die vorhandenen Merkmale und Eigenschaften mit den festgelegten Lead-User-Merkmalen mittels eines Fragebogens überprüft. Die Ergebnisse der Selbstauskunft der Befragten dienen später als Entscheidungsgrundlage für die Auswahl zur Integration in den Innovationsprozess.
   Der „Pyramiding- bzw. Networking-Ansatz" basiert auf der Befragung von in Betracht gezogenen Kunden des Netzwerks, die wiederum weitere Produktnutzer kennen, die neue Bedürfnisse haben oder aber bereits schon innovativ tätig geworden sind. Man kann diese Vorgehensweise auch mit dem bekannten „Schneeballeffekt" vergleichen, da solche Weiterempfehlungen relativ schnell zu innovativen Lead-Usern führen. Zu bemerken ist jedoch, dass jede Methode ihre Vor- und Nachteile hat. Es gibt nicht den Weg, der mit Sicherheit zum innovativen Lead-User führt.

Praxistipp

Screening können Sie immer dann sinnvoll einsetzen, wenn sich die Kunden von ihren Merkmalen her ausreichend abgrenzen lassen oder wenn z. B. der Fragebogen zur Feststellung von innovativen Lead-Usern sehr umfangreich ist. Pyramiding ist gut eingesetzt, wenn sich die Kunden von ihren Merkmalen her nur sehr schwer abgrenzen lassen, das Netzwerk unter den Mitgliedern stark kommuniziert und wenn der Fragebogen unkompliziert zu beantworten ist (Reichwald 2007).

4. **Entwicklung von Lösungskonzepten**
   Nach der Auswahl werden diese Lead-User dann zu einem Workshop mit Ideenaustausch und zur Ideenweiterentwicklung eingeladen. Das Ergebnis sind erfolgreiche Lösungskonzepte.

Beispiel eines Lead-User-Kunden-Konzepts in der Umsetzung[1]

Es handelt sich hier um einen weltweit agierenden Konzern, der in der Branche der Befestigungstechnik erfolgreich tätig ist. Dieses Unternehmen verfolgt eine kontinuierliche Innovationsstrategie. Die Kernkompetenzen dieses Unternehmens sind:

[1] Der Name des Unternehmens darf aus Geheimhaltungsgründen nicht genannt werden.

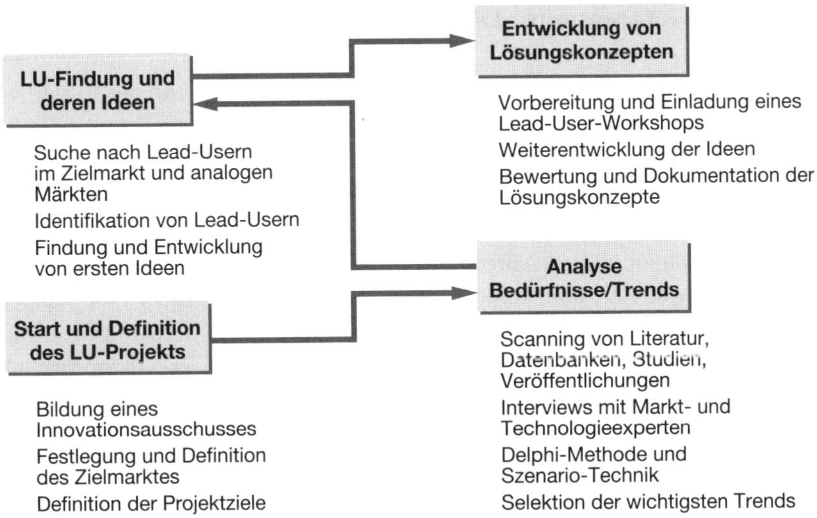

Abb. 85 Lead-User-Prozess (In Anlehnung an Litfin 2006)

- Innovationen,
- hochwertige Produkte,
- intensive Kundenkontakte, -nähe,
- intensive Zusammenarbeit bei Innovationsprojekten.

Die Umsetzung des Lead-User-Kunden-Konzepts fand in folgenden Schritten statt:

- Stufe I: Interessante technologische Trends identifizieren,
- Stufe II: Interessante Lead-User-Kunden finden,
- Stufe III: Mit den Lead-User-Kunden Innovationsprojekte gemeinsam entwickeln,
- Stufe IV: Gefundene Lösungen auf Akzeptanz überprüfen.

Die Schritte zur Umsetzung des Lead-User-Kunden-Konzepts wurden vom Ideencampus in Abstimmung mit dem Innovationsausschuss geplant und durchgeführt.

Stufe I: Auffinden interessanter technologischer Trends für den Produktbereich Befestigungstechnik

Die Mitglieder des Ideencampus führten Gespräche mit entsprechenden Experten aus dieser Branche. Experten waren in diesem Fall Techniker und Ingenieure, die mit dieser Branche sehr vertraut waren.

Stufe II: Finden interessanter Lead-User-Kunden

Mit einem vom Ideencampus entwickelten Fragebogen (per Post und per E-Mail versendet) werden die interessanten Lead-User-Kunden herausgefiltert, die sich mit der Lösung dieses Problems schon längere Zeit beschäftigt oder hierzu schon eine Lösung oder Teillösung entwickelt haben. Insgesamt wurden 200 interessante Lead-User-Kunden befragt. Bei der Auswahl wurden insgesamt 25 Lead-User-Kunden berücksichtigt, die man als besonders kreativ, innovativ und problemerkennend eingestuft hat. Die ausgewählten Kunden waren auch hoch motiviert und wollten unbedingt an der Weiterentwicklung dieser Problemlösung mitwirken. Sie wurden vom Ideencampus in Abstimmung mit dem Innovationsausschuss zu einem dreitägigen Workshop eingeladen. Die Workshops wurden nicht im Unternehmen, sondern in einem Hotel mit dem Ideencampus und entsprechenden Technikern und Ingenieuren durchgeführt, um freier arbeiten zu können.

Stufe III: Gemeinsame Entwicklung von Innovationsprojekten mit den Lead-User-Kunden

Inhalt dieses dreitägigen Workshops war die Weiterentwicklung gänzlich neuer, innovativer Konstruktionen der Problemlösung. Die Lead-User-Kunden wurden in Gruppen aufgeteilt. Jeder Gruppe wurden zwei Mitglieder des Ideencampus sowie ein Techniker und ein Ingenieur beigestellt. Sie führten Analysen durch und leiteten daraus wichtige Anforderungen für neue Problemlösungen ab, die sie dann schriftlich fixierten. Später wurden die erarbeiteten Ergebnisse besprochen, ergänzt, verdichtet und bewertet. Die ausgewählten Lösungen wurden dem Innovationsausschuss präsentiert. Anschließend fand eine gemeinsame Auflistung der Ergebnisse statt, die nach Prioritäten der Probleme unterteilt wurden. Die Lead-User-Gruppen mussten über erste Ansätze für Lösungen diskutieren. So wurden dann auch die verschiedensten Lösungsansätze entwickelt und stichpunkt- oder skizzenartig festgehalten. Zusätzlich wurden Kreativitätstechniken (Synektik, Morphologischer Kasten) eingesetzt, wodurch weitere interessante Lösungsansätze entstanden.

Am letzten Workshop-Tag wurden die Lösungsansätze erneut bearbeitet. Die Umsetzbarkeit sowie alle möglichen Vor- und Nachteile wurden diskutiert und analysiert. Das Endresultat waren dann acht interessante Lösungsansätze. Diese Lösungsansätze wurden dann in den Lead-User-Gruppen so lange bearbeitet, bis eine ganz konkrete Lösung daraus entstand. Diese wurde wieder schriftlich festgehalten. Flankiert wurde die Lösung mit einer Vor- und Nachteilliste. Später wurde diese Lösung vom Ideencampus dem Innovationsausschuss präsentiert und erläutert und von ihm zum Akzeptanztest freigegeben.

Stufe IV: Überprüfung der gefundenen Lösungen auf Akzeptanz

Die dann gefundene Lösung wurde von einer weiteren Gruppe von Lead-User-Kunden und Anwendern mittels eines strukturierten Fragebogens auf Akzeptanz hin überprüft. Das Endergebnis war positiv. 90 Prozent aller Befragten waren der festen Überzeugung, dass die gefundene innovative Lösung im Markt Erfolg haben würde und sich damit sogar ein höherer Preis durchsetzen ließe.

Die Lead-User-Kunden-Einbindung ist, so zeigt es sich hier, ein hervorragendes Instrument, mit dem Sie zum einen die Kundenkreativität nutzen können und zum anderen, innovative und kundenakzeptierte Lösungen finden. Die Lead-User-Kundeneinbindung lässt immer eine „Win-win-Situation" zu. Beide Parteien haben einen Nutzen von der Zusammenarbeit.

Wie können Sie darüber hinaus aktiv und erfolgreich Kundenintegration für Ihren Innovationsprozess betreiben? In der Praxis werden für erfolgreiche Kundenintegration auch folgende **Instrumente** eingesetzt:

- **Ideenwettbewerbe:** Ideenwettbewerbe sind ein attraktives Instrument, um möglichst in einem frühen Stadium des Neuproduktfindungsprozesses Ideen zu erhalten. Darüber hinaus wird neben der Mengenproduktion von Ideen auch die Kreativität unter den „Ideenlieferanten" zum Nutzen des Unternehmens durch den Wettbewerbscharakter stark gefördert. Ideenwettbewerbe können auch eingesetzt werden, um Lead-User zu orten. Hier kann der Wettbewerb als Vorstufe zur weiteren Kundenintegration und zum Kundenkontakt gesehen werden, die später dazu führen, dass besonders kreative Lead-User von dem Unternehmen zu entsprechenden Innovations-Workshops eingeladen werden.
- **Toolkits:** Das sind internetgeführte Interaktionsplattformen, mit denen die Nutzer dieses Instruments beispielsweise ein neues Produkt, eine neue Vertriebsform, ein neues Konzept usw. durch eine sogenannte „Trial-and-Error-Methode" selbst entwickeln können. Der Nutzer steht im ständigen Kontakt mit dem Unternehmen. Er kann bei seiner Produktentwicklung sämtliche Neuproduktentwicklungsschritte selbstständig durchführen. Das Unternehmen stellt ihm bei der Vorgehensweise Toolkits zur Verfügung und produziert das vom Kunden entwickelte Produkt. Für den Umgang mit Toolkits sind folgende Schritte zu beachten: Der Nutzer muss sich mit dem Trial-and-Error-Verfahren vertraut machen. Darüber hinaus muss das Unternehmen dafür sorgen, dass alle Möglichkeiten bereitgestellt sind, damit der Kunde sein Produkt „entwickeln" kann. Das Benutzersystem des Toolkits sollte möglichst einfach und verständlich und für die Kunden praktikabel sein. Das Kundendesign (Beschreibung) soll möglichst eins zu eins von der Produktion des Unternehmens übernommen werden können.

  Eine solche Plattform ist für Unternehmen, die sich intensiv mit dem Innovations-Business beschäftigen, eine hoch interessante Sache, da sie den interessierten Kunden von Anfang an in den Innovationsprozess einbezieht.

Im Gegensatz zur herkömmlichen Vorgehensweise, Ideen bzw. Bedürfnisse von den Kunden durch aufwendige Marktforschung zu sammeln, dann zu bewerten und anschließend die Ideen zu Produktlösungen zu entwickeln, wird mit der internetgeführten Interaktionsplattform der Innovationsprozess hochgradig beschleunigt und spart zudem Kosten.
Unternehmen wie Heidelberger Druckmaschinen oder Toyota arbeiten erfolgreich mit dieser Methode.

- **Communities:** Communities bekommen eine wachsende Bedeutung und somit eine rasche Verbreitung. Sie werden von Unternehmen eingesetzt, um virtuelle Gruppen (externe „Tüftler", Produktentwickler und Kreative) zur Mitarbeit an Innovationsaufgaben zu motivieren.
Um an Communities zu partizipieren, bestehen zwei Möglichkeiten. Die erste Möglichkeit ist, virtuelle Gruppen sozusagen zu „beobachten". Meist handelt es sich dabei um verbraucherbezogene virtuelle Gruppen. Sie beschäftigen sich mit Produkten und Marken eines oder mehrerer Hersteller oder eines ganzen Marktsegments. Solche Communities können hersteller- und/oder nutzerinitiiert sein. Die Nutzer einer solchen Meinungsplattform kommunizieren miteinander und tauschen ihre Erfahrungen und Meinungen über Produkte und Hersteller untereinander aus. Solche Meinungsbeiträge beinhalten sehr häufig wertvolle Informationen wie Hinweise und Anhaltspunkte für neue Produktideen bzw. Verbesserungshinweise für schon eingeführte Produkte. Für kleine und mittelständische Unternehmen ist diese Meinungsplattform eine hervorragende, preisgünstige Quelle neuer Ideen.
Die zweite Möglichkeit, um an Communities zu partizipieren, ist, eine solche virtuelle Plattform selbst einzurichten. Darin können dann Innovationsaufgaben und/oder -probleme weltweit an „Tüftler", Produktentwickler, Kreative usw. mitgeteilt werden, die sich mit entsprechenden Lösungen zum dargelegten Thema beschäftigen. Gewünscht ist hier vom Hersteller eine intensive Zusammenarbeit zwischen Hersteller und der innovativen Gemeinschaft. Das Unternehmen Procter & Gamble (Huston und Sakkab 2006) arbeitet sehr intensiv und erfolgreich mit solchen und ähnlichen virtuellen Plattformen.
Communities finden ihre Zielgruppen auch in Clubs und Fangemeinschaften.
Clubs und Fangemeinschaften sind z. B. Mercedes Benz Club Deutschland, Hertha BSC Berlin, Bayern München usw. Solche Clubs werden von den Unternehmen unterstützt und sind hervorragend organisiert. Mitglieder erhalten Club-Cards und haben somit Zugang zum Netzwerk. Wenn Sie einen solchen Kundenclub aufbauen möchten, um ihn für neue Produktideen zu nutzen, dann halten Sie sich an die nachfolgende Checkliste (Großklaus und Didszun 1999). Sie gibt Ihnen wichtige Anhaltspunkte, wie Sie vorgehen können.

Fakten	erledigt	verfolgen	entfällt
Basisvoraussetzungen:			
Entwickeln Sie Kreativität bei der Zusammenstellung der Serviceleistungen			
Planen Sie eine Clubkarte mit unterschiedlichen Funktionen			
Stellen Sie direkte Kommunikation zwischen dem Club und seinen Mitgliedern her			
Weitere Voraussetzungen:			
Kennen Sie schon Ihre Zielgruppe?			
Haben Sie eine oder mehrere Zielgruppen?			
Welche Präferenzen haben die einzelnen Zielgruppen?			
Welche Kommunikationsmöglichkeiten existieren bereits und welche können sich zusätzlich daraus ergeben?			
Sind die Ziele Ihrer Marketingstrategie eindeutig und klar definiert?			
Welche Ziele verfolgen Sie mit einem Kundenclub?			
Über welche Glaubwürdigkeit verfügt Ihr Unternehmen bei den Kunden?			
Wie sieht es mit der Finanzierung aus? Kann sie langfristig durchgehalten werden?			
Ab wann muss sich der Club durch seine Mitgliedsbeiträge etc. selber tragen?			
Steht die Unternehmensleitung hinter dem Vorhaben? Muss an einigen Stellen noch Überzeugungsarbeit geleistet werden?			
Verfügt Ihr Unternehmen über eine gute Organisationsstruktur, damit chaotische Zustände schnellstens wieder behoben werden können?			
Können Sie dem Kunden und natürlich auch sich garantieren, dass Sie langfristig interessante Kundenvorteile (Nutzen) anbieten können?			
Wissen Sie schon, welche Art von Leistungen Sie Ihren Kunden anbieten werden?			
Welche Leistungen kann Ihr Unternehmen selber dazu beisteuern?			

Fakten	erledigt	verfolgen	entfällt
Welche Produkte Ihrer Produktpalette eignen sich dazu?			
Wie hoch ist die Attraktivität, der Zusatznutzen dieser Produkte für die Zielgruppe?			
Welche Mengen können dahinter stehen?			
Welche Kosten werden dadurch verursacht?			
Welche Leistungen müssen Sie von außen „dazukaufen"?			
Für welche Produkte/Dienstleistungen könnte sich Ihre Zielgruppe begeistern?			
Beabsichtigen Sie, bestehenden Trends zu folgen?			
Mit welchem Zuspruch (Größenordnungen) sollten Sie rechnen?			
Welche Kosten werden dadurch entstehen?			
Verfügen Sie in Ihrem Unternehmen über eine geringe Fehlerquote bei der Planung von neuen Projekten?			
Haben Sie Ihre Mitarbeiter auf strikte Einhaltung eines konsequenten Service geschult?			
Können Sie und Ihre Mitarbeiter auch neue Ideen zulassen?			
Heben sich die Aktivitäten durch Ideenreichtum und durch Originalität von denen Ihrer Mitbewerber ab?			
Verstehen Sie den Kundenclub als ein langfristig greifendes Marketinginstrument?			
Haben Sie schon daran gedacht, sich Ihre Konzeption von Spezialisten ausarbeiten zu lassen?			
Können Ihre Mitarbeiter die korrekte Realisierung des Projektes garantieren, oder sollte eine Spezialagentur damit betraut werden?			
Der direkte Dialog mit dem Kunden verhilft Ihrer Marktforschung zu zahlreichen neuen Untersuchungsfeldern und kann Ihnen dadurch langfristig strategische Marktvorteile bieten: – Informationen für Verbesserungsvorschläge – Strittige Kritikpunkte – Individuelle Kundenwünsche – Das frühzeitige Erkennen neuer Trends – Installierung eigener Testmärkte für neue Produkte			

Fakten	erledigt	verfolgen	entfällt
Wie bereite ich mich auf einen Kundenclub vor? Fragen zu den Serviceleistungen und zur Planung:			
Stimmen Ihre Leistungsangebote überein ... – mit der Zielsetzung Ihres Clubs? – mit dem angestrebten Charakter und dem Clubimage?			
Inwiefern passt die Leistungspalette ... – zu den Bedürfnissen Ihrer Zielgruppe? – zu der finanziellen Ausstattung Ihrer Zielgruppe? zum sozialen Umfeld Ihrer Zielgruppe?			
Können Sie garantieren, dass die Clubleistungen ... – organisatorisch durchführbar sind? – finanziell realistisch sind? – von dauerhafter Tragfähigkeit sind?			
Unterschiedliche Möglichkeiten von Clubangeboten: Aktuelle Leistungen beziehen sich ... – auf einen begrenzten Zeitraum. – auf die Unterstützung von Event-Veranstaltungen.			
Dauerhafte Leistungen verhelfen den Mitgliedern ... – zu konstanter Orientierung. – dass sie auf bewährte Leistungsangebote zurückgreifen können.			
Leistungen können ebenfalls nach ihrem Nutzen definiert werden ... – nach geldwertem Vorteil, wie speziellen Preisnachlässen. – nach Exklusivleistungen, unbekannt und nicht erhältlich für normale Kunden. – nach Alltagserleichterungen zur Weg- und Zeitersparnis.			
Travel & Entertainment-Angebote (Beispiele) – Reservierungs-, Buchungs- und Informationsservice – Spezielle Reisearrangements – VIP-Service – Versicherungspakete – Sonderkonditionen bei Auto- oder Motorradvermietung			

Fakten	erledigt	verfolgen	entfällt
Businessorientierte Angebote (Beispiele) – Spezialangebote für Geschäftsleute (Vielreisende) – Steigerung des Reisekomforts – VIP-Lounge-Nutzung – Bonusprogramme			
Privat- oder freizeitorientierte Dienstleistungen – Kino-Previews – Sportveranstaltungen – Theaterveranstaltungen – Rabatte bei Sport- und Fitnessangeboten – Babysitter-Service			
Produkte und Accessoires – Sondereditionen eigener Produkte – Uhren, Schmuck, Tücher und Taschen mit Clubsignet – Delikatessen und exklusive Weine – CD, Musikkassetten, Videos etc. sowie Mitschnitte von Konzerten			
Seminare, Schulungen, Veranstaltungsservice sowie Vorträge und Innovationsaufgaben (-lösungen), Informationsdienste – Alle Formen der Clubmagazine – Internet/Intranet – Homepage – SMS – Faxabruf – Newsletter			
Fragenkatalog und Auswahlkriterien für den Einsatz einer Spezialagentur			
Überprüfen Sie die Leistungen unterschiedlicher Agenturen.			
Vergleichen Sie die Honorarsätze.			
Verfügen die Agenturen über ausreichend kreatives Potenzial, das Sie nachhaltig begeistert? (Zeigt sich am besten bei Präsentationen)			
Kann die Agentur Sie auch konzeptionell unterstützen und beraten oder ist sie nur produktionsorientiert?			
Können Sie der Agentur in Bezug auf eine freundliche Behandlung Ihrer Kunden das Vertrauen aussprechen?			

Fragenkatalog und Auswahlkriterien für den Einsatz einer Spezialagentur			
Verfügt die Agentur über die notwendigen technischen und organisatorischen Voraussetzungen wie ... – ausreichende Telefonarbeitsplätze? – EDV-gestütztes Equipment? – rund um die Uhr Betreuung? – Erreichbarkeit an 365 Tagen im Jahr?			
Betreut die Agentur parallel weitere Kundenclubs, so dass Sie zusätzliche Vorteile erhalten, wie vergünstigte Konditionen bei ... – der Buchung oder dem Einkauf von Reisen – der Buchung von Hotelübernachtungen – dem Chartern von Flugzeug, Bahn und Bussen – dem Einkauf von Konzert- und Veranstaltungstickets – dem Einkauf von Präsenten – der Bestellung von Accessoires – Verhandlungen über Versicherungsprämien – verhandeln Sie darüber hinaus auch mit der Agentur über Mengenrabatte für Ihre Clubkarten!			
Fakten	**erledigt**	**verfolgen**	**entfällt**
Vergleichen Sie Entwicklungs-, Herstellungs- und Versandkosten für: – Club-Karten mit unterschiedliche Exklusivität – Mailings für verschiedene Anlässe – Magazine, die im festgelegten Turnus erscheinen – Newsletter, die aktuelle Ereignisse oder Produktinformationen wiedergeben – virtuelle Plattformen			
Das Club-Service-Center (die organisatorische Zentrale) und seine Aufgaben:			
Sollte das Service-Center räumlich ausgelagert angesiedelt werden?			
Welche Vor- und Nachteile sprechen dafür und welche dagegen?			
Wird Ihr Unternehmen selber das Center betreiben, oder geben Sie das gesamte Paket mit allen Verantwortungen an eine Spezialagentur ab?			
Erkundigen Sie sich, welche rechtliche Form sich für Ihren Kundenclub eignet? So vermeiden Sie wirtschaftliche und rechtliche Schwierigkeiten.			

Das Club-Service-Center (die organisatorische Zentrale) und seine Aufgaben:			
Erfolgt die langfristige strategische Planung der Club-Aktivitäten durch das selbständige Clubmanagement oder durch die Marketing-abteilung des Unternehmens?			
Die Mitarbeiter tragen die Verantwortung für den Aufbau und die Pflege der Kundendatenbank.			
Alle Telefonanrufe Ihrer Mitglieder sollten auf einer separaten Service-Center-Telefonanlage bzw. virtuellen Plattform eingehen.			
Ihr Clubcenter sollte über Fachleute in allen von Ihnen angebotenen Bereichen verfügen.			
Es trägt Verantwortung für die Finanzierung sowie Abwicklung aller finanztechnischen Angelegenheiten, die mit dem Club in Verbindung stehen.			
Die Mitarbeiter sollten in der Lage sein, Veranstaltungen und Clubtreffen organisatorisch vorzubereiten.			
Das Center sollte über eine eigene grafische Abteilung verfügen, die Mailings, Magazine und Newsletter etc. kostengünstig entwickelt			
Fakten	**erledigt**	**verfolgen**	**entfällt**
Bestellungen und Buchungen von Produkten, Tickets, Reisen, Veranstaltungen etc. sollten übernommen und professionell abgewickelt werden können			
Die Kosten für die Einrichtung eines Clubs:			
Technische Ausstattung – Hard- und Software – Telefonanlage mit Faxanschluss – Internetzugang			
Verwaltungskosten – Personalkosten (Management, Telefonisten, Sachbearbeiter etc.) – Geschäftsausstattung – Rechtsberatung – Bürokosten			
Kosten für die Mitgliederwerbung			
Kosten für die Erstellung von Konzeptionen – Neukonzeption – Weiterentwicklung			
Kosten für die Clubkarten – Entwicklungskosten – Kosten der Herstellung			

Die Kosten für die Einrichtung eines Clubs:			
Kosten der Marktforschung			
Kosten für Aktionen/Events			
Kosten der Datenpflege			
Kommunikationskosten – Magazine – Newsletter – Mailings – SMS – E-Mails			
Finanzkosten			

Abb. 86 Checkliste: Aufbau eines Kundenclubs

Merke

Zum Thema Kundeneinbindung sagte Henry Ford einmal: „Wenn ich meine Kunden gefragt hätte was sie wollten, hätten sie gesagt, sie wollten schnellere Pferde". Das Dilemma, nur auf die Stimme der Kunden zu hören ist wahrscheinlich beispielhaft erläutert im erwähnten Statement von Henry Ford. „Wenn die Strategie einer Firma ist, basierend auf Innovation Marktführer zu sein, muss sie die frühen Phasen meistern können, in denen das Marktbewusstsein noch gering ist und verborgene Bedürfnisse erkannt oder sogar neue Bedürfnisse kreiert werden können. Natürlich müssen Firmen immer noch auf ihre Kunden hören und ihre Produkte und Dienstleistungen anhand deren Bedürfnisse anpassen. Jedoch sollten sie sich nicht auf ihre Kunden als einzige Quelle für neue Ideen verlassen" (SIT Systematic Incentives Thinking).

Steve Jobs, ehemaliger CEO von Apple, sagte zu diesem Thema: „You can't ask customers what they want and then try to give that to them. By the time you get it built, they'll want something new".

Funktionsanalyse

Beim Vorgehen mittels Funktionsanalyse wird zunächst einmal das zu lösende konkrete Problem (zum Beispiel ein neuer Rasenmäher) funktional formuliert (Rasen mähen, Rasen aufnehmen, Rasen in den Fangkorb befördern, Rasen belüften, Rasen als Mulche wieder freigeben usw.). Schon diese Vorgehensweise löst ein hohes Abstraktionsniveau aus, das sofort Bilder entstehen lässt und losgelöst vom konkreten Problem Freiräume für Lösungsansätze bietet (Abb. 87).

Dem funktional formulierten Problem werden jetzt für jede Einzelfunktion alle erdenklichen Funktionserfüllungen beigefügt. Ein Beispiel zum Rasenmäher: mähen, Windstrahl, Wasserstrahl, Ultraschall, elektrisch verbrennen, Luftstrahl usw. Die Einzelfunktionen wer-

Lfd. Nr.	Produkte/ Produktempfehlungen	Nicht lösbar	Nicht feststellbar	Klammern	Sichern	Tragen	Verstärken	Führen	Isolieren	Dichten
1	Schraube	x		x	x					x
2	Dichtring		x	x						x
3	Zierkappe für Schraubknopf		x					x		x
4	Empfehlung für ein neues Produkt durch Kombinations-, Funktions-Eigenschaften									
5										
6	Neues Produkt	x	x	x	x			x		x
7										

Abb. 87 Funktionsanalyse und -kombination eigener (und fremder) Produkte (Kramer 1977)

den in einer Matrix waagerecht eingetragen. Die Funktionserfüllungen werden senkrecht in der Matrix eingetragen. Jetzt können Sie, wie beim Morphologischen Kasten, die Funktionserfüllungen für jede Einzelfunktion mit den verschiedensten Funktionserfüllungen anderer Einzelfunktionen kombinieren.

Pflichten- und Lastenheft

Die Pflichten- und Lastenhefte beinhalten verbindliche Ziele für die Entwicklungsprozesse der Innovationsprojekte. Das **Lastenheft** dokumentiert alle Anforderungen (Technik, Produktion, Finanzen usw.), die ein Innovationsprojekt zu erfüllen hat. Hier wird detailliert dargestellt, welches Problem/welche Zielstellung das Innovationsprojekt zu erfüllen hat, wozu es dient (Nutzenlösung). Weiterhin sind darin wirtschaftliche Rahmendaten und Termine fixiert. Die Grundlagen des Lastenhefts sind Erkenntnisse aus Marktforschung und/oder Kundenempfehlungen. Häufig sind im Lastenheft die Projektziele in grobe Teilziele zerlegt, die als Meilensteine definiert sind. Sie zeichnen den möglichen Zeitpunkt vor, zu dem die Hauptaufgaben fertiggestellt sein müssen. Das Lastenheft ist wie ein Problembeschreibung zu betrachten, da sie noch keine exakten Schritte zur Lösung des Problems beinhaltet.

Das **Pflichtenheft** für Innovationsprojekte sollte den Inhalt haben wie in Abb. 88 dargestellt.

Produktbereich:	**Projektleiter**
Produktgruppe:	**Datum:**
Produktbeschreibung:	

	Pos.	**Schritte**	**Verantw.**	**Timing**
Pflichtenheft-Phase (max. 1,5 Monate)	1.	Produktidee (Verbesser./Änder.)		
	2.	Konkurrenzprodukte		
	3.	Überprüfung Markt bzgl. Realisierbarkeit		
	4.	Pflichtenheft		
	4.1	Entscheidungspapier (mit Risikobetrachtung Konstruktion/Fertigung/Markt)		
	4.2	Ausgangsbasis		
	4.3	Gesamtziel		
	4.4	Vorgehensweise		
	4.5	Marktdaten (Stückz./Losgröße)		
	4.6	Betrw. Daten (Entwicklungskosten/Herstellkosten/Schätzkalkulation)		
	4.7	Konkurrenzentwicklungen		
	4.8	Zeitplan		
	4.9	Techn. Forderungskatalog		
	5.	Freigabe Pflichtenheft/Entscheidung (Pflichtenheft wird verbindlich)		

	Pos.	**Schritte**	**Verantw.**	**Timing**
Vorentwicklungs-/Prototyp-Phase (max. Monate)	6.	Entwürfe anfertigen – Brainstorming usw.		
	7.	Wertgestaltung/Wertanalyse		
	8.	Erstellung Konstruktionsunterlagen für		
	9.	Prototyp u. erste Vorkalkulation		
		Teil für Prototyp		
	10.	Fremdteile beschaffen		
	11.	Erste detaillierte Vorkalkulation:		
		– Fertigungszeiten + Material		
		– Kalkulation		
		– Fertigungstechnische Prüfung		
	12.	Prototypen montieren		
		– Erfassung von Fehlern + Mängel		
		– Korrekturen		
	13.	Versuche durchführen		
		– Versuchsbericht		
	14.	Beurteilung Vertrieb/Monteure		
	15.	Beurteilung Fertigung/QS		
	16.	Soll-Ist-Vergleich		
		– Pflichtenheft		
		– Entwicklungszeitplan		
		– Entwicklungskosten		
		– Zeichnung u. Stücklisten		
		(1. Vorkalkulation)		
	17.	Freigabe der 0-Serie/Entscheidung		
		UL nach Berichten		
		– Festlegung der Stückzahl 0-Serie		
		– Erprobung Prototyp		
		– Entscheidung über Dauerprüfung		
		– Festlegung aller Faktoren für 0-Serie		

	Pos.	Schritte	Verantw.	Timing
Null-Serien-Phase (max. Monate)	18.	Dauererprobung Prototyp		
	19.	Freigabe Langlaufteile für 0-Serie (evtl. auch Serie)		
	20.	Infos an beteiligte Stellen für 0-Serie/Serie, Marketingplan, Infos an Vertreib usw.		
	21.	Zeichnungen + Stücklisten für 0-Serie mit Kontrollbez. fertigstellen (noch nicht änderungspflichtig nach Änderungssyst.) – Zeichnungen prüfen/Pausen m. Vermerk „nur für 0-Serie" – Angabe der Unterlagen an Fertigung		
	22.	Langlaufteile für 0-Serie/Serie bestellen		
	23.	Fremdteile beschaffen		
	24.	Teile für 0-Serie anfertigen		
	25.	0-Serie montieren (Erfassen der Fehler und Mängel)		
	26.	Prüfstand (serienmäßige Entwicklung der Leistungsdaten)		
	27.	0-Serie-Check/Qualitätskontrolle		
	28.	Beurteilung Vertrieb/Monteure		
	29.	Beurteilung Fertigung		
	30.	Zweite Vorkalkulation – Fertigungszeiten und Material – Kalkulation – Fertigungstechn. Prüfung		
	31.	Soll-Ist-Vergleich – Pflichtenheft – Entwicklungszeitplan + -kosten – Zeichnungen + Stücklisten – Ergebnis Dauererprobung/PT/Bauteile		
	32.	Freigabe Serie-Entscheid. UL nach Ber. – Festlegung Stückzahl Serie (Inl./Ausl.) – Erprobung 0-Serie		

	Pos.	Schritte	Verantw.	Timing
Serienlauf-Phase (max. Monate)	33.	Freigabe Langlaufteile Serie – Normprüfung erforderlich		
	34.	Außenerprobung 0-Serie		
	35.	Überarbeit. Zeichnung + Stückliste für Serie		
	36.	Normprüfung (ab jetzt Konstruktionsunterlagen änderungspflichtig)		
	37.	Abgabe der Unterlagen an Fertigung		
	38.	Fremdteile beschaffen		
	39.	Teile für Serie anfertigen		
	40.	Serie montieren		
	41.	Qualitätskontrolle		
	42.	Dritte Kalkulation (Nachkalkulation)		
	43.	Festlegung der Ersatz- u. Verschleißteile		
	44.	Erstellung Prospekte/Verkaufsunterlagen nach Marketingplan		
	45.	Vorbereitung der Schulungen für – Vertrieb (intern + extern) – Monteure/KD (intern + extern)		
	46.	Schulungen durchführen		

	Pos.	Schritte	Verantw.	Timing
Serienlauf-Phase	47.	Soll-Ist-Vergleich – Pflichtenheft – Entwicklungszeitplan/stat. Auswertung – Entwicklungskosten – Ergebnis Außenerprobung – Qualitätskontrolle – Nachkalkulation – Verkaufsunterlagen		
	48.	Abschlussbescheid. UL über Auswirkung Soll-Ist-Vergleich		
	49.	Verkauf über Organisation, Lieferfähigkeit, R.O.I.		

Abb. 88 Muster Pflichtenheft (Quelle: unbekannt)

Im **Pflichtenheft** wird das Innovationskonzept bis auf die Ebene der Fertigungsgruppen und meistens auch bis auf die Einzelteile der Fertigungsgruppen beschrieben. So z. B.: Abmessung, Gewicht, Größe, Funktion, Design, Qualität usw. Mögliche Aussagen über Absatz- und Umsatzziele werden durch Zielkostenrechnungen und Wirtschaftlichkeitsrechnungen vervollständigt. Das gesamte Fertigungskonzept wird bezüglich der Anlagentechnik z. B. des Maschineneinsatzes und der Lieferanten festgelegt. Ergänzt werden die technischen Inhalte exakte Terminvorgaben und der festgelegten Meilensteine. Es stehen somit im Pflichtenheft alle Zielvorgaben des Innovationsprojekts. Sie sind Richtungsvorgabe und Maßstab für alle Innovationsaktivitäten im Entwicklungsprozess. Pflichtenhefte und die darin fixierten Projektziele erfüllen im Entwicklungsverlauf des Innovationsprojekts die folgenden wichtigen Funktionen:

- **Planungsfunktion:** Im Pflichtenheft sind alle relevanten Ergebnisse der Innovationsplanung enthalten. Somit ist das Pflichtenheft für das Management als Aufgabenstellung zu verstehen und zwingend verbindlich. Die im Pflichtenheft fixierten Pflichtenzielvorgaben sind für das Management zugleich auch verbindliche operative Handlungsanweisungen mit ganz konkreten Sach-, Zeit- und Kostenzielen.
- **Bewertungsfunktion:** Die erarbeiteten Innovations-Lösungsansätze werden den im Pflichtenheft fixierten Zielen gegenübergestellt und bewertet. Anschließend erfolgt die Auswahl.
- **Koordinierungsfunktion:** Für alle am Innovationsprojekt Beteiligten ist das Pflichtenheft Informationsgrundlage. Es informiert, koordiniert und managt zugleich auch die Zusammenarbeit von Schnittstellen.
- **Qualitätssicherungsfunktion:** Im Pflichtenheft sind die Qualitätsziele des Innovationsprojekts detailliert fixiert. So garantiert das Pflichtenheft, dass die Qualität der Innovationsanforderungen eingehalten wird.
- **Motivationsfunktion:** Zieltransparenz und Zielvorgaben sind für die am Innovationsprojekt Beteiligten die Grundlage, sich mit dem Projekt zu identifizieren.

- **Kontrollfunktion:** Die im Pflichtenheft fixierten Ziele (Sollvorgaben) sind die Grundlage für die Überprüfung des Projektverlaufs und der Zielerreichung.

Das Pflichtenheft ist das entscheidende Management-Tool für ein erfolgreiches Innovationsvorhaben.

Produktklinik

Unter Produktklinik versteht man die Analyse und die daraus gewonnenen Erkenntnisse über eigene und Konkurrenzprodukte. In der Produktklinik werden eigene Produkte oder auch Prototypen miteinander, aber auch mit Konkurrenzprodukten verglichen, um die gefundenen Produkteigenschaften kritisch hinterfragen zu können. Für diese Arbeit werden Teams zusammengestellt. Die Zusammensetzung dieser Teams entspricht dem gesamten Querschnitt der Prozesskette, begonnen mit der Produktdefinition bis hin zum Recycling. In diesen Prozess können „Lead-User-Kunden" mit eingebunden werden, um den erwünschten Kundennutzen zu verbessern. Die Produktklinik beinhaltet Arbeitsschritte, die das Lernen am Produkt und zugleich Verbesserungsmaßnahmen für neue Produkte und Produktionsprozesse möglich machen. Die Produktklinik beschreibt folgende Abläufe:

1. Quantifizierung von wichtigen Leistungsunterschieden
2. Feststellung von Ursachen für Leistungsnachteile
3. Rückschluss auf Produkt- und Prozesskonstruktion
4. Ermittlung der Unterschiede der einzelnen Konstruktionen mit Hilfe der Zerlegungsmethodik
5. Analyse der Kostenlücke aus Funktions- und Faktorkostenunterschieden
6. Formulierung und Umsetzungsanspruch voller Zielgrößen.

Mit Hilfe dieses Instruments können Sie kostengünstig effiziente und kundenorientierte Innovationen entwickeln, die sehr häufig zu Wettbewerbsvorteilen führen. Durch das genutzte interne und externe Know-how werden Beschaffungszeiten für Markt, Wettbewerb, Forschung, Entwicklung usw. eingespart. Des Weiteren sind Kosteneinsparungen z. B. durch das Weglassen von Funktionen usw. möglich, die durch die Analyse- und Zerlegearbeit erkannt wurden. Kosten lassen sich auch senken, wenn die Bestlösungen des Wettbewerbs durch Reverse Engineering auf die eigenen Produkte und/oder Prozesse übertragen und/oder miteinander kombiniert werden.

Der Vorteil der Produktklinik liegt in der ganzheitlichen Betrachtung aller Unternehmensleistungen in kritischer Würdigung zu den ermittelten Kundenanforderungen und ihrer Umsetzbarkeit. Sie ist sozusagen ein funktionsübergreifender, institutionalisierter Lernort. Hinzu kommt das Herausarbeiten von Erkenntnissen, was gleichzeitig die Motivation der Mitarbeiter erhöht, weil das Verständnis für Probleme anderer Wertschöpfungsbereiche (Produktion, Technik, Vertrieb …) zunimmt.

Conjoint-Analyse

Die Conjoint-Analyse wird eingesetzt, wenn es darum geht, Innovationen mit attraktiven Absatzchancen zu entwickeln oder bereits vorhandene, verbesserte Produkte auf ihre Attraktivität aus Kundensicht zu überprüfen. Sie gibt Antworten auf folgende Fragen:

- Bewertung von Absatzchancen und Kundenakzeptanz bei Innovationen und verbesserten Produkten.
- Welchen Beitrag leisten einzelne Leistungsbestandteile im Verhältnis zum Gesamtnutzen?
- Welche Produktmerkmale sind dem Kunden/Anwender wichtig?
- Welche Ausprägungen von Produktmerkmalen bevorzugt der Kunde/Anwender, und welche werden abgelehnt?
- Welche „schlummernden" Potenziale gibt es, um den Kundenwert zu steigern?
- Wie ist die geplante Innovation in kritischer Würdigung zum Wettbewerb hinsichtlich des Kundennutzens aufgestellt und zu bewerten?

In der Conjoint-Analyse werden jedoch nicht nur einzelne Leistungsbestandteile eines Innovationskonzepts bewertet. Vielmehr werden ihre (fiktiven) Merkmalskombinationen und ihre Bedeutung als Ganzes vom Kunden/Anwender bewertet. Die einzelnen relevanten Merkmale, die zu einer Präferenzbildung beigetragen haben, sind dann als Ergebnis der Conjoint-Analyse auf das Innovationsvorhaben zu übertragen.

Die ganzheitliche Bewertung einer fiktiven Innovation erfolgt, indem eine Anzahl von Innovationskonzepten mit unterschiedlichen Merkmalen und Ausprägungen von den Kunden/Anwendern in eine Präferenzrangliste abgetragen werden. Siehe hierzu Abb. 89. Hier wird eine Rangreihe aufgestellt, die vom höchsten bis zum niedrigsten Gesamtnutzen reicht. Auf Basis dieser Liste werden nun die Nutzenbeiträge einzelner Leistungsbestandteile zum Gesamtnutzen (der Grundnutzen setzt sich aus verschiedenen Teilnutzen zusammen) ermittelt (Abb. 90). Der Teilnutzen einzelner fiktiver Innovationskonzepte kann z. B. sein:

- Farbe,
- Material,
- Preis,
- Marke usw.

Die Ausprägungen dazu könnten z. B. sein:

- Blau versus Silber,
- Leder versus Stoff,
- 30.000 versus 45.000 Euro.

	Leistungsmerkmale	Ausprägungen
PKW	Preis	20 000, 30 000, 40 000, 50 000 Euro
	Design	sportlich, klassisch, familiengerecht
	Farbe	rot, blau, silber, schwarz, grau
	Marke	Toyota, BMW, Mercedes, Opel
	Motorleistung	120, 140, 160, 180, 200 PS
	Motorgeräusch	sportlich, leise, normal
	Verbrauch	5 Liter, 7 Liter, 9 Liter, 12 Liter, 14 Liter
	Kraftstoffart	Diesel, Benzin, Benzin + Gas, Benzin + Elektro
	Umweltfreundlichkeit	Ausstoß: Standard, leicht unter, sehr gering
	Sitzkomfort	Sportlich, normal

Abb. 89 Beispiel: Ermittlung und Auswahl relevanter Merkmale und ihre Ausprägungen (In Anlehnung an http://www.conjointanalysis.net/CANet/Einfuehrung.html)

Die Präferenzen, die ermittelt werden, lassen dann auf den Gesamtnutzen eines (fiktiven) Innovationskonzepts schließen. Diese sind dann zu rekonstruieren, also auf das fiktive Innovationskonzept zu übertragen, um sie als Wettbewerbsvorteil zu nutzen.

Die Conjoint-Analyse entspricht damit beinahe dem Bewertungsprozess einer realistischen Kaufsituation. Auch hier ist der Käufer mit einem ganzheitlichen Produkt beschäftigt.

Die Vorgehensweise einer Conjoint-Analyse sollte folgendermaßen ablaufen (Trommsdorff und Steinhoff 2007):

- **Ermittlung und Auswahl:** In dieser Phase werden die relevanten Innovationsmerkmale und ihre Ausprägungen ermittelt und ausgewählt. Empfehlenswert ist eine Auswahl von maximal 5 bis 7 Ausprägungen, da ansonsten die Befragung sehr kompliziert und unübersichtlich wird. Die Ausprägungen sollten in ihren Abstufungen keine allzu großen Sprünge haben. Sind die Sprünge zu groß, besteht die Gefahr einer Überbewertung. So zum Beispiel bei der Ausprägung von Preisvorstellungen. Hier könnte es passieren, dass die realistische Zahlungsbereitschaft durch zu große Sprünge verzerrt würde. Die Ausprägungen sollten also auch realisierbar sein.
- **Entwicklung des Analysedesigns:** Schwerpunkt dieser Arbeit ist die Entwicklung des Fragebogens. Hier wird auch entschieden, ob den zu Befragenden die konkrete Innovation oder ein Innovationskonzept (Bild und kurze Beschreibung) mit den zu bewertenden Merkmalseigenschaften vorgestellt werden soll.
- **Erhebung der Daten:** In dieser Phase bewerten die Befragten die (fiktive) Innovation. Das vorher erwähnte Rangreihenverfahren bietet sich hier an. Das heißt, die Befrag-

Automarke A	Automarke B
Ledersitze	Verlourssitze
Toyota	Mercedes
18 000 Euro	22 000 Euro
130 PS	145 PS
silber	diamantschwarzmetallic

Abb. 90 Profilbeschreibung von zwei Autos anhand von fünf Merkmalen (In Anlehnung an http://www.conjointanalysis.net/CANet/Einfuehrung.html)

ten erhalten Karten mit negativen und positiv bewerteten Innovationen. Anschließend werden die Karten in eine Präferenzrangreihe nach abnehmenden Merkmalsnutzen geordnet.

- **Ableitung der relevanten Innovationsmerkmale und ihre Bedeutung:** In diesem Arbeitsschritt werden die Teilnutzenwerte der Merkmalsausprägungen aus der Präferenzrangreihe geschätzt. Mit dieser Vorgehensweise lassen sich die Gesamtnutzenwerte und die relative Bedeutung der Innovationseigenschaften ableiten. Anschließend werden die geschätzten Gesamtnutzenwerte auf Übereinstimmung mit der Präferenzrangreihe geprüft.
- **Aggregation der individuellen Ergebnisse:** In dieser Arbeitsphase werden die ermittelten Teilnutzenwerte der jeweiligen Merkmalsausprägungen zusammengefügt (verdichtet), so dass möglichst ähnliche Kundencluster entstehen. In diesen Clustern werden die Merkmalsausprägungen dann bewertet.

Ein gestrafftes **Beispiel** soll die Vorgehensweise verdeutlichen (vgl. http://www.conjointanalysis.net/CANet/Einfuehrung.html). Ein Autohersteller setzt für sein neues Innovationskonzept (innovativer PKW) die Conjoint-Analyse ein, um die Präferenzen möglicher Konsumenten herauszufinden. Den Befragten wird hier eine Beschreibung von zwei Pkw-Marken, die anhand von mehreren Merkmalen charakterisiert sind, vorgelegt.

Damit der Beitrag der oben genannten Merkmale (Sitze, Marke, Preis, Leistung, Farbe) und von deren Ausprägungen (Sitze: Leder, Velourssitze usw.) ermittelt werden kann, müssen auch hier Annahmen über eine Verknüpfung der Beiträge der Teilnutzen zu einem Gesamtnutzen vorhanden sein. Damit sich der Gesamtnutzen auf die Teilnutzen zurückrechnen lässt, ist eine Anzahl von Bewertungen notwendig, die von den Merkmalen und ihren Ausprägungen abhängt. Klar wird diese Aussage, wenn Sie darüber nachdenken, wie viele Konzepte sich aus den Kombinationen der Merkmale entwickeln lassen. Wenn zum Beispiel die fünf Merkmale mit jeweils drei Ausprägungen ausgestattet wären, lassen sich durch die Kombination 3hoch5 = 243 PKW-Konzepte entwickeln. Eine solche Anzahl an Bewertungen ist niemandem zuzumuten und macht letztlich auch die Bewertung für alle

Merkmal	Ausprägung	Teilnutzenwert
Sitze	Verlourssitze (B) Ledersitze (A)	0 15
Marke	Mercedes (B) Toyota (A)	30 0
Preis	22 000 Euro (B) 18 000 Euro (A)	0 35
Leistung	145 PS (B) 130 PS (B)	10 0
Farbe	Diamantschwarzmetallic (B) Silber (A)	0 15

Abb. 91 Beispiel: Teilnutzenwerte der einzelnen Merkmalsausprägungen für das Autobeispiel (In Anlehnung an: http://www.conjointanalysis.net/CANet/Einfuehrung.html)

Beteiligten unübersichtlich. Aus diesem Grund werden nur relevante, ausgewählte Stimuli zur Bewertung herangezogen.

Anhand der geschätzten Teilnutzenwerte der einzelnen Ausprägungen lässt sich jetzt auf umgekehrtem Wege der Gesamtnutzen von Konzepten (PKW-Konzepte) bestimmen, die sich aus den Kombinationen der Merkmale entwickeln lassen. Das können sowohl realistische als auch hypothetische Konzepte sein. Dabei spielt es keine Rolle, ob diese durch die Befragten beurteilt wurden oder nicht. Darüber hinaus lässt sich gut ablesen, in welcher Weise Nachteile eines Merkmals durch die Vorteile andere Merkmale (entstanden aus der Kombination) kompensiert werden können. Die Abb. 91 soll diese Möglichkeiten anhand des Autobeispiels verdeutlichen. Unterstellt wird in diesem Beispiel, dass aus den Antworten eines Befragten die in der Abbildung enthaltenen Teilnutzenwerte für die einzelnen Merkmalsausprägungen geschätzt wurden.

Anschließend wird der Gesamtnutzen der beiden PKW-Konzepte ermittelt. Für den PKW A ergibt sich folgender Gesamtnutzenwert:

- Toyota (A) = 15 + 0 + 35 + 0 + 15 = 65
- Mercedes (B) = 0 + 30 + 0 + 10 + 0 = 40

Der Gesamtnutzenwert der beiden PKW-Konzepte zeigt eindeutig, dass das Konzept A (Toyota) präferiert wird. Die Frage ist nun, was muss getan werden, damit das Konzept B (Mercedes) präferiert wird? Jetzt müssen Sie sich die Teilwertnutzenwerte ansehen. Welche Teilwertnutzenwerte könnten auf das Konzept B übertragen werden, damit dieses Konzept vor dem Konzept A präferiert wird? Eine Senkung des Preises um 4000 Euro könnte ausreichen. Die Veränderung der Farbe und der Sitze würde ebenfalls zu weiteren Präferenzen für das Konzept B führen. Mit diesen Korrekturen würde sich der Gesamtnutzen für das Konzept B folgendermaßen darstellen: 15 + 35 + 0 + 10 + 15 = 70.

Die Conjoint-Analyse ist aus der Praxis nicht mehr wegzudenken. Mit ihrer Hilfe können direkt umsetzbare Maßnahmen zur Produktentwicklung abgeleitet werden. Darüber hinaus muss in der Conjoint-Analyse kein fertiges Produkt eingesetzt werden. Die Befragung kann auch mit Bildern von Konzepten zur Ermittlung der Nutzwerte durchgeführt werden. Das hat den Vorteil, dass die Conjoint-Analyse schon in den frühen Phasen des Innovationsprozesses eingesetzt werden kann. Nachteilig sind allerdings der technische Aufwand und die Kompliziertheit dieser Methode. In der Regel ist immer externe Unterstützung von Spezialisten notwendig.

Praxistipp

Professionelle Marktforschungsinstitute und Beratungsgesellschaften arbeiten mit EDV-gesteuerter Conjoint-Analyse-Software (= SPSS). Sie können sich aber auch einer internetbasierten Conjoint-Analyse bedienen. Eine Software führt Sie sicher durch das Programm. Wenden Sie sich dabei an folgende Adresse, um Vorgehensweise und Kosten zu klären: www.tcw.de.

Die Conjoint-Analyse kann auch erfolgreich als Bewertungs- und Auswahlverfahren für Innovationsideen eingesetzt werden. Voraussetzung dafür ist jedoch, dass die Idee als Konzept verständlich skizziert ist.

Quality Function Deployment

Dieses Instrument gibt es seit Mitte der sechziger Jahre, es kommt aus Japan und wurde zuerst unter dem Namen Hinshitsu Kino Tenkai bekannt. Der ursprüngliche Entwickler ist der Japaner Yoji Akao. Die amerikanische Übersetzung machte dann die heutige Bezeichnung Quality Function Deployment daraus.

Dieses Tool ist heute aus den Unternehmen nicht mehr wegzudenken. Es ist eine Methode, die durch Anwendung von unterschiedlichen Charts Planungs- und Kontrollschritte vorgibt, so dass alle Ressorts des Unternehmens am Planungs- und Entwicklungsprozess zusammenarbeiten. Dieses Tool erfordert eine enge und systematische Arbeitsweise in einem Projektteam, das sich aus Marketing, Forschung und Entwicklung, Produktion, Technik, Einkauf, Qualitätssicherung usw. zusammensetzt und mit hohen Kompetenzen ausgestattet abteilungsübergreifend arbeitet (Ideencampus und Innovationsausschuss).

Quality Function Deployment wird insbesondere in den frühen Phasen der Innovationskonkretisierung und -entwicklung eingesetzt. Aber auch die Generierung von Innovationsideen wird von ihm unterstützt. Ziel ist es, die Kundenwünsche in Produktmerkmale umzusetzen. Quality Function Deployment verbindet somit den Absatzmarkt (Kundenwunsch) mit der Produktentwicklung. Mit seiner Hilfe ist es möglich, die „Stimme des Kunden" in technische Merkmale (z. B. Design, Funktion, Qualität usw.) zu übersetzen. In einer ersten Phase werden hier Kundenanforderungen in messbare Produkt- und Prozessparameter umgesetzt. In den drei darauf folgenden Phasen werden daraus Konstruktions-

und Prozessmerkmale erarbeitet und daraus abgeleitet Arbeits- und Prüfungsanweisungen festgelegt.

Die Vorteile, die sich durch den Einsatz von Quality Function Deployment ergeben, sind:

- Verringerung von Produktkosten
- Verringerung von Entwicklungszeiten (teilweise bis zu 40 Prozent Zeitersparnis)
- Weniger Änderungen am Produkt und an Prozessen
- Eine umfangreiche Dokumentation der Entwicklungsprozesse (Innovations-History). Sie begleitet das Vorhaben von der Idee (Wiege) über die Serienreife und Einführung bis hin zur Eliminierung oder Erneuerung.

Quality Function Deployment ist im Entwicklung-, Konstruktions- und Steuerungsprozess erfolgreich einsetzbar und aus diesen Innovationsphasen auch nicht mehr wegzudenken.

Das Instrument Quality Function Deployment besteht aus vier aufeinander aufbauenden Stufen (siehe Abb. 92):

- Produkt- bzw. Innovationsdefinition
- Konstruktionsplanung
- Prozessplanung
- Produktionsplanung.

Jede dieser Stufen wird durch zwei Fragestellungen gesteuert, die einander gegenübergestellt werden.

- Was? – Was wird gefordert, was wollen z. B. die Kunden?
- Wie? – Wie werden die Forderungen erfüllt?

Die „WIE-Frage“ einer Stufe dient dann der nächsten Stufe als „WAS-Frage“. Diese methodische Vorgehensweise wird durch das „House of Quality“ unterstützt. Das „House of Quality“ wird durch eine Beziehungs-Matrix dargestellt. Hierin werden Kunden- und Produkt- bzw. Innovationsanforderungen gegenübergestellt. Die Gegenüberstellung dieser Dimensionen wird durch weitere marketing- und technikrelevante Aspekte ergänzt. Diese Beziehungs-Matrix ist sozusagen eine Innovationsfabrik, weil durch die Gegenüberstellung der Kundenanforderungen und der derzeitigen Produktmerkmale zwei Betrachtungsweisen aufeinanderprallen. Durch die Korrelation werden Gedanken und Vorstellungen für neue Ideen entfacht. Siehe hierzu die erklärende Abb. 93.

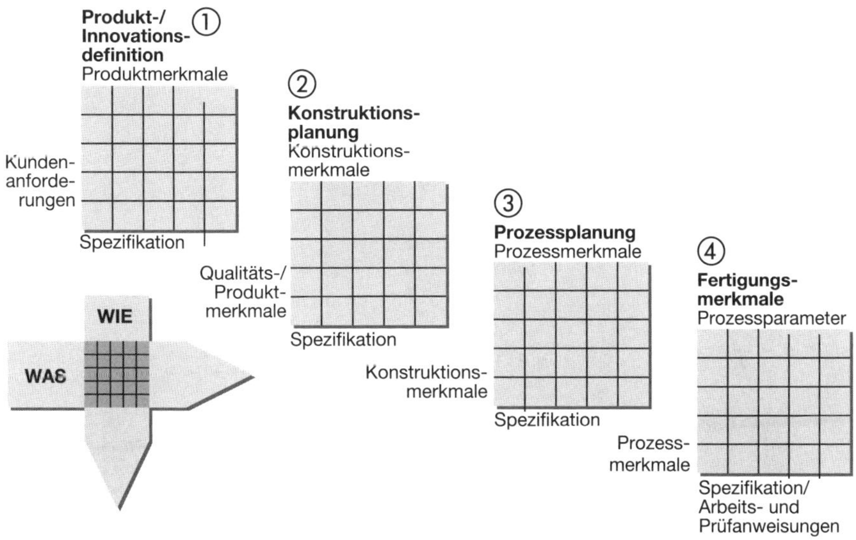

Abb. 92 Die Stufen des Quality Function Deployment (In Anlehnung an Saatweber 1997 und 2007)

Die **Vorgehensweise des Quality Function Deployment** vollzieht sich folgendermaßen:

1. Kundenanforderungen ermitteln (Lastenheft/Conjoint-Analyse)
2. Gewichtung und Priorisierung der Kundenwünsche nach ihrer Bedeutung
3. Wettbewerbanalyse aus Kundensicht (Stärken-Schwächenanalyse der eigenen Produkte in kritischer Würdigung zum Wettbewerb)
4. Ableiten der technischen Produktmerkmale aus den Kundenanforderungen
5. Darlegung der Zusammenhänge zwischen technischen Merkmalen und Kundenanforderungen
6. Quantifizieren der technischen Merkmale als operationale Messgrößen. Sie dienen als Erfüllungsmaßstab für die Qualitätsanforderungen.
7. Wettbewerbsanalyse aus Herstellersicht. Hier werden Produktmerkmale mit denen des Wettbewerbs verglichen, beispielsweise mit der Conjoint-Analyse und/oder der Produktklinik. In dieser Stufe wird die Festlegung von Zielwerten für das zukünftige Produkt bzw. die Innovation vorgenommen. Diese fließen dann in das Pflichtenheft ein.
8. Darstellung und Bedeutung der technischen Merkmale in Korrelation zu den Kundenanforderungen bestimmen und festlegen.

Toyota arbeitet seit den 70er Jahren sehr erfolgreich mit dem Instrument Quality Function Deployment. „Das Unternehmen hatte ein Projektteam zur Entwicklung einer innovativen PKW-Tür mit der Quality Function Deployment-Methodik erfolgreich eingesetzt“ (Trommsdorff und Steinhoff 2007, S. 386).

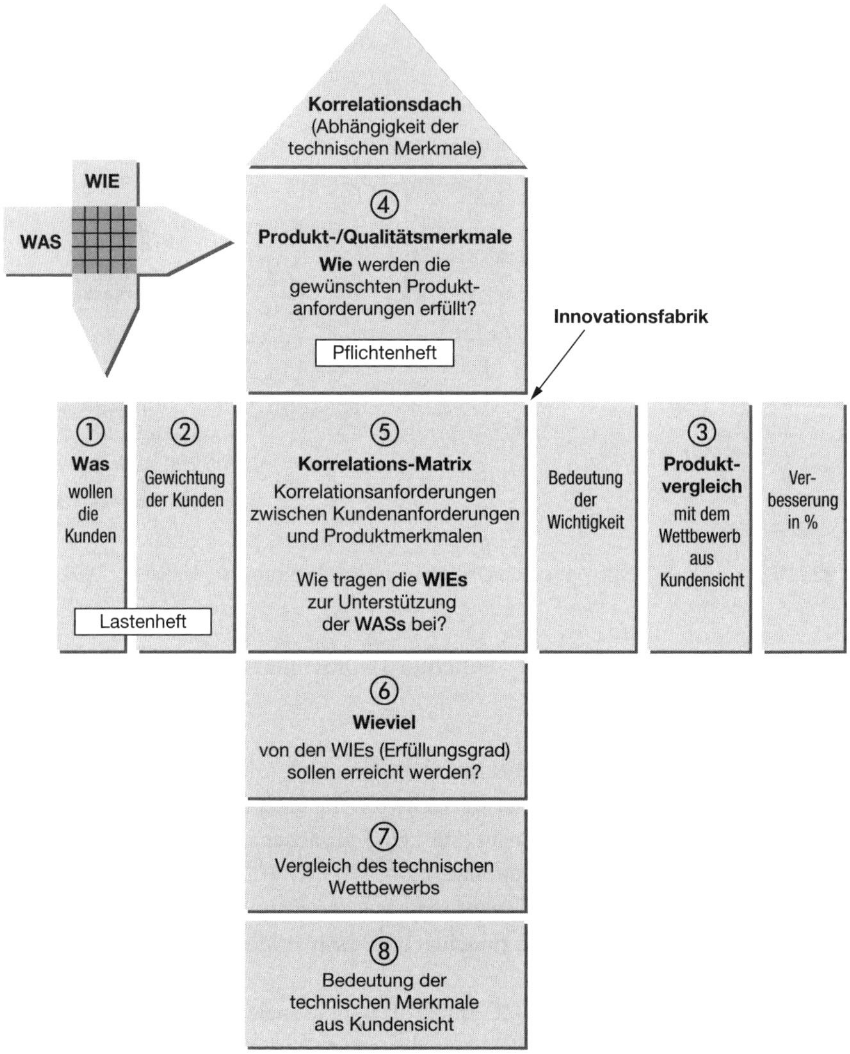

Abb. 93 House of Quality (In Anlehnung an Saatweber 1997 und 2007)

Auch das bekannte Unternehmen Heidelberger Druckmaschinen setzt die Methode ein. Ein führender Top-Manager der Heidelberger Druckmaschinen bestätigt, dass man anhand des House of Quality exakt die Lasten- und Pflichtenhefte, aber auch die Entstehung von Korrelationsideen (und -möglichkeiten) ablesen und rekonstruieren kann. „Anhand des Quality Function Deployment entsteht für uns ein hervorragender richtungsweisender Innovationsplan für die entsprechenden Entwicklungstätigkeiten“, so seine Einschätzung.

Ein kurzes **Beispiel**:

Sie sind der Leiter des Innovationsausschusses (oder der Marketing-Direktor) eines bekannten Herstellers, der sich im Bereich „Hobby und Garten" profiliert hat. Im Innovationsausschuss wurde festgelegt, einen neuen, wettbewerbsfähigen Rasenmäher von der Entwicklungsabteilung konstruieren zu lassen, da der Umsatz bei den derzeitig gefertigten Rasenmähern seit geraumer Zeit rückläufig ist. Marktforschungsstudien und Kundenbefragungen bestätigen dies. Als Leiter des Innovationsausschusses besprechen Sie dieses Thema mit dem Team des „Ideencampus". Gemeinsam beschließen Sie, für die Entwicklung eines neuen und wettbewerbsfähigen Rasenmähers das Instrument Quality Function Deployment einzusetzen. Folgender Plan wurde dazu vom Ideencampus ausgearbeitet und vom Innovationsausschuss genehmigt:

1. **Teammitgliedern das Problem mittels einer Präsentation vorstellen**
   In dieser Phase werden die gefundenen Kundenanforderungen für einen neuen (innovativen) Rasenmäher aufgelistet und der Bedeutung nach gewichtet. Eine wichtige Fragestellung, um Kundenanforderungen zu ermitteln, ist: „Nennen Sie uns Ihre Anforderungen an einen neuen, innovativen Rasenmäher". Dabei kommt es auf die funktionalen Anforderungen an. Anschließend ordnen Sie die Kundenanforderungen entsprechend der Prozesskette für die Tätigkeit „Rasenmähen" nach ihrem zeitlichen Ablauf. Hierbei kann folgende Fragestellung helfen: „Welche Schritte sind notwendig, um mit dem Rasenmäher den Rasen zu mähen"? Legen Sie fest, zu welchen Prozessschritten sich die Kundenanforderungen zuordnen lassen. Der folgende Schritt ist, die Gewichtung (Festlegung der Bedeutung) der Kundenanforderungen herauszufinden und festzulegen. „Welche Bedeutung haben die Kundenanforderungen für die Zielgruppe"? Ermittelt wurde in diesem Fall, dass die wichtigste Kundenanforderung „Wendigkeit des Rasenmähers" ist.
2. **Wettbewerbsvergleich hinsichtlich der Kundenanforderungen durchführen; daraus ableitend die Zielwerte bzw. den Erfüllungsgrad der Kundenanforderungen festlegen**
   In dieser Phase wird das eigene Produkt (derzeitig vorhandene Produkt) mit den im Markt befindlichen Wettbewerbsprodukten hinsichtlich der Erfüllung der Kundenanforderungen überprüft. Anschließend werden aus dem Vergleich wichtige Zielwerte für den neuen Rasenmäher abgeleitet. Für jedes Produktmerkmal wird eine Maßgröße festgelegt, die jeweils das Merkmal genau beschreibt. Als Zielwert wird ein konkreter Wert bestimmt. Die Produktmerkmale aus Kundenanforderungen resultierend können somit direkt mit Maßgrößen gemessen und kontrolliert werden.
   Analysieren Sie, welche Wettbewerber (Wettbewerbsanalyse) für Rasenmäher es gibt. Anschließend überprüfen und bewerten Sie Ihr Produkt und die Produkte des Wettbewerbs hinsichtlich des Erfüllungsgrads der Kundenanforderungen. Der nächste Schritt ist die Gewichtung der Erfüllung der Kundenanforderungen aus Kundensicht. Daraus leiten Sie dann Zielwerte für den neu zu entwickelnden Rasenmäher ab. Damit sich das Produkt vom Wettbewerb differenziert, ermitteln Sie nun Alleinstellungsmerkmale

(USP = Unique Selling Proposition = einzigartiges Verkaufsversprechen, vgl. Großklaus 2006) der für Sie in Frage kommenden Kundenanforderungen.
Die Erfüllung der Kundenanforderung „Wendigkeit des Rasenmähers" wird jetzt in einer Kundenbefragung ermittelt. Die Analyse der Wettbewerbsprodukte zeigt auf, dass die Kundenanforderung „Wendigkeit des Rasenmähers" durch einige Wettbewerbsprodukte besser erfüllt wird als durch den eigenen Rasenmäher. Ziel ist es, nunmehr diese Kundenanforderung in Zukunft besser als bisher und besser als der Wettbewerb zu erfüllen.

3. **Produktmerkmale eindeutig festlegen**
   Ermitteln Sie in dieser Phase die Produktmerkmale für den neu zu entwickelnden Rasenmäher. Produktmerkmale des neuen Rasenmähers könnten beispielsweise sein:
   - Räder,
   - Luftkissen,
   - Radgelenke,
   - Gehäuse,
   - Motor,
   - Antrieb,
   - Benzintank,
   - Akku,
   - Steuerung,
   - Bedienelemente usw.
4. **Korrelations-Matrix entwickeln – Wie viel von WIEs soll erreicht werden? (Ideenfabrik)**
   In dieser Phase wird die Beziehungs-Matrix (Korrelations-Matrix) entwickelt. Hier wird die Beziehung zwischen Kundenanforderungen und Produktmerkmalen erarbeitet. Diese Arbeit erfordert ein wenig Kreativität und Mut. In unserem Beispiel korrelieren die Kundenanforderungen „Wendigkeit des Rasenmäher" stark mit „Steuerung durch Luftkissenmethode" (Rasenmäher gleitet über den Boden durch Anordnung von Luftdüsen unter dem Gehäuse) (Abb. 94).
5. **Technische Zielwerte durch einen technischen Wettbewerbsvergleich festlegen**
   In der folgenden Phase werden das eigene und die Wettbewerbsprodukte bezüglich der Erfüllung der Produktmerkmale verglichen und daraus ableitend Zielwerte für den neuen Rasenmäher definiert. Analog zu Phase 2 wird nun ein Produktvergleich aus technischer Sicht durchgeführt. Die Produktmerkmale der Konkurrenzprodukte werden mit Hilfe der festgelegten Kenngrößen vermessen. Messbares technisches Merkmal bei unserem Rasenmäher kann beispielsweise die Beweglichkeit der Räder, das enge Kurvenfahren usw. sein.
   Diese Werte werden zusammen mit den Zielwerten des eigenen Produkts (Rasenmäher) in einer Skala abgetragen. Dadurch ergibt sich ein technisches Produktprofil. Bei den Produktmerkmalen, die eine Kundenanforderung mit hoher Bedeutung erkennen lassen, sollte das eigene Produkt der Konkurrenz überlegen sein. Unser Beispiel war: Wichtigste Kundenanforderung ist die hohe Wendigkeit eines Rasenmähers. Also soll-

Anforderungen \ Merkmale	Radgelenke	Luftkissen	Räder	Gehäuse	Benzintank	Motor	Antrieb	Akku	Elektr. Steuerung	Gewichtete Anforderungen 0 10 20 30 40 %
Elektronisch steuerbare Vorder- und Hinterräder	+							+		
Steuerung der Räder durch Druck am Lenksteg			+			+				
Leichtes Gehäuse (Glasfieber)				–						
Kleines Gehäuse				–						
Dreieckgehäuse			+		+					
Steuerung der Wendigkeit durch Luftkissenmethode			x	x					x	
Gewichtete Merkmale 0										
Wichtigkeit 10										
20										
30										
40 %										

Legende:
x = starke Korrelation
\+ = mittelmäßige Korrelation
– = weniger gute Korrelation

Abb. 94 Beziehungen zwischen Kundenanforderungen und Produktmerkmalen (in Anlehnung an Saatweber 1997 und 2007)

te unser neuer Rasenmäher noch weitaus wendiger sein als der der Konkurrenz. Die hierfür ermittelten Zielwerte sind dann auch Bestandteil des Pflichtenhefts.
Anschließend entwickeln Sie Verbesserungsrichtungen für das Merkmal „Wendigkeit des Rasenmähers".

6. **Einfluss-Matrix (Dach-Matrix) entwickeln, gegenseitige Abhängigkeiten der technischen Merkmale ermitteln und Zielkonflikte lösen** (Aumayr 2006)
   Für das ausgewählte Produktmerkmal werden jetzt die Abhängigkeiten in kritischer Würdigung zu den restlichen Merkmalen ermittelt. Die kritische Würdigung muss unter möglichen Verbesserungsrichtungen vorgenommen werden. Prüfen Sie also, welche anderen Produktmerkmale von dem ausgewählten Produktmerkmal positiv oder negativ beeinflusst werden, und lösen Sie diesen Zielkonflikt. Eine negative Abhängigkeit kann bei unserem Beispiel unter Umständen entstehen, wenn der Energieverbrauch des Rasenmähers oder aber die Größe des Gehäuses durch die „Luftkissentechnologie" gravierend beeinflusst werden. Diese Probleme gilt es nun zu lösen.
   Wenn negative (eliminieren) oder positive (verstärken) Abhängigkeiten bei der Ermittlung nicht klar aufgedeckt werden können, empfiehlt es sich, mit der Einfluss-Matrix zu arbeiten. Sie wird durch zwei Dimensionen bestimmt: durch Ursache und Wirkung. Die Einfluss-Matrix versucht komplexe Zusammenhänge verschiedener Einflussfaktoren darzustellen und ihre Einflussgrößen zu ermitteln. Sie setzt die Wichtigkeit einer Problemsituation mit anderen in Beziehung. Auf einer Skala von 0 bis 3 wird die Stärke oder Schwäche dokumentiert. Null bedeutet „keinen Einfluss" und 3 „starker Einfluss".

Wirkung auf / Ursachenwirkung von	Radgelenke	Luftkissentechnologie	Räder	Gehäuse	Benzintank	Motor	Antrieb	Akku	Elektronische Steuerung	**Summe A**	**Quotient (A/B x 100)**
Radgelenke		1	2	2	0	2	1	0	2	10	111
Luftkissentechnologie	0		0	**3**	2	2	0	0	**3**	10	67
Räder	2	0		2	0	1	2	0	2	9	82
Gehäuse	2	**3**	2		2	2	1	0	**3**	15	83
Benzintank	1	2	1	2		2	1	1	0	10	100
Motor	1	**3**	1	3	2		2	1	3	15	100
Antrieb	1	1	2	2	1	1		2	2	12	120
Akku	1	2	1	1	1	2	1		1	10	250
Elektronische Steuerung	1	**3**	2	**3**	2	3	2	1		17	106
Summe B	9	15	11	18	10	15	10	4	16		
Summe (A x B)	90	150	99	270	100	225	120	40	272		

Abb. 95 Einfluss-Matrix (Dach-Matrix) zur Ermittlung von möglichen Zielkonflikten (In Anlehnung an Aumayr 2006, S. 251)

Die Matrix zeigt, dass die „Luftkissentechnologie“ einen ausgesprochen negativen Einfluss auf die Größe des Rasenmähergehäuses und den Motor hat. Diese negativen Einflüsse (Gehäusegröße = negativer Einfluss auf die Wendigkeit und Motorgröße und -leistung = mehr Gewicht und höherer Verbrauch) müssen beseitigt werden, damit die Kundenanforderungen erfüllt werden können (siehe hierzu Abb. 95).

Das Arbeiten mit der Quality Function Deployment erfordert die Anwendung und Beherrschung dieser Methode und ihrer Hilfsmethoden. Sie ist darüber hinaus sehr zeitaufwendig, und teilweise erweckt sie den Eindruck, dass sie informationsüberladen und von daher unübersichtlich ist. Aus diesem Grund scheuen viele Unternehmen, insbesondere kleine und mittelständische, den Einsatz dieser Technik. Hinzu kommen interne Unternehmensprobleme wie Informations- und Kommunikationsbarrieren, wenn es um neue Methoden geht.

Trotz dieser negativen Anmerkungen wiegen die Vorteile der konsequenten und professionellen Anwendung dieser Technik die Nachteile mehr als auf. Innovationen und neue Produkte können schneller und zu niedrigeren Kosten mit besserer Qualität eingeführt werden. Toyota und die Heidelberger Druckmaschinen AG sind dafür ein hervorragenden Beispiel.

Literatur

Aumayr, Klaus J. 2006. *Erfolgreiches Produktmanagement*. Wiesbaden.

Brockhoff, K. 1998. „Der Kunde im Innovationsprozess", in: Berichte aus den Sitzungen der Joachim Jungius-Gesellschaft der Wissenschaften e. V., Hamburg, 16. Jahrgang, Heft 3.

Großklaus, Rainer H.G., und Christina Didszun. 2002. *Das How-to-Buch Marketingplan*, 2. Aufl. München.

Huston, Larry, und Nabil Sakkab. 2006. Wie Procter & Gamble zu neuer Kreativität fand. *Harvard Businessmanager* 2006(August): 21.

Kramer, Friedhelm. 1977. *Produktinnovation, Orientierung*. Schweizerische Volksbank Nr. 66, 1977.

Litfin, Thorsten. 2006. Der Produktmanager. *Innovationsmanagement – von der Idee zum marktfähigen Produkt, Schriftlicher Lehrgang, Lektion 8*. Management Circle-Edition.

Reichwald, R., Meyer, A., Engelmann, M., und Walcher, D. 2007. *Der Kunde als Innovationspartner. Konsumenten integrieren, Flop-Raten reduzieren, Angebote verbessern*. Wiesbaden.

Saatweber, Jutta 1997. *Kundenorientierung durch Quality Function Deployment, Systematisches Entwickeln von Produkten und Dienstleistungen*. München, Wien.

Saatweber, Jutta 2007. *Kundenorientierung durch Quality Function Deployment, Systematisches Entwickeln von Produkten und Dienstleistungen*. Symposium Publishing GmbH.

Trommsdorff, Volker, und Fee Steinhoff. 2007. *Innovationsmarketing*. München.

Qualitative Ideenbewertung und -auswahl 10

> Eine von vielen Ursachen für Floplandungen von Innovationen ist die oberflächlich durchgeführte Ideenbewertung und -auswahl. Eine exakte Bewertung und Auswahl der vorliegenden Innovationsideen ist deshalb von existenzieller Bedeutung. In diesem Kapitel erfahren Sie, wie Sie dabei vorgehen.

Die Ideenbewertung hat zum Ziel:

- die Ideen herauszufiltern, die am erfolgversprechendsten sind,
- die Erfolgschancen des Innovationsprojekts herauszufinden,
- einen Vergleich der wichtigsten Innovationsideen vorzunehmen und eine Rangreihenliste zu erstellen,
- derzeitig nicht berücksichtigte Innovationsideen zu archivieren, damit diese nicht versickern und später weiter verfolgt werden können. Der Ideencampus sorgt für die Archivierung und Weiterverfolgung dieser Ideen.

Die Bewertung und Auswahl von interessanten Innovationsideen und die Entscheidung, sie zu realisieren, muss auf soliden Informationen beruhen, da sonst das Risiko von Flops einfach zu groß ist. Etwa fünf Prozent aller Innovationsideen werden in den Unternehmen so weit vorangetrieben, dass sie das Ziel der Markteinführung erreichen. Etwa die Hälfte davon kann dann einen ökonomischen Erfolg nachweisen. Abbildung 96 zeigt den Prozess der Ideenauslese.

Die Abb. 97 macht deutlich, dass mit zunehmender Konkretisierung der Innovationsidee die Kosten stark zunehmen. Darum ist es wichtig, dass Sie Ihre Innovationsideen sehr sorgfältig überprüfen, um sparsam mit den finanziellen Mitteln umgehen zu können. Ein wirtschaftliches Vorgehen ist dann gewährleistet, wenn die Bewertung und Auswahl durch die Institution „Ideencampus“ vorgenommen wird und in Schritten erfolgt. Diese Vorgehensweise hat den Vorteil, dass die Konzentration auf die verbleibenden Ideen ermöglicht wird. Die gewünschte Reduzierung der Ideen erfolgt auf Basis vorgegebener Entscheidungsregeln, die mit den Unternehmenszielen und der Unternehmensstrategie

R. H. G. Großklaus, *Von der Produktidee zum Markterfolg*,
DOI 10.1007/978-3-8349-4594-5_10, © Springer Fachmedien Wiesbaden 2014

Projektphase	Ideen-findung	Konzept aus-arbeitung	Produkt-entwick-lung	Produk-tionsvor-bereitung	Marktein-führung
Anzahl Ideen	100	25	12	6	3
Ausscheidungs-quote	75 %	50 %	50 %	50 %	50 %
Kosten pro Idee (TEUR) kumuliert	1,5 1,5	25 26,5	250 276,5	750 1 026,5	5 000 6 026,5
Gesamtkosten (TEUR) kumuliert	15 150	625 776,5	3 000 3 776,5	4 500 8 276,5	15 000 23 276,5

Abb. 96 Ausscheidungsquoten und Kostenentwicklung (In Anlehnung an Seibert 1998, S. 128, Litfin 2006)

Name / Nr. der Idee	○ Totale/radikale Idee ○ Verbesserung ○ Routine
Ideenbeschreibung und Ziel der Idee	Ideenskizze
USP / Marktnutzen und Anwendungsmöglichkeiten	USP / Kunden-/Marktnutzen und Anwendungsmöglichkeiten vor der Konkurrenz
Stärken und Schwächen der Idee (Bewertung -1 bis +10)	Chancen und Gefahren der Idee (Bewertung -1 bis +10)
Marktvolumen und mögliches Marktpotenzial (Bewertung -1 bis +10)	Idee passt zum Unternehmen und zur Unternehmens-positionierung (Begründung) (Bewertung -1 bis +10)
Kann die Idee mit unseren Möglichkeiten (Finanzen, Know-how, Image, Positionierung, Marketing-Mix usw.) umgesetzt werden? (Bewertung -1 bis +10)	
Kommunizierbarkeit (Bewertung -1 bis +10)	Möglicher Zeitrahmen der Ideen-Kannibalisierung (Bewertung -1 bis +10)
Gesamtbewertung (Bewertung -1 bis +10)	Entscheidung

Abb. 97 Erste Ideenbeschreibung

korrespondieren. Schritt für Schritt werden ergänzende Informationen zur Bewertung der verbleibenden Ideen herangezogen, so dass letztlich ein zunehmend engerer Bewertungstrichter die Spreu vom Weizen trennt.

Bevor Sie mit der Bewertung der Ideen beginnen, sollten diese zuerst einmal beschreiben. Eine solche Beschreibung sollte sowohl qualitative als auch quantitative Kriterien berücksichtigen. So wird eine ausgewogene Beurteilung der Ideen zugelassen. Noch besser lässt sich die Idee bewerten, wenn diese in der Beschreibung noch zusätzlich skizziert wird. Hier schlägt/unterstützt Bild das Wort. Die Abb. 97 gibt Ihnen für die Ideenbeschreibung eine praktische Hilfestellung.

Die erste Bewertung und Auswahl, die vom Ideencampus dann vorgenommen wird, ist das Vorfiltern. Es hat zum Ziel, die Ideen auszuwählen, die in die engere Wahl kommen sollen, bevor sie dem Innovationsausschuss präsentiert werden.

Erste Prüfung der Ideen mit Ja-Nein-Fragen (Vorfiltern)

Dieses Vorfiltern ist eine Checkliste mit Muss-Kriterien, die die Idee mindestens zu erfüllen hat. Sie werden als Ja-Nein-Fragen formuliert. Wird eine Frage mit nein beantwortet, so scheidet diese aus. Abbildung 98 zeigt ein Beispiel dafür. Sie erhebt nicht den Anspruch auf Vollständigkeit und sollte je nach Branche, Unternehmen und Situation modifiziert werden.

Aus der folgenden Checkliste können Sie wesentliche Kriterien zur Innovationsbewertung entnehmen, um Ihr Bewertungsformular (Vorfilter) zu modifizieren.

Checkliste: Kriterien zur Innovationsbewertung

- Marktbereich
  - Absatzvolumen
  - Umsatzvolumen
  - Deckungsbeitragsvolumen
  - Konkurrenz
  - Konjunkturanfälligkeit
  - Preistrend
  - Saisonale Einflüsse
- Produkt
  - Image
  - Substitutionsgefahr
  - Know-how
  - Qualität
  - Technologie
  - Technologievorsprung
- Technik
  - Know-how
  - Kapazität
  - Personal
  - Einführungs-/Umstellungsschwierigkeiten

	ja	weiß nicht	nein	Bemerkungen
Passt die Idee zur Unternehmensphilosophie?				
Bedeutet die Idee eine echte Innovation?				
Gibt es für die Idee positive Konjunkturprognosen?				
Sind Exportmöglichkeiten gegeben?				
Kann die politische/gesetzliche Situation (aus Umwelt, Lizenzen usw.) eingeschätzt werden?				
Ist vorhandenes Produkt-Know-how nutzbar?				
Sind technische Ressourcen verfügbar?				
Können notwendige Investitionen getätigt werden?				
Ist notwendiges Personal vorhanden? – Forschung und Entwicklung – Produktion – Beschaffung				
Gibt es gleichartige Produkte auf dem Markt?				
Kann die Produktidee Kapazitätsauslastungen oder Marktschwankungen ausgleichen?				
Lässt sich mit der neuen Innovationsidee eine Marktpräferenz ausbauen?				
Ist die Sicherheit vor Nachahmungen groß?				
Besitzen wir selbst schon Markterfahrungen?				
Lässt sich der Produktlebenszyklus darstellen?				
Kann der voraussichtliche Umsatz und DB für die nächsten Jahre berechnet werden?				
Ist das Preisniveau erkennbar?				
Kann der DB berechnet werden?				

Abb. 98 Beispiel eines Bewertungsformulars zum Vorfiltern der Ideen

  - Substitutionsgefahr der Technologie
  - Maschinen/Systeme
  - Investitionen
- Entwicklung
  - Entwicklungskosten
  - Patentsituation

  - Vorsprung der Konkurrenz
  - Personal
  - Lizenzen
- Finanzen
  - Eigenkapitaldecke
  - Kapitalbeschaffung
  - Deckungsbeitragsvolumen
  - Stückdeckungsbeitrag
  - Gewinn vor Steuern
  - Wachstumsfinanzierung
- Material
  - Beschaffung
  - Preise
  - Vorschriften
- Personal
  - Qualifikation
  - Absatz
  - Produktion und Technik
  - Konstruktion

Zweite Prüfung: Bewertung mit Gewichtung und Punkten

In einer zweiten Bewertungsphase werden Kriterien geprüft, die nicht mit „Ja“ oder „Nein“ beantwortet werden. Diese vertiefende Kriterienprüfung erfolgt anhand eines Punkteverfahrens und wird als Scoring-Methode bezeichnet. Durch die Vergabe von Punkten (wie im Schulnotenverfahren) wird versucht abzuschätzen, in welchem Maße die abgefragten Kriterien durch die Idee erfüllt werden. Die jeweiligen Kriterien erhalten entsprechend ihrer Bedeutung für das Unternehmen eine Gewichtung. Die Gewichtung wird vom Ideencampus festgelegt. Sie zeigt die Bedeutung des einzelnen Kriteriums an. Die Gesamtsumme der Gewichtungsprozente muss 100 Prozent ergeben (lineare Gewichtung).

Werden diese Gewichte mit den vergebenen Punkten der Kriterien multipliziert, führt dies zur Gesamtbenotung der bewerteten Idee. Für die Auswahl der Ideen sollten Sie eine Gesamtpunktzahl als Mindestpunktzahl vorgeben. Für die Grenze als Mindestpunktzahl empfiehlt es sich, mindestens 70 bis 75 Prozent der erreichbaren Punkte zu setzen. Wird diese Marke nicht erreicht, werden die herausfallenden Ideen wieder vom Ideencampus archiviert (siehe Abb. 99).

Nachdem Sie alle Ideen bewertet haben, tragen Sie nun die Daten von A = (nxg) und B = (nxg) in die Portfolio-Matrix ab. In unserem Falle bedeutet das für A = 153 und für B = 302 (siehe Abb. 100).

In der Matrix wird offensichtlich, dass die Innovationsidee A keine besonders gute Position einnimmt und von daher zuerst einmal zurückgestellt und archiviert wird.

Ideen / Bewertungskriterien		Ideenbewertung						
		GW	Idee A		Idee B		Idee C	
		g	n	n x g	n	n x g	n	n x g
A	Vertriebs-Know-how	3	4	12				
	Vertriebspotenzial	4	3	12				
	Herstellungs-Know-how	2	5	10				
	Technologie-Know-how	2	5	10				
	F+E-Know-how	2	5	10				
	F+E-Potenzial	1	4	4				
	Managementqualität	3	5	15				
	Eigenkapitaldecke Fremdkapital	4	5	20				
	Finanzierungsmittel für Investitionen	4	5	20				
	Finanzierungsmittel für Wachstum	3	5	15				
	Ressourcenpotenzial	2	5	10				
	Patente für Verfahren und Systeme	1	3	3				
	Patente für Produkte Kostensenkungspotenzial	3	4	12				
Stärken des Unternehmens		34		153				
B	Wachstum > 5 Jahre	6	4	24				
	Marktanteil (M/W)	5	5	25				
	Marktvolumen	5	5	25				
	Chancen > 5 Jahre	6	5	36				
	Risiken > 5 Jahre	5	5	25				
	Innovationsnutzen	7	5	35				
	Substitutionsgefahr	4	4	16				
	Wettbewerbssituation	6	4	32				
	Positionierung/USP	7	4	28				
	Zielgruppengröße	4	5	20				
	Kommunikationsaufwendungen	4	4	16				
	Budget	5	4	20				
Zielerfüllungsgrad/Chancen		64		302				

Abb. 99 Bewertungsformular (In Anlehnung an Kramer 1977)

Abb. 100 Innovationsideenbewertung nach der Nutzwert- und Portfoliomethodik (In Anlehnung an Kramer 1977)

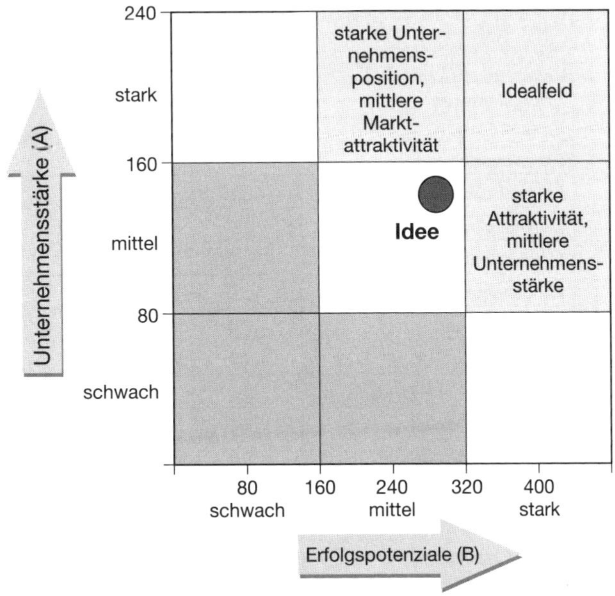

Bei der Bewertung von Ideen sind vor allem die Erfolgsfaktoren ausfindig zu machen, die später im Markt starke Wettbewerbsvorteile und somit eine Vormachtstellung ermöglichen. Untersuchen und bewerten Sie darum die wichtigsten Erfolgs- und Schutzfaktoren, die eine erreichte Position schützen (siehe hier nochmals Abb. 58). Die Erfolgs- und Schutzfaktoren sind wichtige Bewertungskriterien für die Suche nach Innovationen. Die Abb. 101 und 102 verdeutlichen die Arbeit und Vorgehensweise mit dieser Methode. Das sind die Gewichtung der Erfolgsfaktoren entsprechend ihrer Bedeutung aus Sicht des Unternehmens und die Punktvergabe für die Erfüllungsgrade. Anschließend multiplizieren Sie die Gewichtung mit den Punkten jedes einzelnen Erfolgsfaktors. Das Ergebnis ist dann die Gesamtsumme eines jeden Erfolgsfaktors.

Anschließend tragen Sie die Ergebniswerte der beiden gegenübergestellten Ideen in die Matrix ab. Entsprechend Ihrer Bewertung hat die Idee Müllentsorgung die besten Aussichten für eine erfolgreiche Innovation.

Bewertung / Faktoren-Gruppe	Gewichtung	Punkte/Erfüllungsgrade 1 2 3 4 5 6	Summe	
Erfolgsfaktoren		1. Sicherheit Auto 2. Müllentsorgung	1. Auto	2. Müll
Produkt-Idee	7,0		21	28
Produktvorteil	9,0		36	45
Konzept und Image	6,0		18	24
Marketingkraft	8,0		16	40
Marktvolumen	10,0		40	50
Kundenpotenzial	10,0		40	60
Umsatzvolumen	9,0		27	45
Preiserzielung	9,0		27	54
DB-Volumen und -Niveau	9,0		45	36
Wettbewerbsdichte	4,0		8	12
Wettbewerbsvorteil	7,0		28	35
Vertriebspotenzial	7,0		35	35
Investitionen	6,0		18	18
Kapitalverzinsung	6,0		36	30
R.o.I.	7,0		42	35
Cash-flow	8,0		48	48
Entwicklungskosten	4,0		8	8
Marktstabilität	5,0		25	20
Politische Situation des Landes	6,0		30	24
Summe		**Gesamtpunktzahl**	**548**	**647**

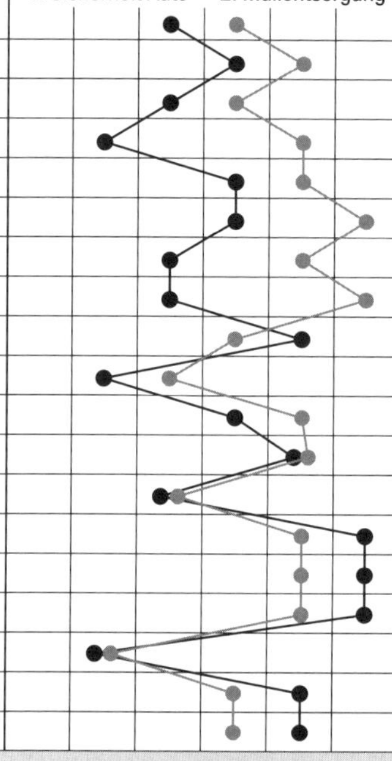

Bewertung / Faktoren-Gruppe	Gewichtung	Punkte/Erfüllungsgrade 1 2 3 4 5 6	Summe	
Schutzfaktoren (nicht kopierbar)		1. Sicherheit Auto 2. Müllentsorgung	1. Auto	2. Müll
Patente	10,0		30	50
Gewerbliche Schutzrechte	8,0		32	40
Know-how	7,0		28	28
Finanzkraft	9,0		45	45
Zugangsbeschränkungen				
• gesetzliche	6,0		24	36
• finanzielle	8,0		40	40
Standort	6,0		30	36
Reaktionsfähigkeit	5,0		25	25
Management	6,0		36	36
Good-will	4,0		16	20
Informationsfluss im Unternehmen	4,0		20	20
Organisation	5,0		25	30
Summe		**Gesamtpunktzahl**	**351**	**406**

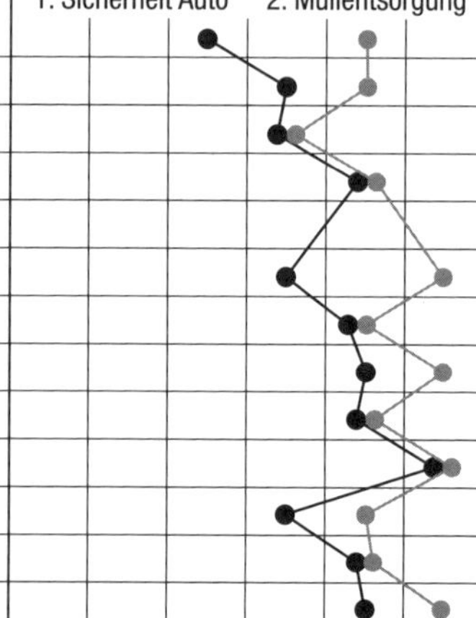

Abb. 101 Arbeit und Vorgehensweise bei der Bewertung mit Gewichtung (und Punkten)

Abb. 102 Beispiel Erfolgs- und Schutzfaktoren-Matrix

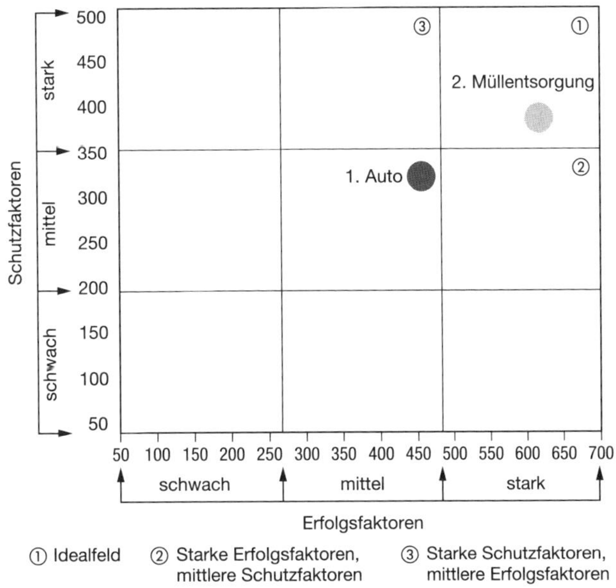

Literatur

Kramer, Friedhelm. 1977. *Produktinnovation, Orientierung*. Schweizerische Volksbank Nr. 66, 1977

Litfin, Thorsten. 2006. Der Produktmanager. *Innovationsmanagement – von der Idee zum marktfähigen Produkt, Schriftlicher Lehrgang, Lektion 8*. Management Circle-Edition.

Seibert, S. 1998. *Technisches Management: Innovationsmanagement, Projektmanagement Qualitätsmanagement*. Stuttgart, Leipzig.

Quantitative Ideenbewertung und -auswahl 11

> In der dritten Stufe der Bewertungsphase geht es um die quantitative Bewertung von Ideen. Bei der quantitativen Bewertung handelt es sich um Instrumente aus der Investitionsrechnung, die Sie im Folgenden kennen lernen werden.

Bevor Sie mit der quantitativen Bewertung beginnen, sind die gesamten Kosten jeder zu bewertenden und konkretisierten Idee zu ermitteln bzw. zu schätzen. Diese Arbeit wird vom Projektleiter wahrgenommen. Der Projektleiter arbeitet eng mit den Unternehmensressorts zusammen und lässt diese die Kosten für jede konkretisierte Idee ermitteln. Jedes Ressort schätzt die Kosten, die die Idee bei einer Verwirklichung bei ihnen verursachen wird:

- Produktion,
- Forschung und Entwicklung,
- Personal,
- Einkauf,
- Marketing.

Anschließend wird diese Kostenplanung an den Projektleiter weitergeben, der sie dann zusammenträgt, um eine Überprüfung der Innovationsidee nach Aufwand und Kosten sowie eine betriebswirtschaftliche Bewertung vornehmen zu können. Das schon einmal vorweg erwähnte weltweit tätige B2C- und B2B-Unternehmen arbeitet sehr erfolgreich mit der Aufwand- und Nutzen-Methode, die im Team erarbeitet wird. Die Abb. 103 zeigt die wichtigsten Kriterien von Aufwand (Benefit Score) und Nutzen (Effort Score), die in diesem Markt von Bedeutung sind. Sie oder der Projektleiter könnte, modifiziert auf die Belange Ihres Marktes, mit dieser Methode ebenfalls erfolgreich arbeiten.

Für die Bewertung von Aufwand und Nutzen wurde ein Bewertungssystem eingesetzt, ähnlich dem Schulnotensystem (Abb. 104).

R. H. G. Großklaus, *Von der Produktidee zum Markterfolg*,
DOI 10.1007/978-3-8349-4594-5_11, © Springer Fachmedien Wiesbaden 2014

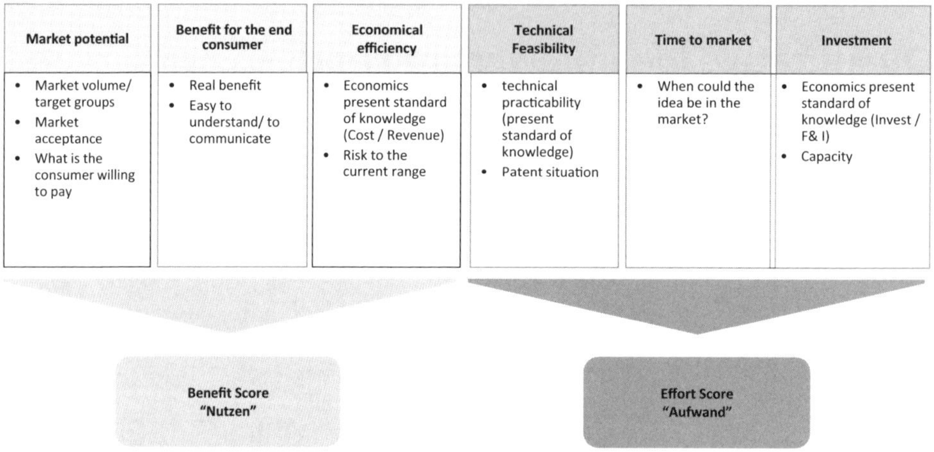

Abb. 103 Ideenbewertung nach Nutzen und Aufwand. Quelle: anonym (dem Verlag bekannt)

Abb. 104 Bewertungssystem für die einzelnen Aufwand- und Nutzenkriterien. Quelle: anonym (dem Verlag bekannt)

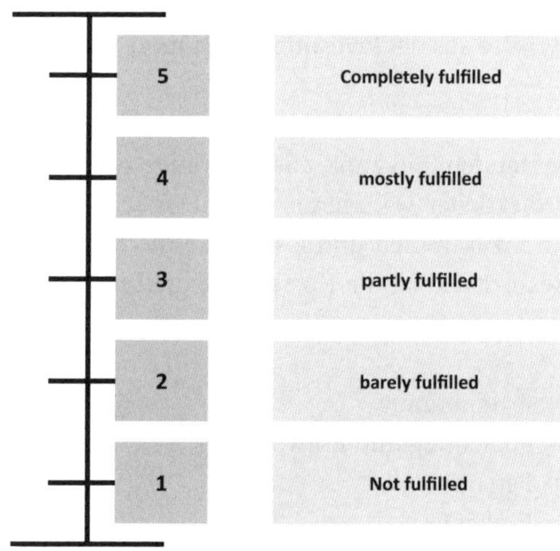

Die Abb. 105 und 106 machen deutlich, wie die Kriterien Aufwand und Nutzen im Team bewertet wurden. Das Ganze ist einfach zu handhaben.

Anschließend wurden die möglichen erfolgreichen Ideen hinsichtlich der Aufwand- und Nutzenkriterien entgegengesetzt dem Schulnotensystem (1 = Not fulfilled/6 = Completely fulfilled) bewertet. Das Feld „Total Business Score" zeigt die Ergebnisse an (Abb. 107). Bei der Idee „Julius" errechnet sich das Ergebnis in dem Feld „Total Business Score" aus der Addition der Bewertungen von Nutzen (26 Punkte) und Aufwand (14 Punkte). Das Endergebnis der Idee „Julius" (+ 12 Punkte) errechnet sich, indem Sie die Gesamtpunktzahl Aufwand (14 Punkte) von der Gesamtpunktzahl Nutzen (26 Punkte) subtrahieren. Das Ergebnis sind dann + 12 Punkte. Diese Vorgehensweise wurde für alle anderen zu bewertenden Ideen angewandt. In dem Beispiel ist die Innovationsidee „Julius" Favorit, weil „Julius" die beste Pluspunktzahl von allen Ideen erreicht hat.

	Profitability (EBIT)	Market Potential (quantity)	Consumer Benefit	Competitive Advantage
5	• very high > 20%	• ca. 3 Mio.	• very high	• USP
4	• high 10-15%	• ca. 500.000	• high	• one competitor
3	• medium 7-9%	• ca. 100.000	• medium	• several competitors
2	• low 4-6%	• ca. 25.000	• low	• nearly all competitors
1	• very low < 4%	• ca. 5.000	• very low	• standard in the industry

Abb. 105 Ideenbewertungsschema für Nutzenkriterien. Quelle: anonym (dem Verlag bekannt)

	Technical Feasibility	Grade of Innovation	Contribution to strategic goals	Time to market (from delivery predevelopment)
5	• prototype in industry	• ground braking new idea	• very high	• < 1 1/2 years
4	• Verification in laboratory	• totally new idea	• high	• 1 1/2 - 2 1/2 years
3	• feasibility study	• known idea new aspects	• medium	• 2 1/2 - 3 years
2	• concept available	• known idea	• low	• 3 – 4 years
1	• idea available	• "old hat"	• very low	• > 4 years

Abb. 106 Ideenbewertungsschema für Aufwandkriterien. Quelle: anonym (dem Verlag bekannt)

Development-Plan

Jede Innovationsidee, die weiterverfolgt und in die Entwicklungsphase übergeleitet werden soll, muss klar umschrieben werden, damit eine erste Marketingbeschreibung möglich wird. Hier eignet sich am besten ein **Development-Plan**, der vom Projektleiter entwickelt und an die Ressorts zur Kostenermittlung weitergegeben wird. Abbildung 108 ist ein

Project Idea Sheets

Projekt		Business Score (Aufwand)				Business Score (Nutzen)					Total Business Score
Lfd. Nr.	Name	Market Risk	Technical Risk	Invest Mio. Euro	EW-Capacity Mio. Euro	Quantity	EBIT in k Euro (Δ only if successor)	EBIT %	Inno-vation	Strategy fit	
9	Julius	1	2	6	5	6	6	6	2	6	**12**
7	Romeo	2	2	3	3	2	4	5	3	5	**9**
11	Maria	1	1	4	4	4	4	6	1	4	**9**
10	Toldeo	2	4	5	5	4	5	6	4	5	**8**

Notensystem von 1 (gering) bis 6 (hoch)

Abb. 107 Gegenüberstellung Aufwand- und Nutzenbewertung und Ergebnis. Quelle: anonym (dem Verlag bekannt)

Beispiel für einen Development-Plan. Der Development-Plan ist damit die erste Marketingbeschreibung, die einen tieferen Einblick in die Idee und ihre Umsetzung ermöglicht.

Risikoanalyse

Break-even-Analyse

Zur Sicherheit des Innovationsvorhabens sollte anschließend noch eine Break-even-Analyse vorgenommen werden. Die Break-even-Methode gibt Auskunft darüber, wann bei einer Innovation die Gewinnschwelle erreicht ist. Hierbei wird die Absatzmenge bestimmt, bei der der Gewinn gleich Null ist. Jede Einheit, die über diesen Punkt (Gewinnschwellpunkt) abgesetzt wird, ist dann als Gewinn zu bezeichnen. Zur Berechnung des Break-even-Points müssen folgende Bedingungen vorliegen:

- die Preise müssen konstant bleiben,
- ebenfalls konstante variable Kosten (Herstellkosten)
- und auch konstante fixe Kosten.

Aus der Umwelt-, Marktanalyse, Unternehmensdiagnose und der zusammenfassenden SWOT-Analyse hat der Projektleiter für das Innovationsvorhaben „Müllverpulverisierungsanlage für private Haushalte" folgende Daten und Fakten zusammengetragen, die mit den entsprechenden Ressorts erarbeitet wurden. Die Abb. 109 zeigt die Ergebnisse. Gleichzeitig wurde vom Projektleiter eine erste grobe finanzielle Prognose vorgenommen, in dem er eine realistische, optimistische und pessimistische Schätzung vorgenommen hat. Dabei bezieht sich jede dieser Schätzungen auf eine Drei-Jahresprognose.

Der projektbearbeitende Produktmanager hat auf Basis von Marktdaten dem Projektleiter folgende Daten und Fakten zugearbeitet:

Ideenbeschreibung
Müllentsorgung durch Laserstrahlpulverisierung für private Haushalte

Funktion/Eigenschaften
- Laserstrahl pulverisiert Müllabfälle
- Bei Einwurf von Müll in den Behälter setzt der Pulverisierungsvorgang automatisch durch Lichtschranke ein
- Fassungsvolumen des Behälters für Rohmüll 25 Liter
- Material des Behälters besteht aus Glasfiber (leicht)
- Pulverisierungssystem/-mechanik aus Edelstahl
- Vorgang sehr geräuscharm usw.

Leistungsfähigkeit
- 25 Liter Rohmüll werden auf 5 Liter verdichtet (pulverisiert)
- 220 V.-Leistung usw.

Marktsituation
- Derzeitig gibt es diesen Markt nicht.
- Etwa 30 % aller Haushalte würden ein solches Gerät kaufen.
- Konkurrenz in nächsten 2 bis 3 Jahren ist zu erwarten usw.

Kurzbeschreibung Einführungsplan
- Positionierung/USP: ....
- Über Baumärkte Distribution im 1. Jahr: 35 %
- Distribution im 2. Jahr: 58 %
  Promotion: Vorführungen in Baumärkten
- Direct-Mail-Aktionen Bauherren, Architekten
- Plakatierung vor Baumärkten
- Einschaltung Funk und Anzeigen
- Preispolitik. Hochpreisig (xxxxx €) usw.

Betriebswirtschaftliche Daten (Schätzung)	2008	2009	2010	Total
Absatz	10 000	20 000	35 000	65 000
Preis	1 500	1 500	1 300	
Umsatz/Mio. Euro	15,0	30,0	45,4	90,4
Herstellkosten/Mio. Euro	5,0	8,8	12,7	26,5
Deckungsbeitragsvolumen/Mio. Euro	10,0	21,2	32,7	63,9
Deckungsbeitrag in %	66,7	70,7	72,0	70,7
Budget/Mio. Euro	2,5	5,2	9,5	17,2
Restbudget/Mio. Euro	7,5	16,0	23,2	46,7

Gegenwärtiger Stand
Kosteneinschätzungen/Defitionsphase
Sommer 2008 Prototyp

Zu lösende Hauptprobleme
Genehmigung Umweltbehörde
Patentanmeldung
Techn. Vorsprung mind. 3 Jahre

Zeitplan
Testmarkt Norddeutschland Ende 2008
Bei positiver Bilanz Einführung im Frühjahr 2009 auf nationaler Basis

Realisierungswahrscheinlichkeit
① ② ③ ④ ⑤

1 = fraglich/5 = ja!

Projektnummer: MP/7311 Datum............/Unterschrift Projektleiter...........

Abb. 108 Beispiel für einen Development-Plan

	Realistische Schätzung			Optimistische Schätzung			Pessimistische Schätzung		
Marketing-jahr	Absatz	Umsatz Mio €	DB Mio €	Absatz	Umsatz Mio €	DB Mio €	Absatz	Umsatz Mio €	DB Mio €
1. Jahr	10 000	15,0	10,0	30 000	45,0	21,0	5 000	6,5	4,2
2. Jahr	20 000	30,0	21,2	60 000	90,0	63,0	10 000	13,0	7,8
3. Jahr	30 000	45,4	32,7	95 000	123,5	80,0	15 000	18,0	9,9
TOTAL	65 000	90,4	63,9	185 000	258,0	164,0	30 000	37,5	21,9
Marketing-kosten			17,2			45,0			12,5
Ergebnis I			46,7			119,0			9,4
Fixe Kosten			18,0			18,0			18,0
Ergebnis II			28,7			101,0			-8,6

Abb. 109 Beispiel Müllpulverisierungsanlage – Daten und Fakten des Projektleiters

- Zielgruppenpotenzial
  - Haushalte, die neu bauen: 300.000
  - Mögliches Käuferpotenzial: 13,3 % = 40.000 Einheiten p. a.
  - Kauferfolgswahrscheinlichkeitsgrad davon: 25 % = 10.000 Einheiten p. a.
- Durchschnittliches Distributionsziel über drei Jahre
  - 25 % bei rund 4000 interessanten Baumärkten: 840 Absatzstellen
  - Abverkauf pro Monat und Baumarkt: 1 Einheit
- Daraus errechnet sich ein Ergebnis:
  - 840 Baumärkte × 1 Einheit × 12 Monate = 10.080 Einheiten, also rund 10.000 Einheiten p. a.

Nehmen wir einmal an, dass das Innovationsvorhaben „Müllpulverisierungsanlage für private Haushalte“ kumuliert in drei Geschäftsjahren die folgenden geschätzten Kennziffern unter dem Aspekt einer realistischen Schätzung/Sollplanung ausweist:

Absatz	65.000 Einheiten
Umsatz	90.400.000 Euro
Variable Kosten	26.500.000 Euro
Deckungsbeitragsvolumen	63.900.000 Euro
Deckungsbeitrag %	70,7
Marktentwicklungskosten	17.200.000 Euro
Rest-Deckungsbeitragsvolumen	46.700.000 Euro
Entwicklungskosten	7.500.000 Euro
Zusätzliche geschätzte Kapitalausgaben	300.000 Euro
Ergebnis II	39.200.000 Euro
Ergebnis II %	43,3 (38,9 Mio. €/90,4 Mio. €)
Stückergebnis II	598,46 Euro (39,9 Mio. €/65.000.000 Einheiten)

Nach diesen ermittelten Kennziffern durch den Projektleiter ergibt sich folgende Gesamtkostensumme:

Produktentwicklung	7.500.000 Euro
Marktentwicklungskosten	17.200.000 Euro
Zusätzlicher Kapitalbedarf	300.000 Euro
Gesamtkostensumme	25.000.000 Euro

Eine Zielvorgabe ist, den Break-even-Point mindestens im dritten Geschäftsjahr zu erreichen. Die Formel dafür ist: fixe Kosten dividiert durch das Stückergebnis II in Prozent. Das Ergebnis weist dann den Umsatz aus, der für die zu deckenden Kosten benötigt wird, wobei das prozentuale Ergebnis durch 100 dividiert wird und daraus der Grad des Ergebnisses entsteht:

$$\frac{25.000.000\,€}{0{,}43} = 58{,}1 \text{ Mio. } € \text{ Umsatz}$$

(Ergebnisgrad = 43 Prozent dividiert durch 100)

Dieser Umsatz wird benötigt, um die fixen Kosten zu decken. Die Break-even-Menge errechnet sich mit der Formel fixe Kosten dividiert durch das absolute Stückergebnis:

$$\frac{25.000.000\,€}{598{,}46} = 41.774 \text{ Einheiten}$$

Diese Absatzmenge muss mit dem geplanten Verkaufspreis abgesetzt werden, um die fixen Kosten zu decken.

Sicherheitskoeffizient

Die Frage, die sich hier anschließt, ist, um wie viel der Umsatz bei dem Innovationsvorhaben fallen darf, bevor die Verlustzone erreicht wird. In unserem Beispiel würde die Analyse wie folgt aussehen:

$$\frac{\text{Umsatz} - \text{Break-even-Umsatz} \times 100}{\text{Umsatz}} = \text{Sicherheitskoeffizient}$$

$$= \frac{90.400.000\,€ \text{ (Planumsatz)} - 58.100.000\,€ \text{ (Break-even-Umsatz)} \times 100}{90.4000.000\,€ \text{ (Planumsatz)}} = 35{,}7\,\%$$

Der Planumsatz darf in den drei Geschäftsjahren (kumuliert betrachtet) maximal um 35,7 % fallen, bevor die Verlustzone erreicht wird.

Auf Basis der betriebswirtschaftlichen Betrachtung sollte der Projektleiter nochmals eine Chancenbeurteilung für das Innovationsprojekt durchführen, um sicher zu gehen.

Kapitalumschlagsgeschwindigkeit

Der Innovationsausschuss möchte den Rückfluss des investierten Kapitals vom Projektleiter ausgerechnet haben, weil er den Kapitalrückfluss (Pay-back) für die Weiterentwicklung des Innovationsvorhabens einsetzen möchte, um den technischen Vorsprung gegenüber dem Wettbewerb zu halten. Der Projektleiter kommt bei der Errechnung zu folgendem Ergebnis:

$$\frac{\text{Absatz (65.000 Einheiten)} \times \text{Stückergebnis II (598,46 €)} \times 3 \text{ (Geschäftsjahre)}}{100 \times 300.000\text{ € (zusätzliches Kapital)} + 17{,}2 \text{ Mio. € (Marktentwicklungskosten)} + 7{,}5 \text{ Mio. € (Produktentwicklungskosten)}} = 4{,}7$$

Das investierte Startkapital fließt innerhalb der drei Geschäftsjahre 4,7 mal zurück, das heißt, im Zeitraum von drei Geschäftsjahren fließen dem Unternehmen (ohne Ab- und Hinzurechnung der Zinsen gerechnet) 117,5 Mio. Euro zurück. Pro Jahr ist das ein positives Ergebnis von rund 39 Mio. Euro.

Return on Investment (R.o.I.)

Wie sieht es mit dem R.o.I. aus? Der R.o.I hat eine hohe Aussagekraft und ist eine wichtige Kennziffer der Bilanzanalyse und somit auch der Bewertung für Innovationsvorhaben. Die Bedeutung der R.o.I.-Analyse hat deswegen so viel Gewicht, weil zwei wichtige Erfolgskennziffern darin enthalten sind: die Umsatzrentabilität und die Kapitalumschlagsgeschwindigkeit. Aus diesen Kennziffern lassen sich gute Rückschlüsse auf die Effizienz eines Innovationsvorhaben schließen.

Die Formel für die Berechnung des R.o.I lautet:

$$\frac{\text{Jahresüberschuss (vor Steuern)}}{\text{Gesamtkapital}} = \text{R.o.I.}$$

In unserem Beispiel (vereinfacht dargestellt) kommt der Projektleiter zu folgenden Ergebnissen:

$$\frac{\text{Ergebnis II}}{\text{Umsatz}} \times \frac{\text{Umsatz}}{\text{investiertes Kapital}} = \text{gekürzte Formel} = \frac{\text{Ergebnis II}}{\text{investiertes Kapital}} = \text{R.o.I.}$$

$$\frac{38.900.000\text{ € (Ergebnis II)} \times 100}{25.000.000\text{ € (investiertes Kapital)}} = 55{,}5\%$$

Bei kleineren Unternehmen liegt der R.o.I. bei etwa 10 bis 14 %.

Umsatzrendite

Die Umsatzrendite zeigt auf, wie erfolgreich ein Unternehmen gearbeitet hat und welches Preisniveau es erzielen konnte. Wie sieht in unserem Beispiel die Umsatzrendite aus? Die Aussage dieser betriebswirtschaftlichen Kennziffer ist für das „Go" oder „Stop" eines Innovationsvorhabens ebenfalls von entscheidender Bedeutung. Die Umsatzrendite wird mit folgender Formel berechnet: Bilanzgewinn + Fremdkapitalzinsen mal 100 dividiert durch Umsatz. In unserem Beispiel gehen wir bei diesen Berechnungen etwas vereinfacht vor:

$\frac{\text{Ergebnis II}}{\text{Umsatz}}$	×	Umsatz dividiert durch durchschnittlich Gesamtkapital
❽↓		❽↓
Umsatzrendite		Kapitalumschlags - geschwindigkeit
❽↓		❽↓
$\frac{38.900.000€ \times 100}{90.400.000€} = 43\%$		Umsatz dividiert durch durchschnittlich Gesamtkapital

Siehe hierzu das Beispiel Kapitalumschlagsgeschwindigkeit vereinfacht dargestellt.

Worst-Case-/Best-Case-Analyse

Nachdem alle Daten und Fakten herausgearbeitet wurden, überprüft der Projektleiter jetzt die Innovationsidee anhand einer „Worst-Case-/Best-Case-Analyse" auf mögliche weitere Risikofaktoren, die vorher nicht so deutlich wurden. Diese Analyse macht die kritischen Faktoren transparent. Sie macht deutlich, welches Gewicht sie haben. Wie eine solche praktische „Worst-Case-/Best-Case-Analyse" durchgeführt werden kann, zeigen die Abb. 110 und 111.

Bevor Sie mit der Analyse beginnen, listen Sie alle Faktoren auf, die eher „Best-Case-Erfolge" bringen, und die kritischen Faktoren, die zu „Worst-Case-Ergebnissen" führen. Stellen Sie diese gegenüber und streichen Sie Faktoren, von denen Sie hundertprozentig wissen, dass sie nicht eintreten werden bzw. eintreten können. Am besten ist es, wenn der Projektleiter diese Arbeit im Team „Ideencampus" vornimmt. Viele Köpfe sehen und denken mehr.

Balanced Scorecard/Innovation Scorecard

Das Instrument Balanced Scorecard (ins Deutsche übersetzt: „ausgewogene Anzeigentafel") berücksichtigt bei der Überprüfung eines Konzepts nicht nur die monetären Aspekte, sondern auch die nicht-monetären Aspekte. Beide Aspekte werden hier in Einklang gebracht. Dieses Tool ist für das Management ein Steuerungsinstrument, für schnelles und

Chancenentwicklungspapier

Chance/Konzept: ______________________________

____

____

Aufführen kritischer Faktoren, die eher „Best-Case-Erfolge" bringen:
- Assimilierung des neuen Auftragssystems durch die Spitzenkräfte.
- Implementierung des neuen Produktes vor der Konkurrenz.
- Rasche Marktdurchdringung über Baumärkte etc.

Aufführen kritischer Faktoren, die zu Worst-Case-Ergebnissen führen:
- Unfähigkeit der Spitzenkräfte, das neue System zu übernehmen.
- Furcht der Außendienstmitarbeiter, dass das Produkt nicht marktorientiert unterstützt wird.
- Verzögerungen bei der Einführung des neuen Produkts.
- Aktionen von Wettbewerbern, die uns zuvorkommen oder stören.

Bietet diese Chance genügend Nutzen bei akzeptablem Risiko, um sie in die Umsetzungsphase zu überführen? [x] ja [ ] nein

Abb. 110 Chancenentwicklungspapier (In Anlehnung an Kramer 1977)

Chancenentwicklungspapier

Chance/Konzept: ______________________________

____

____

Worst-Case-Szenario Ertrag/Produktivität	**Best-Case-Szenario Ertrag/Produktivität**
Keine starke Marktdurchdringung	Marktanteil um 15 %
Personalanhebung 10 Mitarbeiter	Personalanhebung 5 Mitarbeiter
Attraktivität für 5.000 neue Anwender	Attraktivität für 30.000 neue Anwender

Kosten-Nutzen-Analyse
- Wie hoch sind die positiven Auswirkungen im Worst-Case-Szenario, verglichen mit dem Status quo?
- Wie hoch sind die negativen Auswirkungen im Best-Case-Szenario, verglichen mit dem Status quo?

-5 -4 -3 -2 -1 0 +1 +2 +3 +4 +5

negative Auswirkungen **Status quo** **positive Auswirkungen**

- Welche kritischen Faktoren bestimmen, ob wir das Best-Case-Szenario erreichen?
- Welche kritischen Faktoren würden das Worst-Case-Szenario herbeiführen?

Abb. 111 Chancenentwicklungspapier mit Best-Case-/Worst-Case-Analyse (In Anlehnung an Kramer 1977)

flexibles Handeln, da es schwer vorstellbare Konzepte, Visionen und finanzielle Ziele übersichtlich und zusammenhängend darstellt.

Die Balanced Scorecard wurde 1990 von Kaplan und Norton entwickelt und 1997 von beiden dann nochmals weiterentwickelt. Dieses Instrument hat vier strategische Stoßrichtungen:

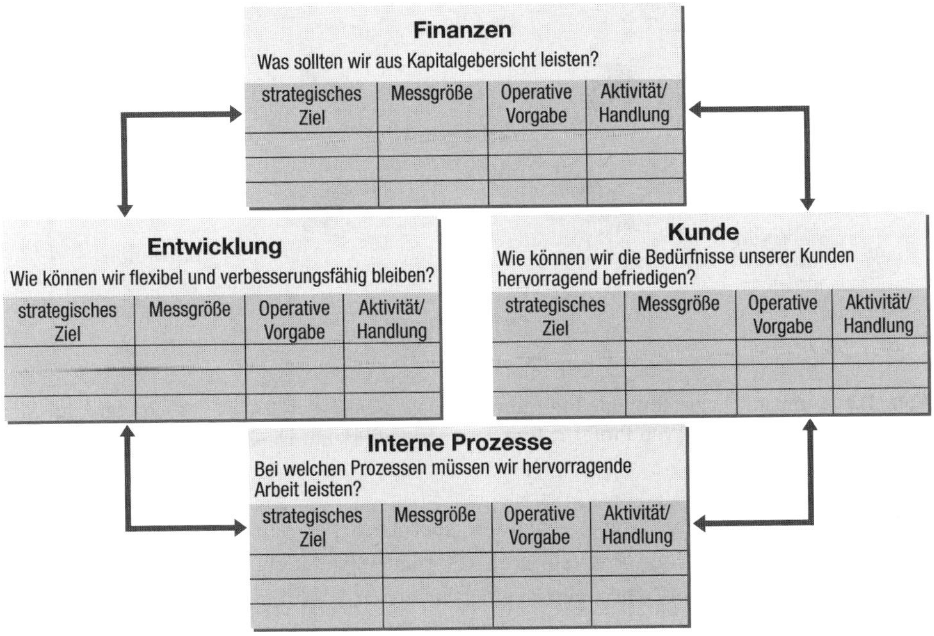

Abb. 112 Balanced Scorecard (In Anlehnung an Kaplan und Norton 1997)

1. Finanzen (Wirtschaftlichkeit, Wertsteigerung, Wachstum)
2. Kunden (Lebenszyklus, Qualität, Preise, Kosten)
3. Prozesse (Qualität, Wirtschaftlichkeit, Durchlaufzeit)
4. Entwicklung/Innovationen (Lernen, Innovation, Führungsqualität).

Sie bilden die treibenden Faktoren eines Unternehmens und zukünftiger Leistungen. Sie lösen Bewegung im Unternehmen aus. Die Balanced Scorecard betrachtet die vier treibenden Faktoren in einer Ursachen-Wechselbeziehung, da hier ein Kausalzusammenhang zwischen Mitarbeiter- und Kundenzufriedenheit, Kundentreue, Marktanteil und wirtschaftlichem Erfolg besteht. Zu den vier strategischen Stoßrichtungen der Balanced Scorecard siehe Abb. 112.

Die Kennzahlen, die die Basis der vier Prozesse bilden, stehen für ein Gleichgewicht zwischen externen Messgrößen für die Unternehmensleitung (z. B. Pay-off, Gewinn, Return on Investment (R.o.I.), Kundenzufriedenheit, Reklamationen usw.) und internen Messgrößen für die Gesamtsteuerung (z. B. Deckungsbeitrag, Mitarbeiterproduktivität, Unternehmensklima usw.). Darüber hinaus sollen die Kennzahlen eine Balance zwischen den Ergebnissen vergangener Tätigkeiten, und Kennzahlen, die die zukünftige Tätigkeit bzw. Leistung antreiben, herstellen. Dazukommend erhalten finanzielle und nichtfinanzielle Kennzahlen Berücksichtigung (z. B. Anzahl von Reklamationen, Anzahl von Verbesserungsempfehlungen usw.). Finanzielle Kennzahlen haben den Hintergrund von Umsatz,

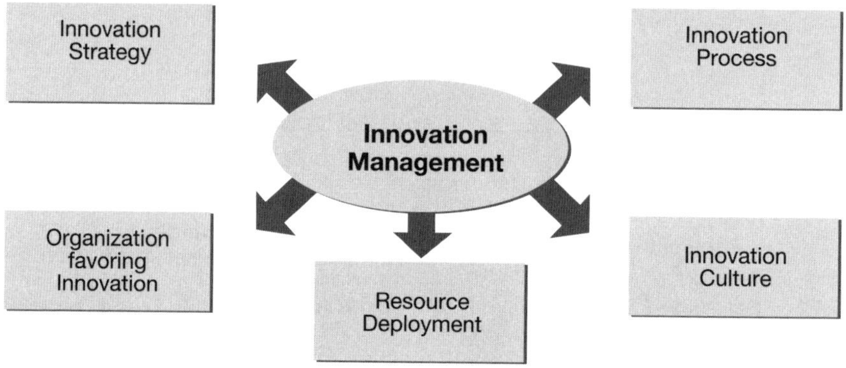

Abb. 113 Company Value through Innovation Management (www.innovationscorecard.de/ Mit freundlicher Genehmigung von Prof. Dr. Tom Sommerlatte (Arthur D. Little))

Deckungsbeitrag, Gewinn usw. Sie werden über Ursachen-Wirkungs-Ketten mit dem Blick aus Kunden-, internen Prozess- und Mitarbeitersicht verbunden. So werden dann die vier strategischen Stoßrichtungen in einer Ursachen-Wirkungs-Methode miteinander verbunden, um die Zusammenhänge und Abhängigkeiten von einander sichtbar werden zu lassen. Aus den Ergebnissen werden dann Zieldimensionen abgeleitet, die zu realisieren sind.

Prof. Dr. Tom Sommerlatte (Arthur D. Little) hat die klassische Balanced Scorecard aufgegriffen und diese für Innovationsbewertungen weiter entwickelt. Die Weiterentwicklung „Innovation Scorecard" ergänzt zunehmend mehr die bekannte Balanced Scorecard. Mit der Innovation Scorecard lässt sich feststellen, welche Voraussetzungen für ein Innovationsvorhaben erfüllt sein müssen und/oder welche Veränderungen vorgenommen werden müssen, damit das Innovationsvorhaben erfolgreich sein wird.

Der Weiterentwicklung war eine mehrjährige Beobachtung mehrerer namhafter, erfolgreicher, innovativer, deutscher Unternehmen vorausgegangen. Hier wurden fünf Steuerungsbereiche festgemacht, die kausale Zusammenhänge aufwiesen (siehe Abb. 113) (vgl. hierzu Sommerlatte und Grimm 2004, S. 40 ff.).

Diese fünf strategischen Steuerungsbereiche (Abb. 114–118) beeinflussen enorm stark den Innovationserfolg. In jeder Stoßrichtung gibt es Erfolgsfaktoren, die für das Gelingen einer Innovation maßgeblich entscheidend sind. Jeder Faktor erhält eine Gewichtung. Diese Gewichtung wird entsprechend der Bedeutung des Faktors festgelegt und variiert zwischen 0,0 (sehr schlecht) und 1,0 (sehr gut).

Merke

Die Wachstums- und Ertragsziele durch Innovationen sowie die Innovationspolitik sollten in der Unternehmensstrategie fest verankert sein.

Strategie	Score
Kernkompetenzen, Forschungs- und Entwicklungsprogramm	
Differenzierung, Nutzensteigerung	
Durchlaufzeit von Innovationsvorhaben	
Kostensenkung durch Innovationen	
Spitzenstand kritischer Kompetenzen	
Steuerung der Entwicklungsprojekte	
Innovationsführerschaft	
Ertragsanteil neuer Produkte	
Summe	

Abb. 114 Strategie – Score (Sommerlatte und Grimm 2004, S. 40 ff.)

Prozesse	Score
Nutzung externer Innovationsideen	
Einfluss des Marktes auf Forschungs- und Entwicklungsprojekte	
Suche nach/Auswahl von Innovationsideen	
Interaktion im Unternehmen	
Verfolgen von Trends	
Gedankenaustausch mit Kunden	
Vollmachten der Projektleiter	
Nutzung externen Know-hows	
Summe	

Abb. 115 Prozesse – Score (Sommerlatte und Grimm 2004, S. 40 ff.)

Merke

Der Innovationsprozess beschränkt sich nicht nur auf Forschung und Entwicklung. Er schließt auch die Suchfeldanalyse, Ideensuche und -auswahl und das Marketing ein.

Merke

Abteilungsübergreifende und hierarchisch unabhängig arbeitende Teams (Ideencampus, Innovationsausschuss) sind für Innovationsvorhaben hervorragend geeignet und zeichnen zugleich auch eine innovative Organisationsstruktur aus.

Strukturen	**Score**
Interdisziplinäre Teams	
Organisation der Innovationssuche	
Rolle der Projektorganisation	
Transparenz der Kompetenznetze	
Austausch von Wissen/neuen Ideen	
Kontakt mit Kunden zu Forschungs- und Entwicklungs-themen	
Schnelligkeit der Umsetzung	
Überwinden von Innovationshindernissen	
Summe	

Abb. 116 Strukturen – Score (Sommerlatte und Grimm 2004, S. 40 ff.)

Ressourceneinsatz	**Score**
Management von Qualifikationen	
Steuerung von Forschungs- und Entwicklungsaufwendungen	
Nutzung externen Know-hows	
Zusammenarbeit mit Lieferanten	
Partner-/Kooperationsbeziehungen	
Co-Entwicklung mit Externen	
Gedankenaustausch mit Umfeld	
Beziehungsnetz mit Experten	
Summe	

Abb. 117 Ressourceneinsatz – Score (Sommerlatte und Grimm 2004, S. 40 ff.)

Merke

Innovative Unternehmen nutzen interne (Führungskräfte, Mitarbeiter) und externe (Lead-User-Kunden, Lieferanten, Agenturen usw.) Quellen für ihre Innovationsvorhaben.

Merke

Lernen und Wissensmanagement gehören zu einem aktiven Innovationsklima. Sie sind bewusst gestaltete und gepflegte Prozesse.

Kultur	Score
Rolle von Lernen und Wissensmanagement	
Verantwortung für Lernprozesse	
Einbeziehung der Mitarbeiter	
Wichtigkeit hoher Innovationsleistung	
Bereitstellung von Know-how	
Teamgeist	
Reflexion über Produkte, Leistungen	
Nutzung von Kunden Feedback	
Summe	

Abb. 118 Kultur – Score (Sommerlatte und Grimm 2004, S. 40 ff.)

Abbildung 119 zeigt beispielhaft die Vorgehensweise, wie der Teilscore „Innovation Strategy" durch die Vergabe von Gewichtungen und Bewertungen gebildet wird. Die „Innovation Strategy" erhält Gewichtung und Bewertung. Das Ergebnis ist die Gesamtnote (gewichtete Bewertung = Weighted Score) des Teilscore „Innovation Strategy" 0,525. Die Gewichtung und Bewertung der Teilscores werden entsprechend der im Unternehmen vorgefundenen Bedeutung festgelegt. Diese Vorgehensweise findet dann auch bei alle anderen Teilscores statt. Siehe hierzu die Abb. 120 mit allen gewichteten Teilscoren. Alle Bewertungsergebnisse der fünf Teilscores fließen dann in einer Gesamtbewertung der Innovation Scorecard mit der Gesamtbewertung 0,605 ein. Maximal ist ein Wert von 1,0 möglich. Werte, die höher als 0,75 sind, sind als überdurchschnittlich zu betrachten. Werte, die um 0,5 liegen, sind eher durchschnittlich. Die unter 0,5 liegenden Werte sind als unterdurchschnittliche Werte zu betrachten (Sommerlatte und Grimm 2004).

Arthur D. Little untersuchte mit der Innovation Scorecard 72 deutsche Unternehmen in einer Zufallsstichprobe. Parallel dazu wurde eine Gruppe von 13 Unternehmen (Outperformer) ausgesucht, deren Umsätze in ihren jeweiligen Branchen überdurchschnittlich wuchsen. Die Studie lief rund sechs Jahre. Die in der Zufallsstichprobe ausgesuchten Unternehmen bewerteten sich nach Kenntnis der Innovation Scorecard selbst. Die ausgesuchte Gruppe von 13 Unternehmen (Outperformer) bewertete ein Team von Arthur D. Little in Zusammenarbeit mit einem Team der European Business School. Beide Team wurden unterstützt (Gespräche) von Vertretern der Unternehmen.

Das Ergebnis dieser Untersuchung zeigt deutlich, dass die Outperformer die Kriterien der Innovation Scorecard deutlich besser erfüllen als die Unternehmen der Zufallsstichprobe.

	Innovation Strategy	Weighing Factors	No (0)	Partly (0,5)	Yes (1)	Weighted Score
1	Do your core competencies and the development program of your company convince your investors/owners that your company will grow based on successful innovations?	0,2		X		0,2 x 0,5 = 0,1
2	Are systematic efforts being undertaken in your company to achieve competitive advantages through innovation, to overcome cost competition through differentiation and to avoid price erosion through offering innovative benefits to your customers?	0,1			X	0,1
3	Is he average development lead time of your innovation projects shorter than that of your competitors	0,15		X		0,075
4	Are significant cost reductions achievable by innovative approaches in your company and are they being tackled?	0,05		X		0,025
5	Does your company pursue avenues to maintain or reinforce its critical competencies at world-class level?	0,15			X	0,15
6	Are innovation projects being evaluated and managed according to their importance for the innovation strategy of your company?	0,15		X		0,075
7	Is your company among the innovation leaders in your industry?	0,15	X			0
8	Is he percentage of sales and profits stemming from products/services introduced within the last 3 years higher that that of your competitors =	0,05	X			0
		Σ 1,0				**Σ 0,525**

Abb. 119 Innovation Strategy (www.innovationscorecard.de/ Mit freundlicher Genehmigung von Prof. Dr. Tom Sommerlatte (Arthur D. Little))

Der Total Shareholder Return (Kurssteigerung plus ausgeschüttete Dividenden) und der Umsatz von Unternehmen mit sehr hoher Innovationstätigkeit wachsen im Branchenvergleich jeweils überdurchschnittlich.

Abbildung 122 zeigt die Werte der jeweiligen Innovationsfaktoren im Vergleich der Outperformer und der Zufallsstichprobe detailliert auf. Die Abbildung macht sehr deutlich, dass das erfolgreiche Abschneiden der Outperformer das Ergebnis der Erfüllung der Innovation Scorecard-Indikatoren ist.

Zu erwähnen sei noch, dass der Total Shareholder Return einiger Unternehmen in der oben angegebenen Liste seit einiger Zeit stark rückläufig ist, weil der Innovation Score seit längerer Zeit im Niveau gesunken ist (Sommerlatte und Grimm 2004, S. 52).

Die Innovation Scorecard ist ein hervorragendes Instrument für die Bewertung von Innovationen; sie wird in den nächsten Jahren noch intensiver eingesetzt werden.

Natürlich hat auch dieses Instrument – wie jede Münze – zwei Seiten. Die Seite der Vorteile und die Seite der Nachteile. Die Innovation Scorecard reduziert die Komplexität der Innovationsprozesse, sie macht den gesamten Prozess für alle Beteiligten transparent. Darüber hinaus betrachtet sie alle erfolgsrelevanten Unternehmens- und Innovationsfaktoren

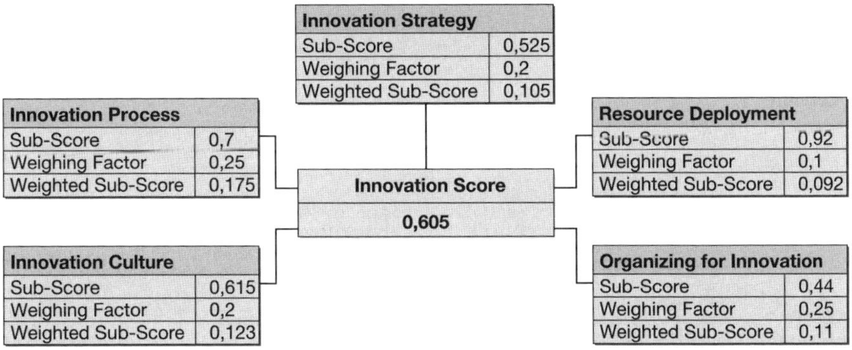

Abb. 120 The Innovation Scorecard (www.innovationscorecard.de/ Mit freundlicher Genehmigung von Prof. Dr. Tom Sommerlatte (Arthur D. Little))

Unternehmen	Branche	Innovation Score*	Wachstum des Total Shareholder Return**		Wachstum des Umsatzes	
			Unternehmen	Branche	Unternehmen	Branche
SAP	Informationstechnik	0,97	27	16	28	8
Schering	Chemie/Pharma	0,97	27	22	11	3
Altana	Chemie/Pharma	0,91	31	22	11	3
Veritas	Automobil	0,91	43	18	15	10
Sixt	Transport/ Tourismus	0,89	23	11	25	3
Beiersdorf	Chemie/Pharma	0,82	32	22	7	3
Hugo Boss	Textilindustrie	0,82	28	5	12	-1,5
Sartorius	Anlagen-/ Maschinenbau	0,80	18	6	13	3,5
Siemens	Elektrotechnik	0,79	20	2	8	6
Porsche	Automobil	0,76	51	18	17	10

*) Maximal ist ein Wert von 1,00 möglich; größer 0,75 bedeutet: weit überdurchschnittlich; um 0,5 herum: durchschnittlich; unter 0,5: unterdurchschnittlich.
**) Durchschnittliches jährliches Wachstum von 1995 bis 2001 (in Prozent)

Abb. 121 Innovativ und erfolgreich (Sommerlatte und Grimm 2004, S. 48)

durch eine logische Ableitung der Idee bis zu den konkreten Aktivitäten und sie betrachtet nicht nur die finanziellen Ergebnisse, sondern alle erfolgsrelevanten Unternehmens- und Innovationsfaktoren.

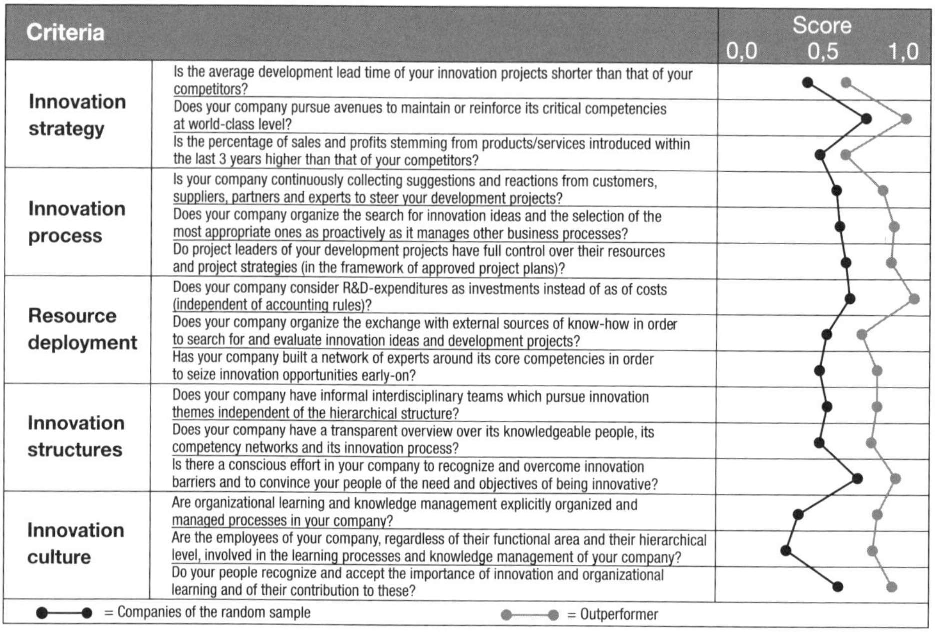

Abb. 122 Outperformers versus Random Sample (www.innovationscorecard.de/ Mit freundlicher Genehmigung von Prof. Dr. Tom Sommerlatte (Arthur D. Little))

Die Balanced Scorecard wie auch die Innovation Scorecard sind sehr komplex und zeitaufwendig. Sie erfordern eine exakte Abstimmung auf das Unternehmen, und sie müssen im Unternehmen fest installiert sein und von dem Management getragen werden.

Werden die Balanced und die Innovation Scorecard im Unternehmen halbherzig und nicht beherrschend eingesetzt, so wird auch die bewertete Strategie bzw. bei der Innovation Scorecard die Innovation kaum erfolgreich sein. Wird sie hingegen professionell im Unternehmen gehandhabt, sind Strategie oder Innovation meist sehr erfolgreich. Siehe die in der Innovation Scorecard bewerteten Unternehmen wie Siemens, Porsche, Beiersdorf usw.

Praxistipp

Die Innovation Scorecard kann man sicherlich im Unternehmen „üben", möglichst noch mit professioneller Anleitung. Besser ist es jedoch, wenn Sie diese komplexe Arbeit auf Profis übertragen, die ihr Handwerk verstehen. Erst recht, wenn es sich um finanziell aufwendige Innovationsvorhaben handelt und wenn diese das Image des Unternehmens positiv beeinflussen sollen. Immer dann sollten Sie unbedingt Profis mit dieser Arbeit beauftragen.

Literatur

Kaplan, Robert S., und David P. Norton. 1997. *Balanced Scorecard, Strategien erfolgreich umsetzen*. Stuttgart.

Kramer, Friedhelm. 1977. *Produktinnovation, Orientierung*. Schweizerische Volksbank Nr. 66, 1977.

Sommerlatte, Tom, und Ulrich Grimm. 2004. Kreativität besser managen. In *Harvard Businessmanager: Neue Produkte entwickeln - testen - verkaufen*. Frankfurt.

12 Testphase

> Neben den diversen Testmarktmethoden zur Akzepttanzschätzung einer Innovation wurden schon einige in der Praxis erfolgreich eingesetzte Instrumente beschrieben, die erste qualitative Informationen liefern wie die Einbeziehung von Lead-User-Kunden, die Delphi-Methode, die Szenario-Technik, die Balanced Scorecard und die Innovation Scorecard. Spätestens jedoch, wenn die Innovation in den Markt eingeführt ist, wenn die Innovation unter realistischen Bedingungen im Markt „arbeitet", spätestens dann stellt sich heraus, ob die Innovation bei der Zielgruppe tatsächlich ankommt, ob sie floppt oder ein totaler Erfolg wird. Um sich hierüber noch Sicherheit zu holen, empfiehlt es sich, vorher den Test durchzuführen. In diesem Kapitel erfahren Sie, wie die beiden Testmethoden funktionieren, die in der Praxis angewandt werden: der Produkt-/Konzeptionstest und der Testmarkt.

Produkt-/Konzepttest

Der kombinierte Produkt- und Konzeptionstest überprüft die:

- Anmutungseigenschaften,
- Konsum- bzw. Verwendungseigenschaften
- sowie den Marketing-Mix, da er zusammen mit dem Produkt eine wichtige Rolle bei der Kaufentscheidung spielt.

Der Produkttest wird in der Regel an realen Produkten vorgenommen. Da, wo die Fertigstellung des Produkts – aus welchem Grunde auch immer – noch nicht zustande gekommen ist, wird der Test allein am Prototypen durchgeführt.

Der reale Produkttest in Kombination mit dem Konzeptionstest gibt immer mehr Sicherheit, da in dieser Testsituation das Gesamtkonzept (Produkt- und Marketingkonzept)

R. H. G. Großklaus, *Von der Produktidee zum Markterfolg*,
DOI 10.1007/978-3-8349-4594-5_12, © Springer Fachmedien Wiesbaden 2014

überprüft wird. Bei der Überprüfung der Konzeption werden im Allgemeinen folgende Fragen abgeklärt:

- Wie wird die Konzeption von der Zielgruppe akzeptiert?
- Wird das Image des Unternehmens gestärkt oder geschwächt?
- Wie werden die Positionierung und der USP verstanden?
- Wie passt sich die Konzeption der zurzeit bestehenden Marktsituation an?
- Sind die Maßnahmen der Konzeption entsprechend optimal umgesetzt?
- Sind die geplanten Maßnahmen gut aufeinander abgestimmt?

Allerdings sollte ein Konzeptionstest nur dann durchgeführt werden, wenn noch große Unsicherheiten hinsichtlich einiger Konzeptionsbereiche wie z. B. Positionierung, Preis, Verpackung usw. bestehen.

Im B2B-Bereich empfiehlt es sich, Kunden direkt an das Produkt heranzuführen, damit sie es ausprobieren können. Das Verpackungsunternehmen Tetra Pak bietet seinen Kunden Verpackungsmaschinen für einen längeren Zeitraum an, um ihnen die Möglichkeit des Ausprobierens in gewohnter Umgebung zu geben. Andere Unternehmen aus der Druckindustrie besprechen mit vertrauenswürdigen Kunden Prototypen und überprüfen so, ob das Produkt mit den entsprechenden technischen Eigenschaften ausgestattet ist und wo es noch Optimierungsmöglichkeiten gibt.

Testmarkt

Häufig reicht es nicht aus, dass allein ein Produkttest das Risiko eines Flops minimiert. Zu viele Einzelfaktoren bestimmen den Erfolg oder Flop einer Innovationseinführung. Schon die nicht aussagekräftige Werbung, die prognostizierte Distributionsdichte oder der falsche Preis können Grund dafür sein, dass das hervorragend geplante Einführungskonzept dennoch versagt. Der Testmarkt bringt es an den Tag. Im Testmarkt wird die eingeführte Innovation unter realistischen Bedingungen verkauft. Hier muss sich das neue Produkt im Markt und gegenüber der Konkurrenz behaupten. Dabei soll der Testmarkt folgende grundlegende Fragen beantworten:

- Ermittlung der Marktchancen des neuen Produkts
  - Absatz-, Verkaufschancen
  - Wettbewerbsdifferenzierung
  - Imageverstärkung
  - Kannibalisierungseffekt im eigenen Sortiment
  - Marktanteilswachstum usw.

- Marketingstrategie und -maßnahmen
  - nachvollziehbare, glaubwürdige Positionierung und USP
  - glaubwürdige und alleinstellende Werbung, PR, Internetauftritt und Verkaufsförderung
  - Alleinstellung
  - marktgerechtes Preis-/Nutzenverhältnis
  - differenzierender Produktauftritt
  - richtige Distributionsstrategie
  - zielorientiertes Budget usw.

Ein **Beispiel** aus dem Foodbereich dazu:

Die Saft GmbH will ihr neues Produkt inklusive Werbemittel unter „Kriegsbedingungen" im Markt testen. Die Testergebnisse sollen vor allem Auskunft über die Wirkung der geplanten Abverkaufsmaßnahmen geben. Ziel ist es, mit dem Einsatz von abverkaufsunterstützenden Maßnahmen für das neue Produkt ein Umsatzplus von 35 Prozent zu realisieren. Dann würde sich der Einsatz der Werbemittel lohnen. Die Saft GmbH hat sich ein eigenes Handels-Panel zugelegt. Etwa 70 Geschäfte hält sie jährlich unter Vertrag. In diesem Panel werden Werbekampagnen, Verkaufsförderungskampagnen und -mittel, der Außendienst, Preise, neue Produkte und Verpackungen usw. überprüft.

Das Panel wird für den Test in zwei Testgruppen aufgeteilt. Im Panel „A", bestehend aus 35 Geschäften, wird das neue Produkt mit den neuen abverkaufsunterstützenden Maßnahmen eingesetzt. Im Panel „B" hingegen wird das neue Produkt ohne die abverkaufsunterstützenden Maßnahmen abverkauft. Der Außendienst erhält im Panelgebiet „B" als einziges Verkaufsförderungsmittel einen neuen Salesfolder. Sonst wird – bis auf die normale Rabattstaffel – keine Unterstützung angeboten. Die Umsatzeinbußen im Panel „B" (gegenüber den erhofften Umsatzzuwächsen im Panel „A") werden hinsichtlich der Außendienstmitarbeiter-Prämien selbstverständlich ausgeglichen. Beide Teams erhielten für die Testerfüllung eine Art Sonderprämie. Die Außendienstmitarbeiter haben Aufgaben zu erfüllen wie z. B.:

- Regalpflege
- Lagerbestandsveränderungen aufzunehmen
- Regalabverkäufe zu beobachten
- Abverkaufte Mengen sofort wieder zu ersetzen
- Bei Zweitplatzierungen Beobachtungen schriftlich festzuhalten
- Bei Werbedameneinsätzen die Betreuung und Beratung zu übernehmen
- An bestimmten Tagen Verbraucher zu befragen. Hierfür wurde ein Fragebogen entwickelt, der von der eigenen Marktforschungsabteilung ausgearbeitet wurde.
- Handel befragen
- Pro Woche einen Abschlussbericht an die Marktforschung schicken.

Nach sechs Wochen wird ein Wechsel vorgenommen. Dann wird das Panel „B" mit abverkaufsunterstützenden Maßnahmen ausgestattet, Das Panel „A" muss dann ohne diese Maßnahmen das neue Produkt verkaufen. In der Marketingsprache spricht man hier von einem „Split-Run-Verfahren".

Das Ergebnis dieses Testmarkts ist sehr zufrieden stellend. Insgesamt wurde bei den Panels mit abverkaufsunterstützenden Maßnahmen ein Umsatzplus von 47 Prozent erreicht. Aufgrund der Testergebnisse ergeben sich noch einige Hinweise auf Modifikationen bei den abverkaufsunterstützenden Maßnahmen, die sofort umgesetzt wurden. Der Test ist positiv verlaufen. Auch die qualitativen Ergebnisse waren mehr als zufrieden stellend. Die Testergebnisse werden dem Innovationsausschuss präsentiert. Die Ergebnisse überzeugen und die Kampagne bekommt ihr O.k.

Neben den Vorteilen der hohen Aussagekraft eines Testmarkts gibt es aber auch Faktoren, die gegen einen Testmarkt sprechen:

- das Budget für den Testmarkt ist hoch,
- die Zeitdauer eines Testmarkts ist häufig sehr lang,
- die Geheimhaltung.

Budget

Die Entscheidung für oder gegen die Durchführung eines Testmarkts hängt davon ab, wie zuverlässig und positiv die bereits vorhandenen Daten sind. Die Kriterien, die für die sofortige Einführung sprechen, sind:

- fundierte Marktkenntnisse
- eindeutige positive bisherige Testergebnisse (Delphi-Studie, Szenario-Technik, Innovation Scorecard, Lead-User-Kunden-Einbindung usw.)
- positiv übereinstimmende Meinung des Innovationsausschusses und gemeinsame Risikoverantwortung bei einem Flop
- schlüssige Gesamtdaten
- sehr schnell zu erwartende Konkurrenzsituation (... es ist immer besser, erster im Markt zu sein!)
- starker Vertrieb.

In den meisten Fällen empfiehlt es sich, zur Kosten- und Risikominimierung einen Testmarkt durchzuführen, wie im folgenden Beispiel leicht zu erkennen ist. Die Durchführung eines Testmarkts kostet angenommen 400.000 Euro. Das Unternehmen schätzt im Falle eines Versagens des neuen Produkts im Markt einen Verlust von 10,0 Mio. Euro. Wenn die Erfolgschance des neuen Produkts aus der Sicht des Innovationsausschusses 50 Prozent beträgt, so wäre der Erwartungswert des Verlustes bei sofortiger Einführung mit 5,0 Mio.

Euro zu beziffern. Die Testmarktkosten sind um das 12,5-Fache geringer. In diesem einfachen Beispiel ist ersichtlich, dass es aus ökonomischen Gründen mehr als vernünftig ist, einen Testmarkt durchzuführen.

Zeitdauer eines Testmarkts/Geheimhaltung

Die Zeitdauer eines Testmarkts kann abgekürzt werden. Zum einen durch den Einsatz von Mini-Testmärkten (Store-Tests = geringe Anzahl von Geschäften mit angeschlossenem Verbraucherpanel) und zum anderen durch Labor-Testmärkte. Hier wird der Testmarkt als reale Situation im Labor simuliert. Die Ergebnisse dieser Ersatz-Testmärkte werden repräsentativ dargestellt, indem sie auf die Grundgesamtheit hochgerechnet werden. Solche Ersatz-Testmärkte finden im Foodbereich zunehmend Anwendung. Die Ergebnisse kommen schnell und die Kosten sind im Gegensatz zum realen Testmarkt sehr gering. Die Dauer eines solchen Testverfahrens beträgt nur vier bis sechs Wochen. Ein wesentlicher Vorteil dieses Testinstruments ist, dass die Geheimhaltung gewahrt bleibt, da mit dem Produkt nicht an die Öffentlichkeit gegangen wird. Dies wiederum sichert dem testendem Unternehmen einen kleinen Vorsprung vor der Konkurrenz. Sie kann nur verspätet auf die Einführung reagieren.

Solche Testverfahren werden von den Instituten A.C. Nielsen GmbH (Frankfurt a. M./ www.acnielsen.de) und GfK Gesellschaft für Konsum- und Absatzforschung Nürnberg (www.gfk.de) angeboten.

Die Entscheidung über einen Produkt-/Konzeptionstest und das Testmarktverfahren liegt beim Innovationsausschuss.

Testmarktziele

Ohne Testmarktziele gibt es auch keinen Testmarkt. Legen Sie Testmarktziele fest, damit Sie eine Messlatte für erfolgreich und nicht erfolgreich haben. Testmarktziele können sein:

- Marktanteil in Menge und Wert
- Distribution/Händler/Kunden
- Umschlagsgeschwindigkeit
- Bevorratung
- Kaufrate
- Absatz/Preis/Umsatz
- Break-even-Point
- Positionierungsrichtung
- Werbebotschaft usw.

Testmarktplanung

Wenn Sie als Projektleiter einen Testmarkt planen, sollten Sie auf folgende Kriterien unbedingt achten:

- Rund zehn Prozent der Gesamtbevölkerung sollten im Testmarkt repräsentiert sein.
- Der Testmarkt sollte aus einer repräsentativen Bevölkerungszusammensetzung bestehen.
- Die Konsum- und Gebrauchsgewohnheiten dürfen nicht atypisch sein.
- Kein Konkurrenzprodukt hat Vormachtstellung.
- Die Arbeitslosenquote sollte mindestens repräsentativ sein.
- Das Gebiet sollte kein nationales Testgebiet sein.

Praxistipp

Verzichten Sie auf „Mitarbeiter-Tests"! Mitarbeiter werden hier zum Produkt befragt. In der Regel werden sie sich immer für ihr Unternehmen entscheiden. Die Betriebsblindheit ist ebenfalls nicht ausgeschaltet. Das gleiche gilt für sogenannte Probiertests in Kaufhäusern.

Preiskalkulation 13

▸ Wenn die Kundenanforderungen abschließend erfüllt sind und die Konstruktionsbewertung erfolgt, entscheidet der Innovationsausschuss, ob das Projekt insgesamt die Freigabe erhält und die Fertigungs- und Marktvorbereitungen eingeleitet werden können. Da der Preis bei der späteren Kaufentscheidung eine wichtige Rolle spielt, muss nun eine entsprechende Kalkulation aufgestellt werden. Wie Sie dabei vorgehen, lesen Sie in diesem Kapitel.

Kosten-plus-Kalkulation

Häufig werden heute noch Verkaufspreise „aus dem Bauch heraus", nach Gefühl und Erfahrung festgelegt. Hinzu kommen die nach innen gerichteten kalkulierten Preise, die auf Basis der eigenen Kostenrechnung sowie der Fortschreibung von Listenpreisen entstehen. Eine solche „handgestrickte" Vorgehensweise gehört heute der Vergangenheit an. Sie ist nicht mehr marktadäquat und zu teuer.

Heute müssen sich die Verantwortlichen fragen, was das Produkt kosten darf, und nicht, was das Produkt kosten wird. Und diese Frage muss früh gestellt und beantwortet werden, da die Produktionskosten in den frühen Phasen des Innovationsprozesses hoch sind und festgelegt werden. Kostensenkungen sind dann nur noch bedingt durchführbar. Die Kostensteuerung muss also so früh wie möglich erfolgen, damit dem Kunden ein akzeptables Preis-/Nutzenverhältnis angeboten werden kann.

Eine immer noch weit verbreitete Methode ist die „Kosten-plus-Methode" (Abb. 123). Hier wird der Preis durch einen Gewinnaufschlag ermittelt.

Die nachfolgende Kalkulation zeigt beispielhaft, wie der Preis über die Cost-Plus-Kalkulation errechnet wird. Diese Kalkulation ist innen nach außen gerichtet (Abb. 124).

Der Markt bzw. die Kunden bleiben bei der Anwendung dieser Methode eher unberücksichtigt. Die Frage ist dann: Kann sich der ermittelte Preis im Markt durchsetzen? Die

R. H. G. Großklaus, *Von der Produktidee zum Markterfolg*,
DOI 10.1007/978-3-8349-4594-5_13, © Springer Fachmedien Wiesbaden 2014

Abb. 123 Kosten-plus-Methode

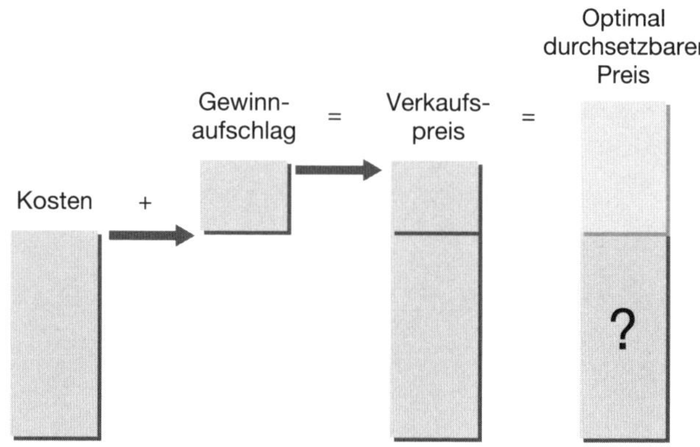

Cost-Plus-Kalkulation (produktbezogen)	
Materialkosten	450,00
Materialgemeinkosten	180,00
Fertigungslöhne	120,00
Fertigungsgemeinkosten	80,00
Herstellkosten	830,00
Entwicklungsgemeinkosten	260,00
Verwaltungsgemeinkosten	190,00
Vertriebsgemeinkosten	180,00
Selbstkosten	1 460,00
Gewinnzuschlag	20 %
Verkaufspreis	1 752,00
Kann dieser Preis beim Kunden umgesetzt werden?	

Abb. 124 Cost-Plus-Kalkulation (produktbezogen)

Frage muss nachträglich ein Produkt- und Preistest beantworten und häufig müssen dann Korrekturmaßnahmen eingeleitet werden.

Target Costing/Target Pricing

Mit dem Instrument „Target Costing" ist es möglich, ein solches Preis-/Nutzenverhältnis umzusetzen. Beim Target Pricing werden die vom Unternehmen „erlaubten" Kosten (Allowable Costs) vom erzielbaren Preis per Subtraktion des geplanten Gewinns (Target Profit) ermittelt. Anschließend werden die „erlaubten" Kosten den prognostizierten Kosten (Drif-

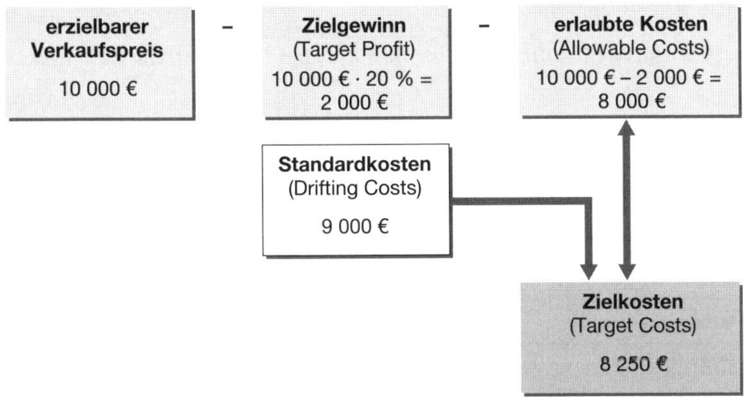

Abb. 125 Schema Target Costing (Horvath 1996)

ting Costs) gegenübergestellt. Die Differenz daraus zeigt die anzustrebende Kostensenkung an. Hier kurz ein Beispiel, das mit der Abb. 125 verdeutlicht wird. Der Verkaufspreis des Produkts darf nicht höher als 10.000 Euro liegen. Der Zielgewinn soll 20 Prozent betragen. 9000 Euro betragen die Standardkosten. Die erlaubten Kosten betragen 8000 Euro. Die Differenz von 1000 Euro zwischen den erlaubten Kosten von 8000 Euro und den Standardkosten von 9000 Euro muss durch einzuleitende Kostensenkungen in der Entwicklungsphase abgebaut werden. Die Zielkosten liegen bei einem angenäherten Wert zwischen 8000 Euro und 9000 Euro = 8250 Euro. Die nachfolgende Kalkulation zeigt beispielhaft, wie ein Zielpreis errechnet werden kann. Diese Kalkulation ist von außen nach innen gerichtet (Abb. 126).

Mit dieser Target-Pricing-/Target Costing-Kalkulation kann der Projektleiter schon in einer frühen Phase die Kostenstruktur und den Kostenfolgen mit den einzelnen Unternehmens-Ressorts diskutieren und nach völliger Klärung in den nachfolgenden Business- und Marketingplan einbringen. Die Target Pricing-/Target-Costing-Methode hat sowohl Vor- und Nachteile.

Die Vorteile:

- Sie bietet eine hohe Transparenz hinsichtlich der Kostenstruktur und Kostenfolgen
- Sie erfordert eine enge Zusammenarbeit mit allen kostenbeteiligten Ressorts im Unternehmen

Die Nachteile:

- U. U. kann diese Methode echten Innovationen nicht immer gerecht werden, wenn z. B. zu wenige Informationen über Markt, Wettbewerb, Lieferanten usw. vorliegen.

So gehen Sie am besten vor, um zukünftig mit der Target Pricing-/Target Costing-Methode zu arbeiten:

Retrograde Kalkulation (vor Entwicklungsstart bezogen auf den Produktlebenszyklus)	
Zielpreis	1 500,00
./. verbindliche Zielgewinnrate (produktanteilig!)	50 %
Summe für Kosten	750,00
Zielherstellkosten	210,00
Zielentwicklungskosten	90,00
Ziel-Vertriebs- und	75,00
Verwaltungskosten	30,00
Gezielt um die Prozesskostenblöcke vertieft	165,00
Zu vertiefen über die anschließende Zielkostenspaltung	180,00
Wie können wir das erreichen?	

Abb. 126 Retrograde Kalkulation (Horvath 1996)

- Sie ermitteln die Kundenanforderungen (Funktionen, Leistungen, Qualität, Nutzen usw.) durch Kundenbefragung/Einbindung von Lead-User-Kunden.
- Anschließend legen Sie den Zielpreis fest, den Sie am besten mit der Conjoint-Technik oder durch Kundenempfehlungen ermitteln.
- Im nächsten Schritt ermitteln Sie die Zielkosten, indem Sie vom Zielpreis die Gewinnspanne abziehen. Dadurch erhalten Sie die Zielkosten.
- Jetzt überprüfen Sie mögliche Kostensenkungsbereiche. Überprüfen Sie alle möglichen Kostenbereiche der Innovation, um Kostensenkungsmöglichkeiten zu finden:
  - Technik,
  - Design,
  - Verpackung,
  - Fertigung,
  - Personal,
  - Normung,
  - Material,
  - Einkauf,
  - Mehrverbrauch verringern.
- Anschließend setzen Sie die Kostensenkungen durch entsprechende Maßnahmen um.

Literatur

Horvath, P. 1996. *Controlling*, 6. Aufl. München.

Markteinführungsplan (Marketingplan) 14

> Der Schlüssel für die Erarbeitung eines Marketingplans zur Einführung eines neuen Produkts liegt in der Planungsdisziplin. Damit ist gemeint, dass Sie jeden einzelnen Planungsschritt exakt bearbeiten, bevor Sie den nächsten Schritt einleiten. Wie Sie bei der Erarbeitung des Marketingplans genau vorgehen, erfahren Sie in diesem Kapitel.

Die Erarbeitung des Marketingplans für ein neu einzuführendes Produkt

Der japanische Spitzenmanager Toshiaki Tagushi sagt: „Ein Fehler, der noch in der Planungsphase beseitigt wird, kostet vielleicht einen Dollar. Wird dieser Fehler nicht beseitigt, kostet er in der Regel in der darauf folgenden Planungsphase bereits 10 Dollar und nach der Umsetzung des Marketingplans sogar 100 Dollar." Ein rasches Überspringen der praxisbewährten Planungsschritte führt häufig zu schwer wiegenden Fehlern, die sich im Folgenden weiter potenzieren. Die Zeit, die sich der Projektleiter für eine methodisch-systematische Vorgehensweise zu Beginn der Marketingplanung verweigert, ist in der Regel die Zeit, in die er am Ende des Planungsprozesses zur Nachbesserung viel Geld und Geduld investieren muss.

Die disziplinierte Marketingplanung besteht aus drei wichtigen Hauptbereichen:

1. Der erste Hauptbereich umfasst die **Überprüfung des Marktes und des Unternehmens**. Diese Daten und Fakten verdichten sich später in der SWOT-Analyse (Stärken- und Schwächen-/Chancen- und Risikenanalyse). Zusammengefasst ist das dann die Beschreibung der Ist-Situation.
2. Der zweite Hauptbereich ist die Marketingplanung selbst, also die **Marketingkonzeption**. In ihr werden die gesammelten, analysierten und interpretierten Informationen aus dem ersten Hauptbereich zu konzeptionell richtungsweisenden Fakten entwickelt, die

R. H. G. Großklaus, *Von der Produktidee zum Markterfolg*,
DOI 10.1007/978-3-8349-4594-5_14, © Springer Fachmedien Wiesbaden 2014

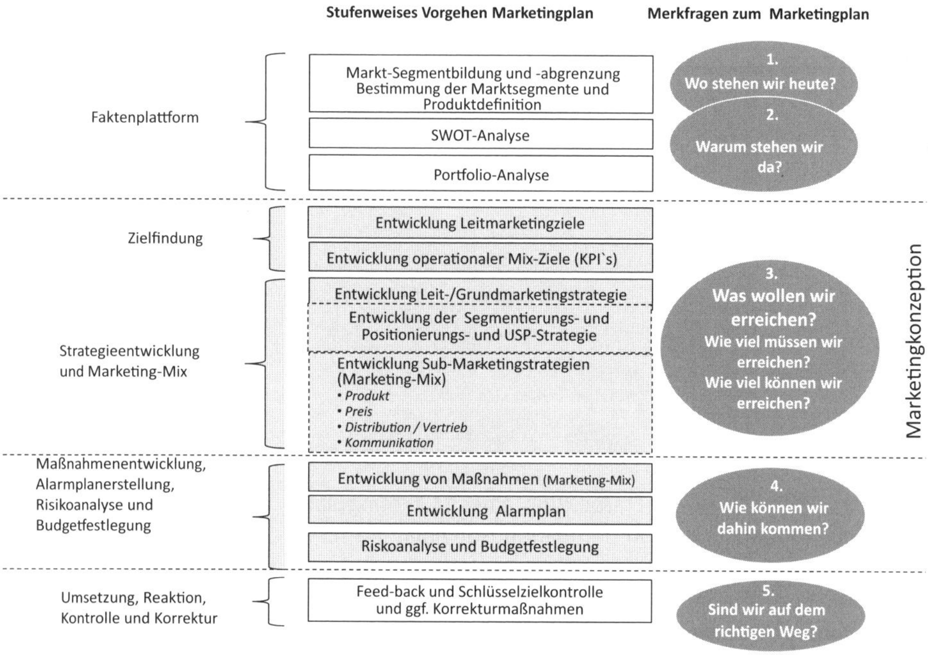

Abb. 127 Leitfaden für die Erarbeitung eines Marketingplans

den Rahmen für die Zielsetzung, Strategieentwicklung und Maßnahmenbildung sowie die dafür notwendigen Kosten zur (Budget-)Umsetzung bilden.

3. Der dritte Hauptbereich ist die Kontrolle der KPIs (Key Performance Indicator = Schlüsselziele bzw. Schlüsselkennzahlen). Sind diese nicht erreicht, werden in Regel sofort Korrekturmaßnahmen für die geplante Zielerreichung eingeleitet. Die Abb. 127 zeigt Ihnen die Struktur und den Ablauf einer Marketingplanung. Die Abb. 128 zeigt Ihnen die wichtigsten Tools, die für die Erarbeitung eines Marketingplans umgesetzt werden.

Die Erarbeitung eines Marketingplans für ein neu einzuführendes Produkt läuft in der Regel stufenweise parallel zum Produktentwicklungsprozess. Basis für die Entwicklung des Marketingplans und des Entwicklungsprozesses ist das Lastenheft, das vom Projektleiter erarbeitet und vom Innovationsausschuss abgesegnet wurde. Für die Koordination dieser Prozesse trägt der Projektleiter auch die Verantwortung.

Die Struktur eines Marketingplans (auch für die Einführung eines neuen Produkts) sollte im Unternehmen festgelegt sein. Eine Abweichung darf nicht geduldet werden. Stellen Sie sich vor, Sie sind der Vorsitzende des Innovationsausschusses und jeder Projektleiter (die später wahrscheinlich die Produktmanager des neuen Produkts sind) liefert nun einen individuell aufgestellten Marketingplan ab. Sie hätten Wochen zu tun, um alle Marketingpläne auf Stimmigkeit zu überprüfen. Für Unternehmen, für die der Marketingplan neu ist

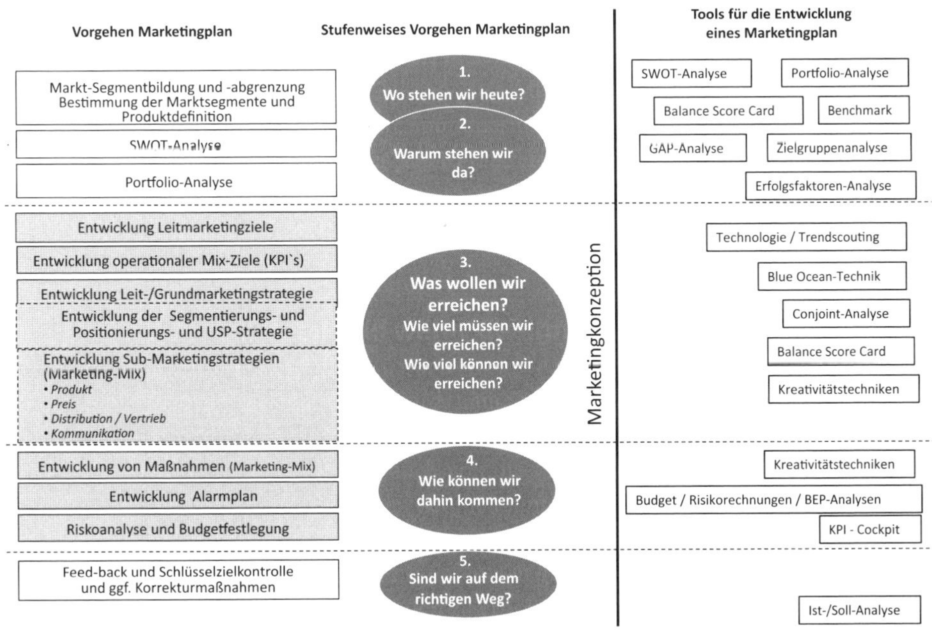

Abb. 128 Tools für die Erarbeitung eines Marketingplans

und die noch keine Struktur dafür festgelegt haben, zeigt die Checkliste in Abb. 129, wie ein solcher Marketingplan angelegt sein kann.

Um den Marketingplan zu entwickeln, gehen Sie in fünf Schritten vor:

Verdichtungsstufe 1: Selektieren und komprimieren

1. **Analysephase: Faktensammlung**
   Wo stehen wir (Ist-Situation): Was wissen wir über unser Unternehmen, unsere Produkte, das wirtschaftliche Umfeld, die Märkte, Konkurrenten und Zielgruppen usw.?
   Wie sind wir dahin gekommen und warum stehen wir hier? Wo liegen unsere Stärken und Schwächen, wo unsere Chancen und Risiken (SWOT-Analyse). Selektieren und gewichten Sie die wichtigsten der Stärken und Schwächen sowie der Chancen und Risiken. Verdichten Sie sie zu einer SWOT-Analyse.
   Arbeitshinweise: Sammeln, selektieren und gewichten Sie die wichtigsten Fakten. Interpretieren Sie diese und entwickeln Sie daraus zwei Tabellen: Stärken/Schwächen, Chancen/Risiken. Stellen Sie diese gegenüber und überprüfen Sie, welche Fakten für Sie strategisch wichtig sind bzw. welche Bedeutung haben und wie sie Ihre strategische Planung beeinflussen werden. Benutzen Sie dazu Kärtchen und Pinnwand. Übertragen Sie die komprimierten Erkenntnisse auf Marketing-Formulare.

	Zu überprüfende Faktoren	Nicht zu überprüfende Faktoren	Bemerkungen
Marktanalyse, Umfeldanalyse, Unternehmensdiagnose			
Stärken-/Schwächen- und Chancen-/Risiken-Analyse sowie Portfolio-Analyse (siehe hierzu die entsprechenden Abbildungen)			
Marketingziele langfristige Ziele (3–5 Jahre) mittelfristige Ziele (2–3 Jahre) kurzfristige Ziele (1 Jahr)			
Marketingstrategie Generelle Marketingstrategie Zielgruppe (soziodemographisch und motivationspsychologisch beschrieben) Motivationspsychologische Verbrauchersegmente Positionierung Das „wichtigste Faktum" und das Problem, das zu lösen ist Potenzialgewinnung (woher kommt das Potenzial?) Wettbewerbsmarken – Angrenzende Zielgruppensegmente – usw.			
Marketing–Mix (Mix-Ziele und -strategie) – Produkt – Preis – Produkt – Preis – Vertrieb			
Kommunikation **Werbung** – Berücksichtigung des „wichtigsten Faktums" und das Problem, das die Werbung lösen soll. – Werbeziele			
Copystrategie – Zielgruppe – Hauptmitbewerber – Positionierung – Nutzenversprechen (USP/UAP) – Begründung (Reason Why) – Tonality (Art und Weise der Werbung) – Restriktionen/Bedingungen und gesetzliche, firmenpolitische Einschränkungen – Erwartete Reaktionen der Zielgruppe – Budget			

	Zu überprüfende Faktoren	Nicht zu überprüfende Faktoren	Bemerkungen
Mediastrategie – Zielgruppe – Zielsetzung – Konkurrenz – Public Relations und Produktpublizität – Konkurrenz – Festlegung der Kommunikationsfaktoren – Format – Darstellungsweise – Art und Weise der Demonstration – Informationsgehalt und -ausführlichkeit – Verständlichkeit der Werbebotschaft – Medialeistung – Reichweite – Frequenz/Durchschnittskontakte – Affinität – Werbezeitraum/Kontinuität – Gross-rating-points – Wirtschaftlichkeit – Werbeträgerauswahl – Print – TV – Film – Internet – Funk – Litfasssäule – Plakat – Verkehrsmittel/Banden usw. – Einsatzgebiet – Zeitraum – Streupläne – Budget inkl. Begründung			
Public Relations und Produktpublizität **Verkaufsförderung** – Zielgruppen (Verkauf/Absatzmittler/ Endverbraucher – Verkaufsförderungsziele (Produkte, Gebiete, Verkauf, Absatzmittler, Endverbraucher) – Verkaufsförderungsstrategie (Produkte, Gebiete, Verkauf, Absatzmittler, Endverbraucher) – Verkaufsförderungsmaßnahmen (Produkte, Gebiete, Verkauf, Absatzmittler, Endverbraucher)			
Marketing-Gesamtbudget inklusive Begründung			
Break-even-Analyse (Risikoanalyse)			
Erfolgskontrolle (Soll-/Ist-Vergleich)			
Alarmplan aufstellen			

Abb. 129 Checkliste Marketingplan (Großklaus 2006)

Ziele	Gewichtung	Zeithorizont	Schlüsselaktivitäten	KPIs
Bekanntheit der Marke aufbauen	50%	1. Hj. nach Einführung	- Pre-Launch Kampagne für Absatzkanäle - Kanalübergreifende - Launchkampagne - Influencer Kampagne	20% gest. Bekanntheit In den Segmenten 1-3
Kunden gewinnen, Probierkäufe auslösen	30%	1. Hj. nach Einführung	- Promotion-Kampagne - Empfehlungskampagne	Verkaufszahlen in den ersten 3 Monaten (300.000 im ersten Jahr) Umsatz 5 Mio.€
Kundenzufriedenheit schaffen, Wiederkäufe auslösen	20%	2. Hj. nach Einführung	- Dialog-Kampagne - Treuekampagne	50% zufriedene Kunden, Wiederkaufsrate 20%, durchschnittliche Spendings pro Kauf 15 €, 5 Käufe pro Jahr

Abb. 130 Operationale und gewichtete Ziele als KPIs entwickeln und festlegen

Verdichtungsstufe 2: Vorteilssuche, Erreichbarkeit, Ansätze

2. **Operationale Phase: Zielfestlegung**
   Wohin wollen wir? Legen Sie die übergeordneten Marketingziele fest. Beschreiben Sie Ihren Zielmarkt und die Marketingziele. Überprüfen Sie, ob die Ziele realisierbar sind und ob sie mit den übergeordneten Zielen harmonieren. Entwickeln Sie ein Wachstums-Szenario.
   Arbeitshinweise: Übernehmen Sie die übergeordneten Marketingziele. Beschreiben Sie exakt den Zielmarkt. Leiten Sie daraus Ihre operationalen Marketingziele ab und leiten Sie daraus die wichtigsten KPIs (Key Performance Indicator = Schlüsselziele) ab. Die Schlüsselziele sollten gewichtet werden, damit ihre strategische Wichtigkeit ersichtlich ist.
   Machen Sie die KPIs transparent. Überprüfen Sie nochmals Ihre Zielsetzung mit der SWOT-Analyse. Stimmen sie mit den Erkenntnissen der SWOT-Analyse überein? Sind sie stimmig, klar und präzise formuliert? Entwickeln Sie ein Wachstums-Szenario, um sich klar zu machen, wie Sie Ihre mittel- und langfristigen Ziele mit welchen Strategien, Maßnahmen und Kosten realisieren wollen. Benutzen Sie dazu wieder Kärtchen und Pinnwand. Übertragen Sie anschließend Ihre Ergebnisse auf Marketing-Formulare.

Verdichtungsstufe 3: Planungskreative Reduzierung auf die strategischen Kernaussagen

3. **Kreative Strategienphase: Strategienentwicklung**
Wie wollen wir dahin kommen? Beinahe jeder verwendet heute den Begriff „Strategie" als selbstverständlich. Häufig ist aber nicht klar, was mit Strategie wirklich gemeint ist und was „strategisch" bedeutet. Strategien legen den notwendigen Handlungsrahmen (Lenkungsleitung) fest, um auf diese Weise zu garantieren, dass alle operativen (taktischen) Instrumente auch konsequent und stimmig eingesetzt werden, um die geplanten Ziele zu erreichen, um eine Veränderung herbei zu führen. Eine Marketingstrategie ist immer flexibel und nicht von Anfang an festgeschrieben. Sie musswährend der Umsetzung immer ein gewisses Flexibilitätspotenzial haben. Für erfolgreiche Unternehmen trifft dies in hohem Maße zu. Wie erreichen wir also eine Veränderung von „Was ist?" hin zu „Was sollte/könnte sein?". Beschreiben Sie Ihre „Grundmarketingstrategie", die Positionierungsstrategie, die Zielgruppen und die Mix-Strategien (Sub-Strategien).
Arbeitshinweise: Beschreiben Sie präzise Ihre Grundmarketingstrategie (Leitmarketingstrategie) also den Weg, den Sie gehen möchten, um Veränderungen herbeizuführen. Entwickeln Sie eine verbindliche Positionierung und einen USP (einzigartiges Versprechen) ab. Anschließend entwickeln Sie alternative Mix-Strategien. Überprüfen Sie, welche Strategien erfolgreich sein können, und schreiben Sie diese fest. Benutzen Sie dazu Flipchart, Kärtchen und Pinnwand. Entwickeln Sie einen Morphologischen Kasten und skizzieren Sie ihn auf die Pinnwand und arbeiten Sie mit Kärtchen darauf. Entwickeln Sie alternative Mix-Strategien mit einem Morphologischen Kasten (Abb. 131 und 132). Skizzieren Sie diesen ebenfalls auf eine Pinnwand und arbeiten sie wieder mit Kärtchen. Übertragen Sie alle Ergebnisse anschließend auf Marketing-Formulare.

Verdichtungsstufe 4: Risikoprüfung, Begründung und OK/Stopp

4. **Lösungsprinzip (Maßnahmen/Aktionen): Maßnahmenentwicklung**
Womit erreichen wir das? Mit welchen Mitteln und mit welchem Kräfteeinsatz können wir unsere Ziele das erreichen? Überprüfen Sie die Risiken der Umsetzung.
Arbeitshinweise: Erarbeiten Sie ausgehend von den Instrumenten-Strategien (Marketing-Mix) das wirksamste Maßnahmenbündel. Entwickeln Sie interessante und originelle Maßnahmen, die mit den Mix-Strategien korrespondieren. Strategie ist Kunst. Maßnahme ist Handwerk. Damit aber das Handwerk zur Kunst wird, arbeiten Sie am besten bei der Suche und Entwicklung nach interessanten, originellen und zielorientierten Maßnahmen. mit dem Morphologischen Kasten wie es Profis auch tun. Entwickeln Sie mehrere Optionen.
Überprüfen Sie, ob die gewählten Maßnahmen mit den jeweiligen Strategien harmonieren und ob sie die gewünschte Wirkung haben, um die festgelegten Ziele zu realisieren.

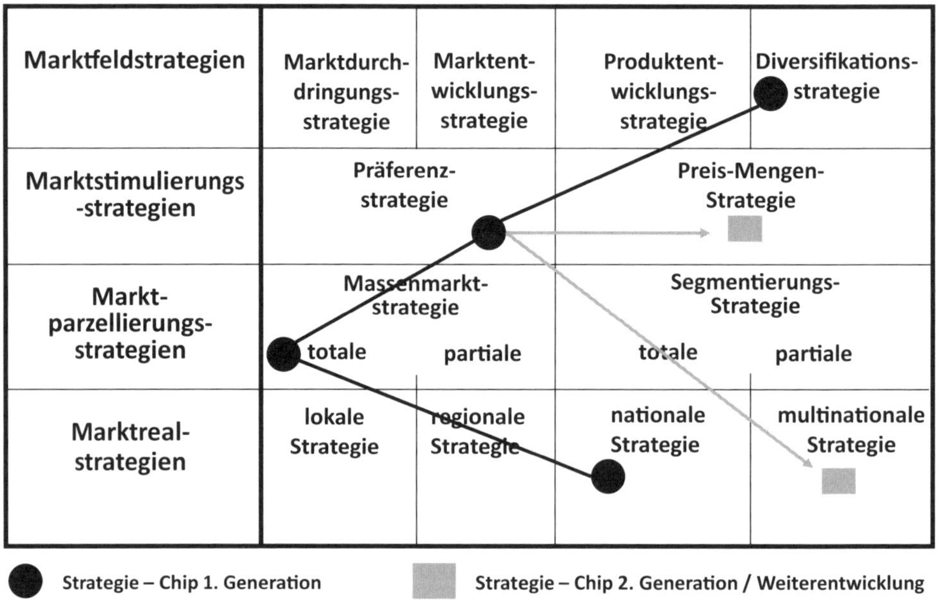

Abb. 131 Morphologischer Kasten für die Entwicklung von Grundmarketingstrategiealternativen auf Basis der Strategieebenen

Errechnen Sie die Kosten für dieses Maßnahmenbündel. Überprüfen Sie nochmals Ziele, Strategien und Maßnahmen sowie die Kosten anhand einer Risikoeinschätzung. Verdichten Sie diese Erkenntnisse in einer „Worst-Case"- und „Best-Case"-Gegenüberstellung. Anschließend terminieren Sie das Maßnahmenbündel und delegieren Verantwortlichkeiten.

Benutzen Sie neben dem Morphologischen Kasten auch Flipchart, Kärtchen und Pinnwand (Abb. 133). Skizzieren Sie den Morphologischen Kasten auf die Pinnwand und arbeiten Sie mit Kärtchen darauf. Entwickeln Sie so alternative Maßnahmen. Übertragen Sie die Ergebnisse anschließend auf Marketing-Formulare für die Marketingplanung.

Verdichtungsstufe 5: Umsetzung mit Mitteln und Instrumenten

5. **Erfolgsmessung**

Bei der Erfolgsmessung überprüfen Sie sporadisch (wöchentlich, monatlich oder alle drei Monate) die Soll-/Ist-Situation. Sie überprüfen die die geplanten Schlüsselziele (KPIs). Was wurde geplant und was wurde bisher erreicht. Liegen die geplanten Schlüsselziel im Soll ist meistens alles gut. Liegen Sie weit darüber oder weit unter den geplanten Schlüsselzielen, muss korrigiert werden, um dennoch die geplanten Schlüsselziele im anvisierten Zeitraum zu realisieren. Analysieren Sie, warum Sie die Ziele mit Ihrer

Marketinginstrumente	Strategie-Ausprägungen			
Sortiment	Vollsortiment	Grund-/Basis-sortiment	**Spezial-sortiment**	Cherry-Picking
Vertriebskanalstufen	direkt	indirekt	Kombination	
Vertriebskanalfocus	intensiv	selektiv	**exclusiv**	
Eigene Vertriebskanäle	Call Center	AD	**KAM**	Internet
Fremde Vertriebskanäle	FH	HA	Partner	Handelsvertreter
Distribution	Pushstrategie	Pullstrategie	Numerische Distribution	Gewichtete Distribution
Preis	**Hochpreis-strategie**	Tiefpreis-strategie	Skimming-strategie	Penetrations-preisstrategie
Service	Vor dem Kauf	Während Kauf	**nach dem Kauf**	
Absatzhelfer	**Verband**	Universität	Branchenberater	Technologie-institut
VKF	handelsbezogen	**kundenbezogen**	mitarbeiter-bezogen	

Mix-Strategien: Spezialsortiment für das Marktsegment Großflächenreinigung / Nur für den Fachgroßhandel / Ansprache FGH nur über KAM / Wir verfolgen eine klare Hochpreisstrategie / 3-jähriger Service wird garantiert / Weitere Absatzhelfer sind Verbände (Lobbyarbeit) / Abverkauf wird mit kundenindividuellen Maßnahmen (Messen, Tag der offenen Tür, Präsentation vor Ort...) unterstützt.

Abb. 132 Morphologischer Kasten für die Entwicklung von Strategienkombinationen im Marketing-Mix (Substrategien/Marktbearbeitungsstrategien)

Innovation nicht erreicht haben oder warum die geplanten Schlüsselziele sogar überschritten wurden. Gehen bei der Analyse folgendermaßen vor:

- Beschreibung der **vorgefundenen Situation**
- Beschreibung der **Ursache** (Warum wurden die Schlüsselziele nicht erreicht oder sogar überschritten?)
- Beschreibung der **Wirkung** (Wie hat sich die Situation auf Ihre Innovation ausgewirkt?)
- Festlegung von **korrigierende Maßnahmen** (Was muss getan werden, um die Schlüsselziele zum geplanten Zeitraum dennoch zu erreichen?)

Wenn Sie dann hoffentlich einen „Alarmplan" neben dem Marketingplan erarbeitet, und bei der Entwicklung des „Alarmplans" sozusagen aus dem Fenster Ihres Wettbewerbs gesehen haben, (Was kann der Wettbewerb alles tun, um meine Neueinführung zu erschweren?), dann müssten Sie viele vorgedachte Situationen und die dazu korrigierenden Maßnahmen sowie das dafür notwendige Budget vorfinden.

Instrumenten-schwerpunkte	Möglichkeiten			
Produkt	Produktkombination "Huckepackverfahren"	Verpackung mit attraktiven Industriezweitnutzen ausstatten	Probierbehälter an Hauptprodukt anbringen (Zusatznutzen)	
Preis	"Huckepack-Produkt" als Rabatt anbieten	Mengenrabatte bei Großabnahmen	Sortimentsrabatte / Jahresbonussystem	Valuta einräumen
Verkauf	Verkaufskonferenz Ehefrauen werden mit eingeladen / Extraprogramm	Verkaufs- u. Aktionstraining	Verkaufsprämien auf DB-Basis	Schulung / Workshop
Werbung	Direkt-Mail-Kampagne mit Coupon	Sponsoringaktion mit Kooperationspartner	Image -TV-Kampagne weltweit	Umwelt-Sponsoring-Kampagne weltweit
VKF	Give aways für Entscheider	Veranstaltungsevent	Lobby ausbauen	
PR	Weltweite Pressekonferenzen mit Pressereisen für ausgewählte Journalisten	Journalistenseminare / Symposium	Gemeinsame Veranstaltungen mit Verbänden, Kommunen etc.	
Service	Bildtelefon für A- und B-Kunden installieren	24-Std.-Hotline einrichten	Notdienst für sofortige Produktverfügbarkeit einrichten	

Maßnahmenbündel:

Produktkombination. Das "Huckepackprodukt" wird kurzfristig als Rabatt angeboten bis ebenfalls hier Akzeptanz vorliegt. Die Kunden erhalten bis zum Jahresende einen Jahres-Bonus. Die Produktverpackung wird mit einem zusätzlichen Industrienutzen angelegt. Der Vertrieb erhält seine Verkaufsprämie zukünftig aus dem DB III.
Ziel ist es hier, DB III-starke Produkte zu forcieren. Alle Maßnahmen werden durch weltweite Pressekonferenzen flankiert. Parallel dazu wird bei öffentlichen Führungspersönlichkeiten eine Lobby aufgebaut. Mit wichtigen Kooperationspartnern wird weltweit eine Sponsoraktion durchgeführt. Bei allen strategisch wichtigen Kunden wird auf unsere Kosten ein Bildtelefon installiert. Für alle Kunden wird ein Notdienst mit spezieller Telefonnummer eingerichtet, der die ständige Produktverfügbarkeit weltweit garantiert.

Abb. 133 Morphologischer Kasten für die Entwicklung von Maßnahmen

Einsatz und Gewichtung der Marketinginstrumente

Die Planung und Auswahl der Mix-Instrumente ist abhängig von:

- den festgeschriebene Marketingzielen,
- der Marketingstrategie,
- den anvisierten Zielgruppen,
- den Branchen,

in denen ein Unternehmen tätig ist. Jede Zielstellung und Strategie erfordert eine dementsprechende Auswahl der Mix-Instrumente.

Bei einem laufenden Produkt mit klassischer Markenartikelstrategie z. B. im Konsumgüterbereich wird der Produktmanager wahrscheinlich alle die Mix-Instrumente mit entsprechender produkt- und/oder branchenüblichen Gewichtung einsetzen, die die betreffende Branche fordert, das Image des Produkts/Unternehmens stärken und sein Budget zulässt. Er wird eine hohe Produktubiquität über eine breite Distributionsbasis präferieren und den Qualitätslevel seines Produkts hochhalten.

Es gibt zwar Hinweise auf ein branchentypisches Marketing-Mix, das sich in der Praxis als hilfreich erwiesen hat, aber keine ableitbaren Normen für einen branchentypischen

Ziele	Gewichtung	Option		Option		Option		Option	
		BW	Total	BW	Total	BW	Total	BW	Total
Absatzziele		8	64	5	40				
Umsatzziele		8	56	6	42				
Marktanteilsziele	1	8	80	6	60				
Deckungsbeitragsziele		8	80	6	60				
Investitionen	1	5	25	10	50				
Managementqualität		5	30	9	54				
			335		306				

Abb. 134 Bewertung von Mix-Alternativen anhand von formulierten Marketingzielen (Großklaus und Didszun 2002)

Mix-Einsatz. Es wird schwer sein, auf Theorien zurückzugreifen, da die Gestaltung des Marketing-Mix durch eine Vielzahl entscheidungsbedingter Einflussgrößen ständig an Komplexität zunimmt. Im Zentrum stehen dabei die Produkteigenschaften in Verbindung mit dem Kaufverhalten. Besonderen Einfluss auf die Gestaltung des Marketing-Mix nehmen dabei die Wichtigkeit des neuen Produkts für die Zielgruppe, die Kaufhäufigkeit, technische Ausstattung, Produktubiquität, Preis und Serviceleistungen.

Die richtige Kombination sowie die Abstimmung bezüglich des zeitlichen Einsatzes ist ein langer und intensiver Lernprozess, der nie abbricht. Was die Kombination des Marketing-Mix weiterhin erschwert, sind die unterschiedlichen Wirkungsweisen der Instrumente untereinander und zueinander. Sie können sich ergänzen, ersetzen, gegenseitig bedingen aber auch behindern oder ausschließen.

Für die Entwicklung von Marketing-Mix-Alternativen für die Einführung eines neuen Produkts eignet sich der Morphologische Kasten hervorragend. Siehe hierzu nochmals die Abb. 132.

Die im Morphologischen Kasten entwickelten Mix-Alternativen sollten unbedingt anhand von betriebswirtschaftlichen Faktoren bewertet werden, um aus den erarbeiteten Optionen eine erfolgsversprechende Auswahl treffen zu können. Siehe hierzu Abb. 134, die aufzeigt, nach welchen betriebswirtschaftlichen Kriterien die angedachten Mix-Optionen bewertet werden können. Die Bewertungskriterien sind natürlich von Unternehmen zu Unternehmen und von Branche zu Branche unterschiedlich. Die Abb. 135 zeigt, wie eine Feinauswertung von Mix-Optionen vorgenommen werden kann.

Wenn es darum geht, den optimalen Marketing-Mix für die Einführung neuer Produkte und Innovationen zu finden, wird die Planung besonders schwierig. Oft stehen dem Verantwortlichen (Projektleiter im Innovationsausschuss oder Produktmanager) nicht alle notwendigen Daten und Fakten zur Verfügung. In der Praxis behelfen sich die Planer auch mit „Ähnlichkeitsplanungen" bzw. „Parallelplanungen". Solche Ähnlichkeitsplanungen bauen auf dem Marketing-Mix von ähnlich gelagerten Produkten auf, die sich schon im Markt befinden. Eine solche Vorgehensweise hat sowohl Vor- als auch Nachteile. Sie

Planungsgrößen	Option 1		Option 2	Option 3	Option 4
1. Bruttoerlös		104,0	82,0		
2. Erlösschmälerungen		24,0	20,0		
3. Nettoerlöse	Zeile 1./.2	80,0	62,0		
4. Variable Herstellkosten		46,0	34,0		
5. Deckungsbeitrag I	**Zeile 3./.4**	**34,0**	**28,0**		
6. Variable Vertriebsgemeink.		4,0	3,0		
7. Sondereinzelkosten Vertrieb		2,0	2,0		
8. Zurechenbare Vertriebsk. (Budget)	Zeile 6 + 7	6,0	5,0		
9. Deckungsbeitrag II	**Zeile 5./.8**	**28,0**	**23,0**		
10. Fixe Bebriebskosten		6,0	5,0		
11. Sonstige Fixkosten		11,0	10,0		
12. Fixkosten gesamt	Zeile 10 + 11	17,0	15,0		
13. Betriebsergebnis	Zeile 9./.12	11,0	8,0		
14. Neutrales Ergebnis		2,0	1,0		
15. Gesamtergebnis	**Zeile 13./.14**	**9,0**	**7,0**		
16. Umsatzrentabilität	**Zeile 15 x 100 / Zeile 3**	**11,3 %**	**11,3 %**		

Abb. 135 Ergebnisorientierte Feinauswertung von Mix-Alternativen (Großklaus 2002)

bestehen darin, dass die ähnlich gelagerten Produkte der Wettbewerbsunternehmen unter Umständen über andere Möglichkeiten (Know-how, Budget, Technik usw.) verfügen und das Management die Produkt- und Marktsituation auch anders einschätzt, als Sie es möglicherweise tun würden.

Die Vorteile erscheinen vielleicht im ersten Augenblick banal, aber auf den zweiten Blick doch sehr wertvoll. Sie erkennen nämlich, wie Sie Ihren Marketing-Mix in Anlehnung oder auch konträr zum Wettbewerb planen können. Sie kennen Stärken und Schwächen Ihres neuen Produkts oder Unternehmens und Sie kennen auch die Chancen und Risiken dazu. Insofern können Sie hilfreiche, richtungweisende Vergleiche mit dieser Methode anstellen, um herauszufinden, welches Mix Sie mit welcher Intensität und Wirkung einsetzen werden. Toyota hat möglicherweise die gleiche Planungsweise angewandt und den neuen Auris mit einer riesigen Plakatkampagne erfolgreich eingeführt. Und vor nicht all zu langer Zeit hat VW auch mit einer ähnlichen Plakatkampagne – allerdings mit einer nicht ganz so aufwendigen Kampagne – seinen Golf eingeführt. Nichts ist unmöglich!

Ein Beispiel dazu (vereinfacht an wichtigen Fakten aus dem Food-Bereich dargestellt):

Ihr Unternehmen stellt seit vielen Jahren erfolgreich hochwertige Tafelschokolade her. Sie möchten das Geschäft jedoch ausweiten und sich in Zukunft am Schokoriegelmarkt beteiligen. Der Anlass für dieses Vorhaben ist, dass Sie jahrelang mit der Forschung zusammen an einer „sommerstabilen" Schokolade gearbeitet haben. Aus dieser Schokolade soll nun ein Schokoriegel geformt werden, der im Sommer in einem bestimmten „Wrapper" (Verpackung eines Schokoriegels) nicht mehr schmilzt. Diese Verpackungsentwicklung stellt in der Branche eine sensationelle Neuheit dar.

Der Absatz Ihres neuen Produkts und das Marketing-Budget stehen fest: Umsatzvolumen rund 17,0 Mio. Euro bei einem Marketing-Budget von 3,0 Mio. Euro. Das sind gut 18 Prozent am Umsatzvolumen gemessen. Ihr vorgegebenes Marketing-Budget liegt mit 3,0 Mio. Euro in der Größenordnung zwischen dem ersten und zweiten Marktführer (Siehe hierzu nachfolgendes Beispiel).

Als versierter Projektleiter oder Produktmanager wissen Sie, dass der Bereich Distributionsgewinnung durch harte Vertriebsarbeit und der Abverkauf von Produkten in den Outlets (= Durchschnittsabverkäufe pro Monat und führendes Geschäft) durch den Einsatz von Werbung und Verkaufsförderung stattfindet. Der Preis spielt eine ebenfalls bedeutende Rolle im Verbund mit dem branchentypischen Marketing-Mix und muss selbstverständlich in die Betrachtungsweise mit einbezogen werden.

Sie wissen auch, dass die erfolgreiche Einführung Ihres neuen Schokoriegels mit außerordentlich hohen Marketingaufwendungen und einem langen Durchhaltevermögen in den Bereichen Werbung und Verkaufsförderung und/oder mit harter Vertriebsarbeit verbunden ist. Von daher müssen Sie Prioritäten setzen und sich mit der Gewichtung der Instrumente zwischen dem Einsatz intensiver Werbung und Verkaufsförderung oder aber dem Einsatz intensiver Vertriebsarbeit entscheiden, um die geplanten Absatzziele zu realisieren.

Für die Planung Ihres Marketing-Mix liegen Ihnen die Daten und Fakten des Markts von den letzten drei Jahren bis heute vor. Sie kennen auch das Budgetvolumen Ihres engeren Wettbewerbs Sie sind über die numerische und gewichtete Distribution, die Durchschnittsabverkäufe pro Monat und führendes Geschäft, die Bevorratung des Handels, die Distributionslücken, die Durchschnittspreise, die Endverbraucherabsätze und die Einkäufe des Handels der wichtigsten Wettbewerber in diesem Markt informiert. Ihnen liegen alle Daten und Fakten vor, um über den optimalen Marketing-Mix für Ihren innovativen Schokoriegel nachzudenken.

Der **Wettbewerber A** ist mit Abstand Marktführer und hat auf nationaler Basis eine numerische Distribution von 58 % und eine gewichtete von 65 % (= 58/65). Die Durchschnittsabverkäufe auf nationaler Basis pro Monat und führendes Geschäft betragen über die betrachteten Jahre hinweg gerechnet 35 Einheiten. Der Preis pro Riegel liegt bei 0,75 Euro. Das Budget liegt bei rund 3,9 Mio. Euro pro Jahr.

Der **Wettbewerber B** ist zweiter Marktführer und hat eine numerische Distribution 43 % und gewichtet von 50 % (= 43/50). Die Durchschnittsabverkäufe pro Monat und führendes Geschäft belaufen sich über die betrachteten Jahre hinweg gesehen auf 28 Einheiten. Das Preisniveau liegt hier pro Riegel bei 0,75 Euro. Die erarbeitete Marktposition wird mit rund 2,7 Mio. Euro pro Jahr abgesichert.

Der **Wettbewerber C** ist dritter Marktführer. Er verfügt über eine numerische Distribution von 38 % und gewichtet von 44 % (= 38/44). Die Durchschnittsabverkäufe pro Monat und führendes Geschäft schlagen im gleichen Betrachtungszeitraum mit 20 Einheiten zu Buche. Wettbewerber C bietet seinen Schokoriegel mit durchschnittlich 0,70 Euro an. Das Budget hier liegt bei rund 1,8 Mio. Euro.

Wie können Sie nun vorgehen, um herauszufinden, welches Marketing-Mix Sie sich mit dem vorgegebenen Budget im Wettbewerbsumfeld leisten können und wie es mit welcher Gewichtung ausgerichtet sein muss, um die geplanten Marketingziele in diesem Wettbewerbsumfeld zu realisieren?

- Ihr Wettbewerber A hat eine numerische Distribution von 58 %. Das bedeutet, dass er in 34.800 Geschäften seine Produkte verkauft – ausgehend von einer Gesamtheit von z. B. 60.000 Geschäften in Deutschland.
- 34.800 Geschäfte multipliziert mit den Durchschnittsabverkäufen pro Monat und führendes Geschäft bedeutet 1.218.000 Schokoriegel im Monat und 14.160.000 Einheiten im Jahr (= mal 12 Monate), die der Wettbewerber A in diesen Geschäften absetzt. Da A.C. Nielsen nur eine „Abdeckungsquote" von rund 60 % hat (Aldi etc. werden nicht bei A.C. Nielsen untersucht), beläuft sich das hochgerechnete Absatzvolumen dann auf 23.600.000 Einheiten.
- (= 14.160.000 dividiert durch 0,60 = 23.600.000). Multiplizieren Sie die Absatzmenge mit dem Stückpreis, erhalten Sie den Umsatz in Höhe von 17.700.000 Euro.
- Aus dem Absatz- und Umsatzvolumen ins Verhältnis gesetzt zum mengen- und wertmäßigen Marktvolumen errechnen Sie den mengen- und wertmäßigen Marktanteil. Aus dem Umsatzvolumen können Sie auch das Deckungsbeitragsvolumen Ihres Wettbewerbs A grob abschätzen (z. B. 30 % = 5.310.000 Euro Deckungsbeitrag). Ferner können Sie aus dem Absatz ableiten, was Ihr Konkurrent für die Vermarktung eines Schokoriegels investiert (3.900.000 Euro Budget dividiert durch 14.160.000 Einheiten = 0,28 Euro.). Aus diesen Daten lassen sich noch eine Menge anderer interessanter Daten herausarbeiten, die Ihnen Aufschluss über Ihren Konkurrenten geben.

Zur Planung Ihres Marketing-Mix mit Hilfe einer „Ähnlichkeitsplanung"

Sie wollen das gleiche numerische Distributionsniveau wie Ihr Konkurrent A mit 58 % anstreben, weil Sie wissen, dass Ihr Vertrieb professionell arbeitet und stark ist. Er ist in der Lage, im Einführungsjahr dieses Distributionsniveau zu erreichen. Aufgrund Ihres nicht so starken Marketing-Budgets trauen Sie sich ein Durchschnittsabsatzniveau von Wettbewerber B mit 28 Einheiten pro Monat und führendes Geschäft zu. Das Preisniveau soll beispielsweise rund 11 % über dem des Konkurrenten A liegen, also 0,85 Euro.

Das bedeutet für Sie, dass Sie ebenfalls in 34.800 Geschäften Ihren innovativen Schokoriegel verkaufen mit einem Durchschnittsabverkauf pro Monat und führendes Geschäft von 28 Einheiten. Das bedeutet einen Monatsabsatz von 974.400 Einheiten. Auf das Jahr umgerechnet ist das ein Absatzvolumen von 11.692.000 Einheiten, dividiert durch 0,60 (Abdeckungsquote von A.C. Nielsen) sind das 19.488.666 Einheiten insgesamt. Daraus resultiert ein Umsatzvolumen in Höhe von 16.565.366 Euro und ein Deckungsbeitragsvolumen bei 30 % von 4.969.098 Euro. Insgesamt würden Sie bei dem Einsatz dieses Marketing-Mix für die Vermarktung Ihres Schokoriegels 0,15 Euro investieren.

Zusammenfassendes Ergebnis

Bei der Planung Ihres Marketing-Mix für Ihr neues Produkt legen Sie die Gewichtung in die Vertriebspolitik. Sie gehen davon aus, dass die Außendienstmannschaft für Ihr Produkt eine numerische Distributionsbasis von 58 % – 34.600 Geschäften realisiert. Genauso wie Ihr Wettbewerber A es realisiert hat. Die Durchschnittsabverkäufe pro Monat und führendes Geschäft, die durch den Einsatz von Werbung und Verkaufsförderung initiiert werden, haben Sie, wie Ihr Wettbewerber B, mit 28 Einheiten geplant. Mehr gibt Ihr Budget für diese Instrumente nicht her, weil Sie sonst Ihre Marketingziele vielleicht nicht realisieren können.

Da hohe Aufwendungen für Werbung und Verkaufsförderung in diesem Markt zwingend notwendig sind, werden diese Mix-Instrumente ebenfalls berücksichtigt, jedoch im Gegensatz zu Ihrem Konkurrenten A mit geringerer Gewichtung im Mix. Aufgrund der sensationellen Verpackungsneuheit, die sich auch in der Qualitätserhaltung des Produkts zeigt, sind Sie der festen Überzeugung, ein leicht höheres Preisniveau in Kombination mit den anderen Mix-Instrumenten durchzusetzen, als es der Konkurrent A kann.

Insgesamt investieren Sie für die Potenzialgewinnung Ihres neuen Produkts 3,0 Mio. Euro bzw. für die Vermarktung eines Riegels 0,15 Euro. Ihr Konkurrent A dagegen 0,28 Euro.

Im Vergleich liegt Ihre Investition (Marketing-Budget) um 23,1 % unter dem Budget-Niveau Ihres Konkurrenten A. Gleichzeitig haben Sie aber mit diesem Budgetaufwand ein Umsatzvolumen in Höhe von 16.565.366 Euro realisiert, dass nur 1.134.634 Mio. Euro (– 6,4 %) unter dem Umsatzvolumen Ihres Wettbewerbers A liegt. Sie würden also mit diesem Mix-Einsatz 23,1 % weniger Budget ausgeben und das Umsatzniveau Ihres Konkurrenten A um nur – 6,4 % verfehlen.

Mit dieser „Ähnlichkeitsplanung“ können Sie nun die verschiedensten Planungsrichtungen durchspielen. Hilfestellung geben Ihnen dabei die Daten, Fakten und Ergebnisse ähnlich gelagerter Produkte und Unternehmen (Wettbewerber). Sicherlich ist das eine sehr einfache Methode. Sie verzichtet auf hoch wissenschaftliche Untersuchungen und Vergleiche. Vielmehr geht diese Methode auf einfache und vorhandene nachvollziehbare Erkenntnisse ein, die sofort in Ihre Planung einfließen und umsetzbar sind. In der Marketingpraxis sind die einfachen, überschaubaren und unkomplizierten Methoden nicht selten die erfolgreichsten.

Der Einsatz und die Gewichtung der Mix-Instrumente für neu einzuführende Produkte sind immer von folgenden Umständen abhängig:

- von dem Wirtschaftsbereich bzw. der Branche, denen das Produkt zugeordnet werden kann (Konsumgüter, Investitionsgüter, B2B-Geschäfte, Dienstleistungen usw.),
- von der Wahl des Marktsegments, von dem das Produkt sein Potenzial holen soll (z. B. Tafelschokolade, Schokoriegel, Getränke, Kaugummi, Kosmetik, Badepflegemittel, Handys, Küchenartikel usw.),

- von der Charakteristik und ihren spezifischen Eigenschaften, denen sich das Produkt zu fügen hat (z. B. im Schokoriegelbereich ist es kaum möglich, ohne den Einsatz von (hohen) Werbeaufwendungen Fuß zu fassen),
- von dem Know-how des Managements in punkto Mix-Planung,
- von der Organisation hinsichtlich der Durchführbarkeit der Produkteinführung,
- von der finanziellen Situation des Unternehmens, entsprechende Budgets für die erfolgreiche Einführung bereitzustellen.

Die Auswahl, der Einsatz und die Festlegung der Gewichtung (Wirkung) der Mix-Instrumente für neue Produkte sind außerordentlich schwierig, weil sie eben von vielen schon erwähnten Umständen und weiteren Variablen abhängig sind.

Bei der Planung der Mix-Instrumente für die Einführung eines neuen Produkts werden zumindest im Konsumgüterbereich alle Register des Marketing-Mix gezogen, während lediglich bei der Wiedereinführung (Relaunch) auf die Nutzung des einen oder anderen Instruments verzichtet werden kann.

Praxistipp

Die Marketing-Mix-Instrumente Werbung und Preis sind bei der Einführung eines neuen Produkts im Konsumgüterbereich unverzichtbar. Sie besitzen als Instrument allein schon eine hohe Dominanz und dementsprechend haben sie auch im Konzert des Gesamt-Mix eine hohe Gewichtung. Ich war lange Zeit als Produktmanager für neue Produkte in führenden Markenartikelunternehmen tätig und somit auch für die Planung des Marketing-Mix verantwortlich. Dabei bin ich immer gut gefahren, in dieser Branche alle Register des Marketing-Mix einzusetzen. Die Wirkung der Instrumente und die daraus entstandenen Ergebnisse wurden anschließend analysiert und ggf. dann, wenn es notwendig erschien, einer Mix-Optimierung unterzogen. Sehr häufig wurden dabei die „Ähnlichkeitsplanung“ und der morphologische Kasten für die Entwicklung und Planung des Marketing-Mix-Pakets eines neuen Produkts genutzt.

Literatur

Großklaus, Rainer H.G. 2009. *Praxisbuch Produktmanagement*. München.

Großklaus, Rainer H.G. 2006. *Positionierung und USP*. Wiesbaden.

Großklaus, Rainer H.G., und Christina Didszun. 2002. *Das How-to-Buch Marketingplan*, 2. Aufl. München.

Neue Produkte für ältere Zielgruppen: worauf es bei der Vermarktung ankommt

15

Ein Beitrag von Prof. Dr. Thomas Jendrosch, Wirtschaftspsychologische Beratung, www.jendrosch.de

Kaum eine gesellschaftliche Veränderung wurde in den letzten Jahren so intensiv diskutiert wie der demographische Wandel. Die Alterung der Gesellschaft ist ein sozialer Megatrend mit weitreichenden Folgen geworden. Zwar zeichnete sich die Entwicklung schon länger ab, aber erst jetzt erwacht auch das öffentliche Bewusstsein. „Das Methusalem-Komplott" (Frank Schirrmacher) wurde plötzlich zum Synonym für die sich anbahnende Herausforderung: von der Altersarmut über die gestiegene Lebenserwartung bis hin zum Pflegebedürfnis im Alter.

Wo sich aber Rahmenbedingungen ändern, da werden immer auch neue Angebote gebraucht. Eine Roland-Berger-Studie zum „Wirtschaftsmotor Alter" weist auf die zukünftig veränderte Konsumsituation älterer Käuferschichten hin: Ausgaben für Pflege- und Gesundheit, Reisen und Tourismus, Wellness sowie Wohnen werden deutlich zunehmen. Ausgaben für Mobilität, Bekleidung und auch Ernährung werden dagegen tendenziell abnehmen.

Der Alterungsprozess selbst lässt sich bislang (noch) nicht aufhalten. Aber es sollten sich zumindest Produkte und Dienstleistungen entwickeln lassen, die sich an die Menschen im Alter und die damit verbundenen Lebensänderungen anpassen. Für Politik und Gesellschaft ist der demographische Wandel eine große Herausforderung, für die Wirtschaft ist er zugleich eine Marktchance, wenn nicht sogar auch eine ethische Verpflichtung. Dies soll im Folgenden näher gezeigt werden.

Wo liegen die Chancen und wie erkennt man sie?

Die demographische Struktur wandelt sich dramatisch. Bereits jetzt ist die Hälfte der Bevölkerung über 40 Jahre alt und in naher Zukunft wird die Generation „50plus" ganz dominieren. Ältere Verbraucher werden gerne als interessante Zielgruppe mit hoher Kaufkraft betrachtet. Man spricht von „Master Consumern" oder „Woopies" (Well Off Older People). Sozialwissenschaftler warnen allerdings zugleich auch vor den kritischen Folgen einer zu-

R. H. G. Großklaus, *Von der Produktidee zum Markterfolg*,
DOI 10.1007/978-3-8349-4594-5_15, © Springer Fachmedien Wiesbaden 2014

Tab. 1 Altersstruktur in Deutschland (Daten bzw. Prognosen des Statistischen Bundesamtes)

Jahr	Gesamt	< 20 Jahre	20–59 Jahre	> 60 Jahre (gesamt)	> 80 Jahre
1950	69,3 Mio.	30,4 %	55,0 %	14,6 %	1,0 %
1970	78,1 Mio.	30,0 %	50,1 %	19,9 %	2,0 %
1990	79,8 Mio.	21,7 %	57,9 %	20,4 %	3,8 %
2005	82,4 Mio.	20,0 %	55,1 %	24,9 %	4,5 %
2010	82,0 Mio.	18,3 %	55,4 %	26,2 %	5,2 %
2030	79,7 Mio.	16,6 %	47,6 %	35,8 %	7,9 %
2050	74,0 Mio.	15,4 %	45,7 %	38,9 %	13,6 %

nehmend „vergreisenden" Gesellschaft, auf die sich Unternehmen und Produktentwickler ebenfalls umfassend einstellen sollten.

So hat das Statistische Bundesamt (vgl. Tab. 1) errechnet, dass sich insbesondere die Zahl der Hochbetagten erhöht. 2008 lebten etwa 4 Millionen 80-Jährige und Ältere in Deutschland, das sind 5 % der Bevölkerung. In fünfzig Jahren aber werden 14 % der Bevölkerung 80 Jahre und älter sein. Damit, so die offizielle Statistik, wird es fast so viele Menschen in diesem hohen Alter geben wie unter 20-Jährige. Es liegt dabei auf der Hand, dass sich zugleich die Ansprüche der Verbraucher an Produkte und Dienstleistung im zunehmendem Alter wandeln.

Das statistische Bild der „kippenden" Alterspyramide ist ein von Fachleuten seit langem diskutiertes Phänomen. Die Thematik dringt jedoch erst seit kurzem ins Bewusstsein der breiten Öffentlichkeit. Anhand von Diffusionskurven lassen sich solche Bewusstwerdungsprozesse typischerweise illustrieren. Kurz gesagt: Themen benötigen eine gewisse Vorlaufzeit bis sie in die Köpfe der Menschen gelangen. Unternehmen sind daher gut beraten, bereits frühzeitig auf „schwache" Signale zu reagieren, die eine spätere „starke" gesellschaftliche Entwicklung andeuten. Hier lohnt sich beispielsweise ein regelmäßiger Blick in ausgewählte Fachzeitschriften – auch aus fremden Arbeitsbereichen – oder der Besuch von Fachkonferenzen und Tagungen, um Trends möglichst früh aufzuspüren. Experten geben dort häufig bereits erste Hinweise („Insidertipps"), die sich später als wertvolle Entscheidungshilfe erweisen können. „The trend is your friend", man muss ihn halt nur rechtzeitig erkennen. Der Handlungsbedarf ist weiterhin groß, denn Studien zeigen, dass wir immer noch am Anfang stehen: Erst die Hälfte aller Unternehmen hat begonnen, sich gezielt auf den demographischen Wandel einzustellen.

Mitunter reichen aber auch spürbare Stimmungen unter Verbrauchern für einen Wandel der Geschäftspolitik. Seit langem wird schon über den offenkundigen „Jugendwahn" in den Medien diskutiert. Die Vehemenz, mit der dabei gestritten wird, weist zumindest darauf hin, dass viele Menschen und Verbraucher unter dem Diktat der „Jugendlichkeit" leiden. Unternehmen, die den Leidensdruck reduzieren, können hier Sympathiepunkte sammeln. Zum Beispiel löste eine Werbekampagne des Kosmetikherstellers Dove mit dem Slogan „Schönheit kennt kein Alter" große Diskussionen über vorherrschende Schönheitsideale aus. Die Verbraucherzustimmung erwies sich als enorm, was als Verkaufsvorteil gegenüber Mitbewerbern angesehen werden kann. Auch die Textilkette C&A reagierte, indem sie etwa begann, ihre Schaufensterpuppen teilweise auszutauschen. Vielen älteren Verbrauchern erschienen die Figuren nämlich nicht nur zu dünn, sondern auch zu jung. Sehen konnte man die Diskrepanz schon lange, aber zum Handeln gehört Mut. Mit neuen Best-Ager-Puppen versucht das Modehaus nun, sich der geänderten Lebensrealität anzunähern. Mittlerweile ist die veränderte Altersstruktur der Verbraucher auch in den Werbemedien angekommen, was etwa an den Haarfarbe der Models sichtbar wird. Graue Strähnen sind längst kein Tabu mehr, sondern spiegeln ganz im Gegenteil die Altersrealität der Zielgruppen wider. Wichtig erscheint jedoch stets die dosierte und positive Gesamtdarstellung, die dem altersgemäßen Selbstbild der Verbraucher entsprechen sollte.

Fazit: Neue Erkenntnisse zum Thema „alternde Gesellschaft" lassen sich frühzeitig aus Fachzeitschriften, wissenschaftlichen Publikationen und Expertenkongressen aber auch durch Marktbeobachtungen gewinnen. Aktuelles Befinden wird dagegen eher in Massenmedien und im persönlichen Umfeld transportiert und diskutiert. Hört, liest und sieht man bei der Altersdiskussion genauer hin, so tauchen regelmäßig etwa folgende Schlagworte auf, die sich marketingtechnisch verwerten lassen:

- Gesundheit
- Wellness
- Convenience
- Service
- Sicherheit
- Einsamkeit

Wie findet man Ideen?

Aus den oben genannten Anregungen lassen sich erste Ideen generieren. Einsamkeit eröffnet etwa sozialen Kontaktangeboten Marktchancen. Diese Angebote können von Single-Seniorenreisen und Senioren-Wohngemeinschaften über Bingo-Spiele im Internet bis hin zu Produktzusatzdiensten wie Telefonhotlines reichen. Alleinlebende Konsumenten bedürfen zudem – etwa im Lebensmittelbereich – auch kleinerer und länger haltbare Packungsgrößen, weil diese einfach praktischer für die Zielgruppe sind. Die Nahrungsmittel wiederum können verstärkt als „Functional Food" gestaltet werden, weil dies den erhöhten Gesundheitsanforderungen der Generation 50plus entgegenkommt. Auch Heimlieferdienste fügen sich in das Bedürfnisprofil älterer Verbraucher ein. Solche und ähnlich naheliegenden Überlegungen lassen sich systematisch fortsetzen.

Die Entwicklung völlig neuer Produktideen für ältere Verbraucher dürfte dabei deutlich schwieriger ausfallen als etwa die Modifikation und Weiterentwicklung bereits bestehender Angebote. In beiden Fällen helfen zunächst klassische Kreativitätstechniken wie etwa das Brainstorming (intuitiv) oder auch das morphologische Verfahren (systematisch) weiter.

Beide Methoden wurden bereits an anderer Stelle des Buches dargestellt. Zur Ideenfindung eignet sich freilich auch der Blick auf die Konkurrenz. Marketingpraktikern dürfte eine gute Produktkopie im Zweifelsfall lieber sein als eine schlechte Eigenentwicklung. Aber auch die Analogiebildung kann helfen. So zeigt sich etwa, dass die Bedürfnisse älterer Kunden denen z. B. von Müttern mit Kindern sehr ähnlich sind. Ein erfolgreicher Supermarkt für Senioren hat etwa besonders breite Gänge und Sitzecken vorgesehen. Hinzu kommen Preisschilder mit großer Schrift und rutschsichere Bodenbeläge. Dieses Angebot – obwohl eigentlich für Senioren gedacht – stößt gerade auch bei Müttern mit Kindern auf große Resonanz. Ähnlich verhält es sich beim Autokauf. Ältere Autofahrer bevorzugen Wagen mit hohem Dach, breiter Rundumsicht und leichtem Ein- und Ausstieg. Autos wie der Golf plus erfüllen diese Ansprüche, sind zugleich aber auch beliebt bei Frauen und Familien, weil die Bedürfnisse durchaus ähnlich sind. Überhaupt sind Sicherheit und Bequemlichkeit Faktoren, die für viele Käufergruppen von Bedeutung sind, nicht nur für Senioren. Die Vermarktung von Fahrzeugen wie dem Golf plus als „Seniorengolf“ wäre daher wohl mehr als kontraproduktiv. Einfallsreich ist hier gerade die alterslose bzw. familienbezogene Positionierung, die aber dennoch die gereiftere Zielgruppe trifft.

Auch die Suche nach Angebotsparallelen in gänzlich anderen Bereichen kann vielversprechend sein. Hier ist etwa auch die Produktgestaltung zu nennen. Coca-Cola entwickelte z. B. vor Jahren eine leichte und griffige PET-Getränke-Flasche, deren Attribute in der Werbung als „gutgreifig“ und „unkaputtbar“ kommuniziert wurden. Die damaligen Getränkeflaschen erscheinen aus heutiger ergonomischer und sicherheitstechnischer Sicht geradezu als ideal für den Seniorenmarkt.

Bekannt ist auch die sprichwörtliche Einsicht, das Rad nicht doppelt erfinden zu müssen. So reicht etwa häufig der Blick in die Vergangenheit, um Anregungen zu erhalten. Die Palette der sogenannten Retro-Produkte verweist darauf, dass gerade ältere Menschen sich freuen, altvertrautes Wiederzuentdecken. Der Versandhändler Manufactum bietet etwa Produkte aus der „guten alten Zeit“ an. Eine zunehmend gereifte Zielgruppe vermag sich an solcher „Traditionsware“ durchaus zu erfreuen. Hohe Preise können dabei aufgrund des zugleich hohen Qualitätsversprechens durchgesetzt werden. Letztlich gilt das Prinzip aber auch für die Markenpflege und -revitalisierung insgesamt. Neu belebte Produkte wie der TriTop-Saft aus den 70er Jahren erreichen durch ihre „Markennostalgie“ gerade auch die Generation 40- und 50plus.

Interessant ist auch der Blick in fremde Branchen. So hat z. B. der Spielwarenhersteller Mattel ältere Verbraucher als neue Zielgruppe entdeckt, weil Kinder in den Industrienationen immer knapper werden. Die berühmte Barbie-Puppe wird daher nicht mehr nur als Spielzeug für Kids positioniert, sondern zunehmend auch als teures Sammelobjekt („Sondereditionen“) für Erwachsene. Viele Kunden kaufen sich offenbar mit solchen Marketingangeboten ihre eigene Kindheit zurück. Nutzt man das dahinter stehende Retro-Prinzip, so lassen sich im Prinzip alle Produkte damit vermarkten, die auf eine lange Vergangenheit zurückschauen können. Je älter die Gesellschaft wird, umso größer wird auch das Potenzial für die Vermarktung der Historie. Es gilt das umgekehrte „Haribo-Prinzip“: Retro-Produkte machen Kinder froh und Erwachsene ebenso. Für jüngere Verbraucher ist Altes originell, für ältere vertraut. Dem Marketing bietet sich hier ein psychologisch enormes Gestaltungspotenzial. Gerade alte und bekannte Markenprodukte haben generationenübergreifende „Retro-Power“. Die Sinalco-Limonade vollzieht gerade einen solchen Image-Wandel. Aber auch ein „Rotbäckchen-Saft“ etwa dürfte zur Neupositionierung für Best-Ager geradezu einladen.

Natürlich können auch neue Produkte für ältere Verbraucher interessant sein oder werden. So finden elektronische Spielkonsolen, die eigentlich für Kinder gedacht sind, zunehmend auch bei älteren Menschen Anklang. Vor dem Bildschirm kann man mit geeigneten Programmen Sport für die persönliche Fitness betreiben, für Senioren durchaus eine Alternative zum Sportverein früherer Tage. Aber auch Programme für die geistige Fitness werden gezielt für Ältere Kunden konzipiert, etwa das bekannte „Dr. Kawashimas Gehirn-Jogging“.

Ideen ergeben sich auch aus typischen Bedürfnissen, die an das Alter gekoppelt sind. Die Alterung ist physiologisch gesehen ein degenerativer Prozess, d. h. es treten vermehrt körperliche Schwächen auf. Solche Schwächen lassen sich durch Produkte wunderbar kompensieren. Schon Sigmund Freud beschrieb den Menschen daher als einen „Prothesengott“. Man muss dabei nicht allein auf die Entwicklung von Brillen und Hörgeräten verfallen. Der Modeausstatter Walbusch hält etwa ein Sortiment an Hemden und Hosen bereit, mit denen man gezielt körperliche Unzulänglichkeiten kaschieren kann. Oberhemden ohne engen Kragenknopf und Hosen mit unsichtbarem Dehnungsbund lassen ältere Kunden einfach besser aussehen, ein Angebot, das sich offenbar seit Jahren bezahlt macht. Ebenso wächst das Angebot an Hilfsmitteln für die mit dem Alter verbundenen Schwächen und Gebrechlichkeiten. Rollatoren und Gehhilfen haben bereits in die Prospekten von Discountern Einzug gehalten, ein Indiz für den stetig wachsenden Markt in diesem Bereich.

Im biologischen Bereich zeigt sich das Alter von seiner unliebsamen Seite, weil die natürliche Alterung vornehmlich mit Abbauprozessen verbunden ist. Insbesondere Kraft, Ausdauer, Beweglichkeit sowie Wahrnehmungsvermögen reduzieren sich ab der vierten Lebensdekade; zunächst unmerklich, dann aber zunehmend spürbar. Gerade in Marketing und Werbung gilt es daher, sich auf die nachlassende Sehschärfe, die beeinträchtigte Kontrastwahrnehmung aber auch auf zunehmend störende Reflexe einzustellen. Verpackungen sollten daher prägnant beschriftet sein und möglichst nicht stark glänzen. Unternehmen könnten z. B. auch überlegen die Schriftgrößen in Broschüren und Prospekten, aber auch im eigenen Internetauftritt, so anzupassen, dass eine leichte Lesbarkeit gewährleistet ist. Alleine für den Imagegewinn dürften Unternehmen gut beraten sein, ihre Internetpräsenz durch große Schrift an die Sehschwächen älterer Kunden anzupassen bzw. eine solche Anpassungsoption anzubieten. Bei Informationen, die nur mit der Lupe lesbar sind, stellen sich Verbraucher ohnehin rasch die Frage, ob hier eher „versteckt“ denn informiert werden soll. Gute Produkte, die nichts zu verbergen haben, sollten dies auch klar und deutlich kommunizieren. Tiefkühlprodukte von Frosta folgen etwa diesem Ziel, wobei sich in der Umsetzung freilich nicht nur Senioren, sondern alle an Klarheit interessierten Verbraucher positiv angesprochen fühlen werden. Zum Stichwort Klarheit gehört natürlich auch die Sprache selbst. Inwieweit gerade ältere Verbraucher mit neudeutschen Werbebegriffen wie Newsletter, Moonshine-Tarif oder Happy-Meal zurechtkommen, sollte zumindest vor jedem Einsatz kritisch geprüft werden. Was die Kraft betrifft, so sind z. B. auch Produkte gefragt, die Convenience im Bereich der Handhabung bieten. Verschlüsse von Getränken und Dosen etwa, müssen sich auch von betagteren Verbrauchern leicht und sicher öffnen bzw. verschließen lassen.

Aber nicht nur die Sprache und Handhabung kann schwierig sein, auch die Technik selbst. Produkte mit hoher Komplexität eignen sich daher selten für das geruhsame Lebensalter. Komplexitätsreduzierung findet sich etwa in den Fernsehern von LOEWE. Diese Geräte erfreuten sich durchaus einiger Beliebtheit, weil die Installation und Bedienung auch von älteren Kunden noch als „kinderleicht“ empfunden wird. Viele Verbraucher schätzen selbsterklärende Produkte und intuitive Bedienbarkeit. Auf solche Faktoren sollten Entwickler verstärkt setzen, wenn sie bei älteren und komfortorientierten Kunden punkten wollen. Vorsicht gilt aber der (gut gemeinten) Übertreibung, weil dies zu Stigmatisierungen führen kann. So wurden Telefone für Senioren entwickelt, die mit besonders großen und bunten Tasten versehen sind. Im Grundsatz ist dies eine gute Sache, die jedoch nur einen kleinen Teil der Senioren anspricht. Besser verkäuflich sind Telefone, die zwar einfach zu bedienen sind, sich jedoch äußerlich kaum von normalen Geräten unterscheiden. Bei elektronischen Geräten wie Fernsehern o. ä. können als Kundenservice z. B. einfach zwei Fernbedienungen beigefügt werden: ein Modell mit normaler Tastenbelegung und eines mit großen bzw. vereinfachten Tasten für Kinder und Senioren. Die Wahl der gewünschten Fernbedienung liegt dann allein beim Nutzer.

Im psychischen, d. h. hier insbesondere im kognitiven Bereich hinterlässt das Alter ebenfalls seine Spuren. So schwindet die „fluide“ Intelligenz, also das, was man unter geistiger Beweglichkeit versteht. Neu-Produkte bedürfen mithin eines verstärkten Überzeugungsaufwandes, um bei älteren Verbrauchern Akzeptanz zu erzielen. Umgekehrt ist allerdings die bestehende Markentreue hoch. Auch die Konzentrationsfähigkeit leidet, d. h. die Gefahren unerwünschter Ablenkungen steigen. Wichtige Beratungsgespräche z. B. sollten daher in einer ruhigen Atmosphäre geführt werden, ungestört vom Trubel sonstiger Kundschaft. Informationen werden langsamer verarbeitet und schlechter erinnert. Auch hier sollte sich die Werbung auf das Informationsverhalten älterer Verbraucher entsprechend einstellen (Motto: „Keep it simple“). Anglizismen und komplizierte Marketingphrasen führen daher gerade bei älteren Konsumenten zu Unverständnis. Kognitive Top-Leistungen schaffen schließlich ohnehin nur noch die 20- bis 40-jährigen, eine eben demographisch schwindende Zielgruppe. Anzumerken ist leider, dass mit der zunehmenden Zahl der Hochbetagten zugleich auch die Missbrauchsmöglichkeit wächst. Verkäufer, die ihre Kunden überrumpeln oder psychologisch unter Druck setzen, haben bei alten Menschen ein relativ leichtes Spiel. Verbraucherschützer warnen hier bekanntlich nicht nur vor kommerziellen Kaffeefahrten für Senioren, auch die die Polizei warnt zunehmend vor dem sogenannten „Enkel-Trick“, mit dem Senioren von Betrügern aufs Kreuz gelegt bzw. um ihr Geld gebracht werden. Kognitive Schwächen älterer Menschen werden hier schamlos ausgenutzt.

Positiv dagegen sind etwa gestalterische Optimierungen von Produkten, die letztlich junge wie alte Verbraucher freuen, weil sie tatsächlich kundenorientiert und nützlich sind. Und genau dies ist die eigentliche Aufgabe des Marketing, die zu Erfolgen führt. Auch neue Möglichkeiten wie etwa die des „Sounddesigns" („Plopp-Geräusch" beim Flaschenöffnen signalisiert z. B. Frische) oder der RFID-Technik (Chip sendet Haltbarkeitsdatum an Kühlschrank usw.) bieten beträchtliche Convenience-Optionen für die wachsende Zahl der komfortorientierten Best Ager.

Wie bewertet man Ideen und wählt Geeignetes aus?

Ob aus einer Idee ein reales Produkt wird, hängt neben der technischen und finanziellen Machbarkeit insbesondere von der Kundenakzeptanz ab. Wer Produkte für die Generation 50plus entwickelt, der sollte sie auch von dieser Zielgruppe bewerten lassen. Häufig sind Produktmanager in den Betrieben deutlich jünger als ihre anvisierte Kundschaft. Aus Amerika ist etwa bekannt, dass Autohändler gezielt wieder ältere Verkäufer beschäftigen. Erreicht werden soll damit, dass ältere Kunden von gleichaltrigen Verkäufern beraten werden, um die Akzeptanz und das Vertrauen zu erhöhen. Entsprechend sinnvoll erscheint es auch, personalpolitisch zu prüfen, wer eigentlich über Produktentwicklungen entscheidet. Bedenkt man, dass derzeit nur noch 50 Prozent der über 50-Jährigen überhaupt berufstätig sind, so liegt hier für die Betriebe großes Erfahrungspotenzial brach.

In der Marktforschung haben sich Focus-Gruppen bewährt, die in kleiner Runde intensiv zu Neuprodukten Stellung nehmen. Solch qualitative Analysen liefern oft gute Hinweise auf Einschätzungen und Verbesserungen, die sich dann weiter generalisieren lassen. Überhaupt gilt gerade für die älteren Verbraucher, dass man zwar zunehmend von ihnen umgeben ist, jedoch noch recht wenig über sie weiß. Produktentwicklungen sollten daher von dem intensiven Bemühen um eine umfassende „Kundenzentrierung" begleitet sein. Gerade die Vielschichtigkeit der Seniorengeneration lässt Vereinfachungen und allgemeingültige Marketingaussagen nur begrenzt zu. Die Ausrichtung nicht nur an geäußerten Wünschen, sondern auch an „erspürten" Bedürfnissen erscheint daher als zentraler Erfolgsfaktor für das Seniorenmarketing.

Aus psychologischer Sicht besteht gerade bei der Generation 50plus große Unklarheit über die innere Motivlage. Bestes Beispiel ist hier etwa die ARD-Vorabendserie „Verbotene Liebe". Die Daily Soap richtet sich ganz klar an Teenager, wird aber in erheblichem Maße auch von Senioren geschätzt und geschaut. Solche Phänomene verweisen darauf, dass eine Bewertung von außen oftmals schwierig ist. Immer mehr Ältere wollen sich jung fühlen, so wie junge Menschen immer früher „reif" sein wollen. Das biologische Alter lässt mithin keine Aussagen mehr über das innere, sprich gefühlte Alter eines Verbrauchers zu. Zu beobachten ist auch, dass zunehmend Senioren in Fitnessstudios anzutreffen sind, die eigentlich auf jüngere Sportler anzielen. Neben der bewussten Gesundheitsförderung ist kaum auszuschließen, dass hier auch der subtile Wunsch bei den Senioren eine Rolle spielt, der (verlorenen) Jugend auf diese Weise (räumlich) nahe zu sein. Das Alter

Tab. 2 Menschen fühlen sich gerne jung (Emnid-Studie 2005)

Altersgruppe	Differenz gefühltes vs. tatsächliches Alter
30–39 Jahre	– 3,1 Jahre
40–49 Jahre	– 5,6 Jahre
50–59 Jahre	– 6,2 Jahre
60–69 Jahre	– 10,1 Jahre
Über 70 Jahre	– 9,3 Jahre

des Menschen ist letztlich auch von Mythen und weiterhin offenen Fragen umgeben, etwa im Bereich der Partnerschaft/Sexualität/Selbstwahrnehmung. Man denke hier etwa an das ewige Playboy-Image eines Hugh Hefner. Motivforschung in der angesprochenen Altersgruppe dürfte daher eine Herausforderung für Produktanbieter sein.

Obwohl sich das Lebensalter von Menschen leicht ermitteln lässt, gestaltet sich die Marketinginterpretation durchaus schwierig. Zum einen ist das Alter ein Tabufaktor („Damen fragt man danach nicht ...“), zum anderen ist die Aussagekraft begrenzt. Das „gefühlte“ Alter einer Person weicht meist dramatisch vom realen Lebensalter ab. Je älter ein Mensch wird, desto jünger möchte er sich fühlen (vgl. Tab. 2). Ein 60-Jähriger kann sich z. B. wie ein 40-Jähriger fühlen und entsprechend verhalten. Auch das Kaufverhalten solcher Personen erscheint dann auf den ersten Blick entsprechend altersuntypisch, d. h. zu jung. Die innere Sehnsucht nach dem sprichwörtlichen „Jungbrunnen“ beeinflusst offenbar weite Einstellungs- und Verhaltensbereiche des Menschen. Das Marketing ist daher gut beraten, sich etwa in der Werbung darauf einzustellen und Wünsche zu erfüllen (oder zumindest anzusprechen), die auf eine Verjüngung abzielen. Neuere Studien (Max-Planck-Instituts für Bildungsforschung) kommen sogar zu dem Schluss, dass sich Menschen über 70 Jahren etwa 13 Jahre jünger fühlen als es ihren Lebensjahren entspricht.

Zum objektiven Test von Produkten eignet sich aber auch ein bewährtes Verfahren der künstlichen Alterung. Sogenannte Age-Simulatoren vermögen die Wahrnehmungs- und Verhaltenssituation älterer Menschen nachzubilden. Produktentwickler schlüpfen dabei in einen klobigen Anzug, der die Bewegungen sowie die Tast-, Seh- und Hörempfindungen drastisch einschränkt. Damit kann etwa die typische, d. h. schwierige Einkaufssituation von Senioren im Supermarkt nachgebildet werden.

Welche strategischen Überlegungen sollte man anstellen?

Im ökonomischen Bereich erweist sich das Alter (derzeit noch) als interessant, weil eine große Zahl älterer Konsumenten über beträchtliche Sparvermögen, Erbeinkünfte und Haushaltsmittel verfügt. Im Lebenszyklus erscheint die Generation 50plus geradezu als „Big Spender“, die die Früchte ihrer produktiven Lebensphase nun ernten. Das Bild vom „solventen Senior“, von der „neuen S-Klasse“, könnte jedoch schon bald auch vom Szenario der „Altersarmut“ erfasst werden, wenn etwa die Renten- und Haushaltsproblematiken im demographischen Wandel weiter fortschreiten. Ein bekannter Elektronik-Discounter stellte sich unlängst schon mit Billigangeboten („Staubsauger für 10 Euro gegen Vorlage des Rentnerausweises“) vorausschauend auf diese Entwicklung ein. Vorschnelle Marketinggeneralisierungen bezüglich (hoher) Kaufkraft und Alter sind daher – wie bereits erwähnt – mit Vorsicht zu genießen.

Ungeachtet der sich abzeichnenden Marktpotenziale im Segment 50plus stellt sich immer auch die Frage, inwieweit man diese Potenziale überhaupt nutzen will. Zahlungskräftige Senioren als reine Cash-Cows zu betrachten und entsprechend „abzuschöpfen“ erscheint unfair und moralisch durchaus problematisch. Verbraucherverbände prangern zurecht „Kaffeefahrten“ an, bei denen Senioren etwa zum Kauf überteuerter Heizdecken genötigt werden. Immerhin 500 Busse sollen täglich mit derlei fragwürdigen Angeboten auf Deutschlands Straßen unterwegs sein. Gleiches gilt für undurchschaubare Gewinnversprechen und ähnlich dubiose Marketingpraktiken. Anders formuliert: Ältere und insbesondere betagte Verbraucher sollten unter einem ähnlichen Schutz stehen wie Kinder und Jugendliche. Falsch verstandenes Seniorenmarketing setzt sich sonst leicht der Gefahr aus, als unlautere Manipulationspraktik angesehen zu werden – mit all den damit verbundenen Imageschäden, die sich ein seriöses Unternehmen nicht leisten kann.

Anders verhält es sich, wenn sich Unternehmen ganzheitlich auf die Belange älterer Menschen konzentrieren und entsprechende Angebote offerieren. Hierzu gehört neben der Entwicklung von Produkten und Dienstleistungen freilich auch die entsprechend altersgerechte Personal- und Geschäftspolitik. Der Vorteil dabei: Die eigenen älteren Mitarbeiter sind in der Regel auch gute Rat- und Ideengeber für Produktentwicklungen, weil sie Ansprüche der Zielgruppe entsprechend gut kennen. Nur durch eine ganzheitliche Unternehmenspolitik wird sich langfristig Vertrauen, Glaubwürdigkeit und Akzeptanz bei der anvisierten Zielgruppe aufbauen lassen.

Die Frage, welche Zielgruppe als strategisch zielführend anzusehen ist, dürfte dabei kaum abschließend zu beantworten sein. Zu heterogen stellt sich die Kundenschicht dar. Gut 40 Prozent aller Seniorenhaushalte kommen laut Studien kaum oder nur „so gerade eben“ über die Runden. Dem „armen Rentner“ steht der „reiche Ruheständler“ ebenso gegenüber wie der „früh Gealterte“ dem ewig „jung Gebliebenen“. Generell lässt sich aber sagen, dass Menschen mit zunehmendem Alter vermehrt auf Qualität achten, nicht zuletzt, weil sie über hohe Konsum- und Produkterfahrung verfügen. Niedrigpreisstrategien oder Minderqualitäten dürften mithin wenig erfolgversprechend sein, zumindest wenn man die kaufkräftigen „Master Consumer“ im Blick hat. Höherpreisige Produkte, die auch an entsprechende Beratungsleistungen gekoppelt sind, dürften dem Bedürfnis älterer Verbraucher in der Tendenz am ehesten gerecht werden. Gütesiegel können hier als zusätzliche vertrauensbildende Maßnahmen angesehen werden. Ein „Made in Germany“ hat für reife Konsumenten durchaus noch Gewicht, ähnlich einer Traditionsmarke, die man ebenfalls seit Kinderzeiten kennt.

Aber: Generelle Aussagen zum Konsumverhalten müssen immer auch hinterfragt werden. Soziokulturelle Hintergründe können etwa großen Einfluss haben. So wird ein langjähriger „Sparfuchs" – etwa aus der mangelleidenden Nachkriegsgeneration – auch im Alter kaum seine Kaufgewohnheiten ändern, ganz im Gegenteil. Umgekehrt können aber vormals wohlhabende Senioren durchaus rasch die preislichen Vorzüge von Discountern entdecken lernen, etwa wenn eine Rentenkürzung zum Umdenken zwingt.

Im sozialen Bereich ist festzustellen, dass sich die Konzepte und Vorstellungen vom Alter gravierend ändern. Der moderne Senior unterscheidet sich deutlich vom Rentner früherer Jahre, einfach weil sich die Lebensgewohnheiten der Generationen geändert haben und mit ihnen das Rollenverhalten. Beim Logistikunternehmen UPS ist z. B. der derzeit älteste Fahrer 83 Jahre alt (UPS-Pressemitteilung v. 27.2.06). Arbeit im Alter wird teilweise immer normaler. Berthold Beitz etwa, leitete noch bis zu seinem Tod mit 99 Jahren die Krupp-Stiftung. Auch immer mehr ältere Menschen beginnen z. B. ein Hochschulstudium, sind also plötzlich „Student" unter sonst 20-jährigen. Und immer mehr ältere Menschen leben auch in Single-Haushalten und haben entsprechende Konsum- und Kommunikationsansprüche. Die Entwicklung der „Längerfrischen Milch" ist z. B. ein pfiffiges Produkt, das anspruchsvolle Single-Bedürfnisse trifft. Mit Convenience-Produkten aber auch mit Serviceleistungen, die das soziale Zugehörigkeitsgefühl stärken (Clubs, Communities, Kundenzeitschriften usw.) lässt sich im Marketing erfolgreich bei der Zielgruppe punkten. Im Vordergrund stehen also die manifesten (z. B. Bequemlichkeit) wie latenten (z. B. Sozialkontakt) Bedürfnisse der Kunden, und weniger deren vordergründiges Alter.

Welche operativen Aspekte sind zu beachten?

In der konkreten Umsetzung dürften sich angesichts der geringen Erfahrungswerte z. B. Insellösungen anbieten, die nach und nach verbessert und ausgebaut werden können. Aus den Erfahrungen mit den ersten Seniorensupermärkten etwa können Ansätze für konventionelle Läden entwickelt werden. Veränderte Gangbreiten und Sitzmöbel zum Ausruhen dürften sich z. B. leicht übernehmen lassen. Ähnlich verhält es sich mit den neuen Selbstscankassen, die etwa parallel zu konventionellen Kassen angeboten werden. Ältere Verbraucher haben so immer die Chance, auf reales Kassenpersonal auszuweichen. Andererseits kann der Umgang mit neuer Technik so nach und nach erlernt werden. Der Spruch vom Menschen als „Gewohnheitstier" (Konrad Lorenz) gilt in besonderem Maße für die ältere Generation. Ähnliche Erfahrungen werden überall dort gemacht, wo Menschen plötzlich mit moderner (Computer-)Technik konfrontiert werden, etwa beim Ticketverkauf der Bundesbahn. Gerade Senioren zeigen sich schnell überfordert, brauchen begleitende Unterstützung, sind danach aber durchaus bereit, auch neue Medien zu nutzen, wie etwa das Internet eindrucksvoll zeigt. Die Zahl der zunehmend kompetenten „Silver Surfer" steigt stetig. Bereits jetzt kaufen schon 50 Prozent aller über 50-Jährigen regelmäßig online ein, Tendenz weiter steigend. Allerdings mit einer Einschränkung: Moderne Kreditkarten erscheinen suspekt, lieber zahlt man klassisch per Rechnung.

Bei der Umsetzung von Produktideen in reale Produkte spielt jedoch nicht nur die Technik eine Rolle, sondern auch die Ergonomie. Rückmeldungen von Senioren zum Thema Verpackungen zeigen etwa, dass die Hauptprobleme im Öffnen vieler Produkte (z. B. Dosen) gesehen werden. Verschlüsse stellen etwa ein großes Problemfeld dar, weil der Kraftaufwand, den Senioren aufbringen müssen, häufig nicht berücksichtigt wird. Gleiches gilt für eingeschweißte Waren, die sich zwar in hygienischer Folie befinden, aber ohne fremde Hilfe kaum mehr aufzureißen sind. Es sind mithin die Details, die eine Strategie zum Erfolg oder in den Misserfolg führen können. Wichtig für den Produkterfolg ist und bleibt hier das Maß der Kundenorientierung, also die Fähigkeit, sich in die Bedürfnislage einer älteren Zielgruppe hineinzuversetzen.

Vor der Markteinführung steht freilich auch die Frage, wie sich ältere Verbraucher überhaupt ansprechen lassen. Hinsichtlich des Distributionsweges zeigt sich etwa, dass ältere Kunden ihren Kaufgewohnheiten, aber auch ihren Kauforten recht treu bleiben. Das Produkt muss also den Weg zum Käufer finden, nicht umgekehrt. Eine interessante Option stellt hier etwa der Versandhandel dar, der sich traditionell in Deutschland großer Beliebtheit erfreut. Teleshopping-Unternehmen wie QVC orientieren sich stark an älteren Verbrauchern, indem sie Produkte anschaulich im Fernsehen vorführen, gegebenenfalls telefonisch beraten und bequeme Bestellmöglichkeiten bieten. Convenience ist hier bekanntermaßen Teil des Unternehmenserfolges. Analog gestaltete Vertriebskanäle bis hin zum Haus-Lieferservice erscheinen hier besonders zielführend. Wichtig für Anbieter erscheint es, die für ältere Verbraucher relevanten und typischen Touchpoints zu identifizieren. Das können sowohl moderne mobile Kommunikationsgeräte sein, die auch von Älteren genutzt werden, aber auch klassische Kommunikationssituationen wie etwa Weiterempfehlungen im persönlichen Gespräch.

Jüngere Verbraucher sind mit der neudeutschen Werbesprache gut vertraut, weil sie mit ihr groß geworden sind. Für ältere Verbraucher gilt dies weniger. Letztlich ist also auch bei der Wortwahl und Formulierung darauf zu achten, dass Namen und Slogans verständlich sind. Anglizismen dürften diesem Anspruch kaum gerecht werden, ebenso wie ein allzu salopper Sprachgebrauch. Geiz mag für Jugendliche „geil" sein, für Senioren und konservative Gemüter sind solche Slogans jedoch Tabubrüche, die nicht geeignet sind, Vertrauen zu wecken. Auch gilt wieder, dass die werbliche Umsetzung nach Möglichkeit aus Sicht der Zielgruppe gestaltet werden sollte, d. h. mit Textern, die womöglich selbst der Generation 50plus entstammen.

Das Kaufverhalten wird in erheblichem Maße von Gefühlen und Stimmungen gegenüber Marken, Produkten oder der Werbung bestimmt. Dies sollte auch im Hinblick auf ältere Verbraucher beachtet werden, wie folgende Aspekte zeigen.

Ängste: Menschen werden zwar gerne alt, wollen sich aber selten auch so fühlen. Das Marketing fördert die Illusion („Werde erwachsen. Nicht alt.", Mercedes Werbung). Laut einer niederländischen Studie zeigt nur etwa drei Prozent der Werbung Menschen über 50 Jahren. Nimmt man die psychische Verfassung der Konsumenten ernst, so sollte man auch nicht zu viel daran ändern.

Die Sorge um die Gesundheit nimmt bei den über 50jährigen einen immer breiteren Raum ein. Auch hier zeigen Studien, dass in der Zielgruppe jeder Vierte mit seiner Gesundheit unzufrieden ist. Demzufolge trifft alles, was fit hält, ihre Bedürfnislage. Ein solches

Produkt für die Generation 50plus sollte nicht „gegen" Konzentrationsschwäche, sondern „für" geistige „Fitness" angeboten werden. Schwächen sind Tabu, Leistungen en vogue. Um „kreative" Formulierungen (z. B. „Nivea vital", „Dove pro age") und Gestaltungen kommt das Marketing beim Thema Alter nicht herum, gilt es doch, Stigmatisierungs- und Ausgrenzungsängste bewusst zu vermeiden.

Nachfolgend finden sich häufige negative Assoziationen zum Thema „Alter", die im Marketing vermieden werden sollten (Eigene Erhebungen):

- Falten
- Arzt
- graue Haare
- Tod
- Greis
- Altenheim
- Brille
- Gebrechen
- Senior
- Langeweile
- Autofahrer mit Hut ...

Rationalisierungen: Mitunter findet man Befragungsergebnisse mit Hinweisen auf die schönen Seiten des Alters (Erfahrung, Reife usw.). Solch rationale Bekenntnisse können verdeckte Wünsche kaschieren, müssen also nicht unbedingt stimmen. Produktentwickler sind daher gut beraten, sich an den wahren Empfindungen älterer Verbraucher zu orientieren. Dabei unterscheiden sich die Wünsche nach Attraktivität, Gesundheit, Schönheit, soziale Begehrtheit, Leistungskraft usw. in den Altersgruppen kaum. Dem Marketing bietet sich daher ein breiter Raum, Verbraucher zum alterskompensatorischen Konsum zu motivieren.

Soziale Modelle: Das Spektrum älterer Menschen, die in der Werbung gezeigt werden, reicht von alltäglichen bis hin zu schrulligen Gesichtern. Um Identifikation zu erreichen, eignen sich akzeptierte und attraktive Modelle. Diese dürfen freilich bis zu 10 oder gar 15 Jahre jünger sein als die Zielgruppe. Mit dem eigenen Alter ist man immer konfrontiert, die Werbung darf daher ruhig Illusionen bieten.

Noch besser erscheint womöglich eine alterslose Ansprache, weil innere Konflikte damit ganz umgangen werden. Ein Beispiel hierfür ist der Einsatz des Fernsehmoderators Kai Pflaume für den Discounter Plus (heute Netto). Ein solches Testimonial entspricht dem Typus „idealer Schwiegersohn", ist altersmäßig aus Sicht Älterer mithin jugendlich und trotzdem so reif, dass er Vertrauen und Glaubwürdigkeit genießt. Gleichzeitig ist der bekannte Fernsehmoderator auch bei Jugendlichen akzeptiert, was die Werbekampagne universell einsetzbar, weil alterslos macht. Gleiches gilt aber auch für Medien-Prominente wie Jörg Pilawa oder auch Thomas Gottschalk. Letzterer ist 1950 geboren und wird mitunter immer noch als jugendlicher „Nachwuchsmoderator" wahrgenommen.

Die Diskussion über das Alter erinnert im Grundsatz an die alte Marketingfrage, ob die Werbung schöne Menschen oder Alltagsgesichter zeigen soll. Sieht man von ideologischen Positionen ab, so ist die Frage durch die Werberealität längst beantwortet.

Die Orientierung am Lebensalter von Konsumenten erscheint für das Marketing nur bedingt zielführend. Produktentwicklungen sollten Nutzen und Bequemlichkeiten (Convenience) bieten. Werbung für ältere Käuferschichten sollte positive Gefühle wecken und die Konfrontation mit negativen Aspekten des Alters meiden.

Woran sollte man bei der Markteinführung denken?

Angesichts hoher Flopraten bei der Einführung von Konsumgütern ist auch bei Produkten für die Generation 50plus nicht direkt mit Erfolgen zu rechnen. Menschen lernen generell langsam und vergessen schnell, dies gilt umso mehr mit zunehmendem Alter. Werbung muss also besonders langfristig und nachhaltig angelegt sein, damit die Botschaft ankommt. Produkte müssen gegebenenfalls auch erst länger im Regal stehen, damit eine Gewöhnung an das Neue erfolgen kann. Begleitend wäre auch an persönliche Beratungen zu denken, die eine direkte Beziehung zwischen Produkt und Käufer herzustellen vermögen. Ältere Autokäufer meiden etwa den preisgünstigen Internetkauf und bevorzugen den persönlichen Kauf beim Händler um die Ecke. Dieser Händler wird tendenziell eher in der Lage sein, auch ein neues Automodell zu verkaufen, nicht aber die anonyme Werbebroschüre in der Zeitung.

Schaut man sich an, welche Medien ältere Verbraucher nutzen, so stellt man fest, dass Fernsehen, Radio und Tageszeitung einen hohen Stellenwert besitzen. Insbesondere Lokales stößt auf Interesse, was auch hier die Kundennähe in Form regionaler und lokaler Bezüge zu einem Erfolgsfaktor macht. Neuen Produkten für die Generation 50plus kann durch persönliche Beziehungen und lokale Vertrautheit womöglich eher zum Erfolg verholfen werden als durch breite Werbung im klassischen Sinne, weil Glaubwürdigkeit zählt. Die Einsicht in die gestiegene Lebenserwartung der Menschen führt schließlich auch dazu, dass die Bedeutung der Kundenbindung weiter wächst (Jendrosch 2010). Je älter die Verbraucher werden, desto größer wird auch die Zeitspanne, in der sie an Produkte gewöhnt und gebunden werden können. Dies setzt freilich Produkte voraus, die ansprechend und zielgruppengerecht gestaltet sind und vom Kunden entsprechend mit Treue belohnt werden.

Letztlich gilt: Für das Geschäft mit der Generation 50plus braucht es einen längeren Atem als für die Ansprache einer innovationsfreudigen Teenagergeneration. Die erhöhte Marketingausdauer dürfte sich jedoch in jedem Fall bezahlt machen.

Literatur

Emnid-Studie 2005. *Focus* 48/2005

Jendrosch, Thomas 2010. *Geliebter Kunde. Der Ratgeber für Ihre zweitwichtigste Beziehung*. Weinheim: Wiley Verlag.

Weiterführende Literatur

Arthur D. Little International 1988. *Innovation als Führungsaufgabe*. Frankfurt.

Aumayr, Klaus J. 2006. *Erfolgreiches Produktmanagement*. Wiesbaden.

Brockhoff, K. 1998. Der Kunde im Innovationsprozess. *Berichte aus den Sitzungen der Joachim Jungius-Gesellschaft der Wissenschaften e. V.* Hamburg, 16. Jahrgang, Heft 3.

Backhaus, K., Erichson, B., Plinke, W., und Weiber, R. 2003. *Multivariate Analysemethode: eine anwendungsorientierte Einführung*. Berlin/Heidelberg.

Becker, Helmuth. 2006. *Phänomen Toyota*. Berlin/Heidelberg.

Berend, Patrik, und Walkowitz, Gari. 2007. Effektive Koordination. *Harvard Businessmanager*, August 2007.

Berth, Rolf. 2004. Auf Nummer sicher. *Harvard Businessmanager/Redline Wirtschaft*, S. 99 ff.

Brandmeyer, Klaus, und Prill, Christian. 2004. Markenerfolg ist machbar – 18 Manager berichten. *Die Stern Bibliothek*.

Brockhoff, K. 1998. Der Kunde im Innovationsprozess. *Berichte aus den Sitzungen der Joachim Jungius-Gesellschaft der Wissenschaften e. V., Hamburg*, 16(3).

Cooper, R.G. 2001. *Winning at New Products: Accelerating the Process from Idea to Launch*, 3. Aufl. Cambridge, MA.

Diez, Willi. 2006. *Automobilmarketing*. Landsberg am Lech.

Fraunhofer, und Mercer Management Consulting. 2004. Future Automotive Industry Structure 2015 – Die neue Arbeitsteilung in der Automobilindustrie. *Materialien zur Automobilindustrie Nr. 32*, Frankfurt a. M.

Gourville, John T. 2006. Wann Kunden neue Produkte kaufen. *Harvard Businessmanager*, August 2006, S. 45 ff.

Grosche, Clemens, und Bothe, Bernd. 1985. *Von der Idee zum Markterfolg*. Stuttgart.

Großklaus, Rainer H. G. 1979. *Marktorientierte Produktsteuerung*. Gernsbach.

Großklaus, Rainer H.G. 2006a. *Positionierung und USP*. Wiesbaden.

Großklaus, Rainer H. G. 2006b. *Die 140 besten Checklisten zur Marketingplanung*. Landsberg am Lech.

Großklaus, Rainer H.G. 2009. *Praxisbuch Produktmanagement*. München.

Großklaus, Rainer H. G., und Didszun, Christina. 1999. *Die 122 besten Checklisten – Kundenorientierung*. Landsberg am Lech.

R. H. G. Großklaus, *Von der Produktidee zum Markterfolg*, DOI 10.1007/978-3-8349-4594-5,

Großklaus, Rainer H. G., und Didszun, Christina. 2002. *Das How-to-Buch Marketingplan*, 2. Auflage. München.

Harvard Businessmanager (Hrsg.). 2004. *Neue Produkte entwickeln – testen – verkaufen*. Frankfurt.

Harvard Businessmanager (Hrsg.). 2005. *Wachstum: Märkte schaffen – Partner finden – Perspektiven öffnen*. Frankfurt.

Herstatt, Cornelius, und Engel, Dieter. 2006. Mit Analogien neue Produkte entwickeln. *Harvard Businessmanager*, August 2006, S. 32 ff.

Horvath, P. 1996. *Controlling*, 6. Auflage. München.

Huston, Larry, und Sakkab, Nabil. 2006. Wie Procter & Gamble zu neuer Kreativität fand. *Harvard Businessmanager*, August 2006, S. 21 ff.

Jendrosch, Thomas. 2001. *Kundenzentrierte Unternehmensführung. Modelle, Methoden, Maßnahmen*. München.

Jendrosch, Thomas. Fantasie oder Fakten? Wer heute noch verkaufen will, muß den Kunden tiefer in die Seele schauen. *DMZ Deutsche Molkerei Zeitung*, Heft 20/03, 43–45.

Jendrosch, Thomas. 2006a. Marketing für die „reife Jugend". Produktentwicklung aus psychologischer und demographischer Sicht. *Food Design* 1/2006, 46–48.

Jendrosch, Thomas. 2006b. Happy Aging? Marketing und Produktentwicklung im Blick auf den demographischen Wandel. *Flüssiges Obst*, 6/2006, 318–319.

Jendrosch, Thomas. 2006c. Zielgruppenorientierung: Alterszentrierte Kundenansprache. *Getränkefachgroßhandel* Nr. 3/2006, 24.

Jendrosch, Thomas. 2010. *Geliebter Kunde. Der Ratgeber für Ihre zweitwichtigste Beziehung*. Weinheim: Wiley Verlag.

Kaplan, Robert S., und Norton, David P. 1997. *Balanced Scorecard, Strategien erfolgreich umsetzen*. Stuttgart.

Kerth, Klaus, und Pütmann, Ralf. 2005. *Die besten Strategietools in der Praxis*. München, Wien.

Kim, W. Chan, und Mauborgne, Renée. 2005. *Der blaue Ozean als Strategie*. München.

Knieß, Michael. 1995. *Kreatives Arbeiten*. München.

König, Volker. 2002. *Innovationsmanagement in der Industrie*. München, Wien.

Kotler, Philip, und Trias de Bes, Fernando. 2004. *Laterales Marketing für echte Innovationen*. Frankfurt/New York.

Kramer, Friedhelm 1977. *Produktinnovation, Orientierung* Schweizerische Volksbank Nr. 66, 1977.

Lauri, Donald L., Doz, Yves L., und Sheer, Claude P. 2006. So schaffen Sie Plattformen für neues Wachstum. *Harvard Businessmanager*, Juli 2006, 44 ff.

Liker, Jeffrey K. 2007. *Der Toyota Weg*. München.

Linneweh, Klaus. 1973. *Kreatives Denken*. Karlsruhe.

Litfin, Thorsten. 2006a. Der Produktmanager. *Innovationsmanagement – von der Idee zum marktfähigen Produkt, Schriftlicher Lehrgang, Lektion 8*. Management Circle-Edition.

Litfin, Thorsten. 2006b. Handout zum Management Circle-Seminar. *Der Produktmanager*.

Malorny, Christian, Schwarz, Wolfgang, und Backerra, Hendrik. 1997. *Die sieben Kreativitätswerkzeuge K7*. München.

Moss Kanter, Rosabeth. 2007. Der sichere Pfad zu Innovationen. *Harvard Businessmanager*, Februar 2007, 44 ff.

Nimmergut, Jörg. 1972. *Kreativitätsschule*. München.

Osborn, Alex F. 1953. *Applied Imagination*. New York.

Peters, Tom. 2000. *Der Innovationskreis*. München.

Porter, Michael E. 1997. *Wettbewerbsstrategie*, 9. Auflage. Frankfurt/Main, New York.

Porter, Michael E. 2000. *Wettbewerbsvorteile*, 6. Aufl. Frankfurt/Main, New York.

Reichwald, R., Meyer, A., Engelmann, M., und Walcher, D. 2007. *Der Kunde als Innovationspartner. Konsumenten integrieren, Flop-Raten reduzieren, Angebote verbessern*. Wiesbaden.

Robert, Michael, und Weiss, Alan. 1990. *Die permanente Innovation*. Frankfurt.

Saatweber, Jutta. 1997. *Kundenorientierung durch Quality Function Deployment, Systematisches Entwickeln von Produkten und Dienstleistungen*. München, Wien.

Schlicksupp, Helmuth. 1985. *Ideenfindung*. Würzburg.

Schlicksupp, Helmuth. 2004. *Ideenfindung*, 5. Auflage. München.

Seibert, S. 1998. *Technisches Management: Innovationsmanagement, Projektmanagement Qualitätsmanagement*. Stuttgart, Leipzig.

Simon, Walter. 2005. *Management-Techniken*. Offenbach.

Sommerlatte, Tom, und Grimm, Ulrich. 2004. Kreativität besser managen. *Harvard Businessmanager: Neue Produkte entwickeln – testen – verkaufen*. Frankfurt.

Trommsdorff, Volker, und Steinhoff, Fee. 2007. *Innovationsmarketing*. München.

Vahs und Burmester. 1999. *Innovationsmanagement. Von der Produktidee zur erfolgreichen Vermarktung*.

Wieselhuber, Norbert, und Töpfer, Armin (Hrsg.). 1984. *Handbuch Strategisches Marketing*. Landberg am Lech.

Wildemann, Horst. Innovationsmanagement. www.tcw.de – www.management-literatur.com.

Wildemann, Horst. Produktklinik. www.tcw.de – www.management-literatur.com.

Wilkes, Malte W. 1984. *Kreativität ist Kribbeln im Kopf*. München.

Wilkes, Malte W. 2001. *Die Innovationsspirale*. Landsberg am Lech.

Wilkes, Malte W., und Großklaus, Rainer H.G. 2007. *Die 120 besten Checklisten zur Verkaufsförderung*. Landsberg am Lech.

www.wikipedia.de: „Conjoint-Analyse".

Z-Punkt GmbH. 2005. Markenprofile 11: Die Rückkehr der Qualität. *Die Stern Bibliothek*. Hamburg.

Sachverzeichnis

Der Autor

Rainer H.G. Großklaus wurde 1943 im Berliner Arbeiterbezirk Wedding geboren. Zu einer Zeit, in der kaum jemand Geld hatte, musste er selbst kreativ werden. Er sammelte Altpapier und Kupfer oder trug frühmorgens Zeitungen aus. Vom damit verdienten Geld steckte er das Meiste in gebrauchte Musikinstrumente. Mit eigener Band über er Schlager in Kellerräumen, bis er für gutes Geld auch vor Publikum spielen konnte. Aus der Band schied er aus, als sein Fußballtalent bei Hertha BSC entdeckt wurde.

In der Zwischenzeit hatte Rainer H.G. Großklaus geheiratet und wurde stolzer Papa einer Tochter. Damit begann ein neuer Lebensabschnitt: Er studierte Betriebswirtschaft mit dem Schwerpunkt Marketing auf Anraten eines lang befreundeten und heute sehr erfolgreichen Marketingkollegen. Die Marketingpraxis lernte er als Produktmanager in bekannten international tätigen Unternehmen wie Granini, Nestle Rowntree Mackintosh und einigen anderen bekannten Markenartiklern. Bei zwei bekannten Werbeagenturen lernte er als Supervisor viel über Werbung und kam so später in verantwortlicher Marketingposition.

1981 machte er sich in Großhansdorf bei Ahrensburg/Hamburg selbstständig, beriet viele namhafte Unternehmen, unter anderem Bahlsen, Brandt-Zwieback, Kärcher, Stollwerck, Suchard, Katjes, Lindavia-Frauchtsäfte, Mercedes LKW-Motoren in Berlin und eine Reihe anderer bekannter B2B-Unternehmen in Deutschland. Sein Credo: Marketingleute müssen unruhige Geister sein – neugierig, ideenreich und mutig, unkonventionell und vorbehaltlos, sollten sich jugendliche Frische und Aktivität bewahren, aber ebenso viel Disziplin und Durchhaltevermögen besitzen.

Sein umfangreicher Wissens- und Erfahrungsschatz ist Grundlage für viele seiner Veröffentlichungen. Auch für dieses Buch: Es soll praxisorientiert führen, motivieren, zugleich auch nachdenklich machen, anweisen durch praxiserprobte Checklisten und Grafiken und dabei leicht verständlich und anwendbar für Praktiker und Neugierige. Auch als Seminarleiter hat er sich zu aktuellen Marketing- und Kommunikationsthemen auch international einen Namen gemacht.

Kontakt zum Autor

Rainer H. G. Großklaus
Unternehmensberatung für Marketing und Vertrieb
06895 Bülzig, Tannenweg 9
(vorher Großhansdorf bei Hamburg)
Telefon: 03 49 24/80 846
Fax: 03 49 24/80 841
Mobil: 01 75/58 11 456
E-Mail: info@grossklaus-marketing.de
www.grossklaus-marketing.de